建设工程爆破作业知识问答

云南省建设投资控股集团有限公司
云南省铁路总公司 编

中国建筑工业出版社

图书在版编目（CIP）数据

建设工程爆破作业知识问答 / 云南省建设投资控股
集团有限公司，云南省铁路总公司编. —北京：中国
建筑工业出版社，2019.9
ISBN 978-7-112-24131-6

Ⅰ. ①建… Ⅱ. ①云… ②云… Ⅲ. ①建筑工程 – 爆破
施工 – 问题解答 Ⅳ. ① TU751.9-44

中国版本图书馆 CIP 数据核字（2019）第 185156 号

　　本书将深奥而枯燥的爆破作业知识以一问一答的形式，对民用爆炸物品与起爆技术、岩土爆破理论、爆破工程与作业人员的管理、爆破作业、岩石非爆破开挖技术、爆破安全技术以及工程爆破相关法律、法规、条例及法律责任等方面，进行了通俗易懂地介绍。此外，本书还附上 9 个附件，介绍了节能环保工程爆破、隧道掘进聚能水压光面爆破等先进爆破施工技术和爆破安全事故类型及案例等，内容翔实生动，有助于读者进一步理解和应用相关技术。

　　本书可供从事建设工程爆破作业的技术和管理人员参考使用。

　　责任编辑：张　磊　万　李
　　责任校对：党　蕾

建设工程爆破作业知识问答

云南省建设投资控股集团有限公司　编
云 南 省 铁 路 总 公 司

*

中国建筑工业出版社出版、发行（北京海淀三里河路9号）
各地新华书店、建筑书店经销
北京光大印艺文化发展有限公司制版
天津翔远印刷有限公司印刷

*

开本：787×1092毫米　1/16　印张：20　字数：462千字
2019年11月第一版　　2019年11月第一次印刷
定价：**99.00元**
ISBN 978-7-112-24131-6
（34626）

《建设工程爆破作业知识问答》
编委会

主　　任　陈文山　李家龙

副 主 任　王晓方　李振雄　沈家文

编　　员　李升连　王剑非　包启云　洪　洁　童秀东　夏双仁

主　　编　穆大耀

副 主 编　李征文　金光祥　侯　江　沈朝虎　杨福东　张智宇

编写人员　李征文　侯　江　沈朝虎　杨福东　王天柱　路艳松

　　　　　姜立新　易明松　李兆虎　成联斌　匡大然　王一华

　　　　　李琳林　马建洪　张进蔚　姜宇豪

云南省建设投资控股集团有限公司（以下简称：云南建投集团）是云南省省属国有大型骨干企业，建设项目涵盖工业与民用建筑、公路、铁路、机场、市政公用、水利水电、港口与航道、矿山开采以及国防建设等范围。随着涉及爆破作业的工程任务不断增加，爆破工程所带来的安全事故风险与日俱增。同时，行业监管也越来越严格，必须全面加强工程爆破施工安全管理。目前集团公司主动服务和融入"一带一路"倡议，积极参与沿线交通基础设施建设，不仅要实现快速发展，更要补齐短板，还要提高风险管控能力，提升发展质量、水平和效益，走出一条高质量发展之路，因此编写《建设工程爆破作业知识问答》的工作已是迫在眉睫。

《建设工程爆破作业知识问答》的编写工作，是由云南建投集团总工办/技术中心牵头，云南省铁路总公司具体负责编制完成。为了顺利而圆满地完成这项任务，我们与昆明理工大学、云南省公安厅专家库部分爆破专家合作，任命云南省铁路总公司副总经理李征文为该项科技课题组的项目负责人，邀请被云南省铁路总公司特聘的爆破专家穆大耀（昆明理工大学 副教授）担任主编，通过收集大量的爆破作业知识素材，选用部分高等院校的专题技术资料以及同行业翔实的经典案例，由云南省铁路总公司总工办/技术中心高级工程师侯江负责编辑、整理完成。在此过程中，得到了云南锐达民爆有限责任公司（原国营云南包装厂）、云南天宇爆破技术有限公司等友协单位的大力支持，同时，云南建投集团王应祥（原副总工程师），云南省爆破专家潘树田、卜绍平、熊智明、王化坤等同志也为本书多次提出了宝贵而真挚的意见，在此谨致以特别的感谢。

《建设工程爆破作业知识问答》共分为七大章节、九个附件，分别阐述了民用爆炸物品分类、起爆技术、岩土爆破理论、爆破工程与作业人员的管理、爆破作业（露天钻孔爆破、隧道掘进爆破、桩井爆破、拆除爆破、水下爆破）、岩石非爆破作业、爆破安全技术以及与爆破工程相关的法律、法规、条例及法律责任等爆破作业知识，正文内容全部采用"一问一答"形式，将深奥而枯燥的爆破作业知识全部分解、细划成数百个知识点，更显得通俗易懂。附件中简单介绍了节能环保工程爆破、隧道掘进聚能水压光面爆破等先进爆破施工技术、爆破工程施工案例、设计案例（仅供参考）、爆破安全事故类型与案例，以及民爆物品末端管控及从严管控民用爆炸物品十条规定等。

本书可供工程建设领域的爆破专业同行以及施工管理层参考使用。书中若有不妥之处，恳切期望同仁们提出批评指正。

目录

第五章 岩石非爆破开挖技术 159

第一节 二氧化碳致裂 159

第二节 液压及风动破碎 162

第三节 无声静态破碎 167

第六章 爆破安全技术 171

第一节 爆破振动 171

第一章 ▶▶▶

民用爆炸物品与起爆技术

第一节　炸药与爆炸

1. 如何发挥工业炸药在工程爆破中的作用？

利用工业炸药爆炸释放出的巨大能量，既可以安全有效地实现预期的各项工程施工目的，为人类造福；也可能损毁各类建（构）筑物和仪器设备，给公私财产造成巨大损失，甚至导致人员伤亡事故，危害公共安全。因此，最大限度地发挥工程爆破的优势，尽量降低它的有害效应是所有从事工程爆破设计、施工和管理人员的工作目标和努力方向。

2. 爆破的应用起源和发展开始于什么年代？

人类对爆破的应用起源于我国黑火药（古代四大发明之一）的发明。据史料记载，早在公元 803 年的唐朝就出现了比较完整的黑火药配方。大约在 11~12 世纪，黑火药传入阿拉伯国家，1613 年匈牙利人将黑火药用于开采矿石，1865 年瑞典化学家阿尔弗雷德·诺贝尔（Alfred Nobel）发明了以硝化甘油为主要组分的代拿买特（Dynamite）炸药。

3. 什么是爆炸？爆炸的特征是什么？

爆炸是一种非常迅速的物理或化学的变化过程。爆炸是物质状态（密度、温度、体积、压力等）发生突变，在极短时间内释放出大量能量，内能转化为机械压缩能，使原来的物质或生成的产物驱动周围介质产生运动，并通常伴随有声光效应。

爆炸具有以下特征：（1）爆炸过程进行得很快；（2）爆炸点附近压力急剧升高；（3）发出或大或小的响声；（4）周围介质发生震动或邻近物质遭到破坏。

4. 根据爆炸过程的性质，爆炸可分为几类？

爆炸可分为物理爆炸、化学爆炸和核爆炸三种。**物理爆炸**是由于物质的物理状态发生突变（如压力剧增）而引发的爆炸现象。物质在爆炸时，仅仅是物质形态上发生了变化，而组成成分、化学性质、内部结构没有发生改变。**化学爆炸**是物质在一定条件下发生极迅速的放热化学反应，并生成高温高压反应物质的爆炸现象。发生化学爆炸时物质不仅在形态上发生了变化，而且在组成成分和化学性质上也发生了变化。**核爆炸**是某些物质的原子核发生裂变或聚变的连锁反应而引发的爆炸现象，物质爆炸时不仅在物质形态、组成成分和化学性质上发生了变化，而且在物质内部结构上也发生了根本改变。

5. 炸药爆炸必须具备的三个基本要素是什么？

（1）变化过程释放大量的热。
（2）变化过程必须是高速的。
（3）变化过程生成大量的气体产物。

6. 炸药化学反应的三种基本形式是什么？

炸药化学变化的基本形式包括炸药的**热分解**、燃烧和爆炸与爆轰三种。**炸药的热分解**是指炸药在热作用下发生的分解称为热分解。**炸药的燃烧**是指当炸药在火焰或热作用下会引起燃烧，炸药燃烧是依靠自身所含的氧进行反应的。**炸药的爆炸与爆轰**是指当炸药受足够大的外能作用时，会产生猛烈的化学反应，该反应以一种冲击波的形式传播，速度保持在稳定值时的化学反应称为爆轰。爆轰的传播速度是恒定的，爆炸的传播速度是变化的。

7. 炸药的三种变化形式是否可相互转化？为什么炸药燃烧不能用沙土覆盖法去灭火？

炸药的热分解在一定的条件下可以转变为炸药的燃烧；而炸药的燃烧在一定条件下又能转变为炸药的爆轰。而炸药的爆轰在一定条件下转化为燃烧和热分解。炸药燃烧是依靠自身所含的氧进行反应的，因而不能用沙土覆盖法去灭火，用沙土灭火更容易出现高温和压力而转换为爆炸。

8. 炸药的爆炸参数有哪些？

（1）爆速：常用工业炸药爆速通常为 3000~4000m/s。
（2）爆热：常用工业炸药的爆热为 3000~4000kJ/kg。
（3）爆温：常用工业炸药的爆温为 2300~3000℃，单质炸药的爆温为 3000~5000℃。
（4）爆容：常用工业炸药的爆容为 900L/kg 左右。
（5）爆压：常用工业炸药的爆压为 3000~5000MPa。

9. 炸药的爆炸性能有哪些？分别是什么含义？

（1）**做功能力**：是指炸药爆炸对周围介质所做的总功。又称爆力或威力。
（2）**猛度**：是表示炸药爆炸时破碎与其接触的介质的能力。
（3）**殉爆**：殉爆是炸药（主爆药）发生爆炸时，由于冲击波的作用引起相隔一定距离的另一炸药（受爆药）爆炸的现象。主爆药与受爆药之间能发生殉爆的最大距离称为殉爆距离。主爆药与受爆药之间不发生殉爆的最小距离称为殉爆安全距离。

（4）**聚能效应**：当底部带有锥形孔（空穴）的装药发生爆炸时，爆轰产物沿装药表面的法线方向朝装药轴心飞散，在焦点处，爆轰产物的密度与速度达最大值，能量最集中，局部破坏作用最大。这种因装药一端带有空穴而使能量集中的效应称为聚能效应。

（5）**沟槽效应**：沟槽效应也称间隙效应或管道效应。在炮孔或管壳中，当炸药与炮孔间存在一定间隙时，将导致炸药的爆轰传播速度发生变化，这一现象称为沟槽效应。对于绝大多数工业炸药，沟槽效应可导致传爆中断，应当防止其发生。由于冲击波的超前压缩作用，该冲击波前面的炸药被压实，当炸药被压实到一定程度时，可导致爆轰传播中断。

10. 什么是炸药的感度？主要有哪些？

炸药的感度表示炸药在外界作用下发生爆炸的难易程度。主要有：

（1）**炸药的热感度**：热感度指在热的作用下炸药发生爆炸的难易程度。

（2）**炸药的机械感度**：机械感度主要有撞击感度、摩擦感度和针刺感度。撞击感度指在机械撞击作用下炸药发生爆炸的难易程度，也称冲击感度；摩擦感度是在机械摩擦作用下炸药发生爆炸的难易程度；针刺感度是在针刺作用下炸药发生爆炸的难易程度。

（3）**炸药的起爆感度**：起爆感度又称爆轰感度，指在其他炸药（起爆药、起爆具等）的作用下，炸药发生爆轰的难易程度。

（4）**炸药的静电火花感度**：静电火花感度是指在静电放电作用下炸药发生爆炸的难易程度。

11. 与炸药储存有关的性能有哪些？

（1）安定性

安定性是在一定条件下炸药保持其物理和化学性质不发生显著变化的能力。一般有三种安定性：化学、物理和热安定性。

（2）相容性

相容性表示炸药与其他材料（包括炸药、高聚物、金属或非金属）混合或接触时，各组分保持其物理和化学性能不发生超过允许范围变化的能力。一般相容性分为组分相容性、接触相容性、物理相容性和化学相容性四种。

（3）吸湿性

吸湿性表示在一定条件下炸药从大气中吸收水分的能力。

12. 工业炸药如何分类？

（1）按组成分类

按炸药组成，可将炸药分成单质炸药和混合炸药两大类。

（2）按用途分类

按照炸药在实际应用中的用途可将炸药分为：起爆药、猛炸药、火药及烟火剂四大类。

13. 目前我国常用的工业炸药主要有哪些?

（1）膨化硝铵炸药

膨化硝铵炸药是指用膨化硝酸铵作为氧化剂的一系列粉状硝铵炸药,其关键技术是硝酸铵的膨化敏化改性。膨化硝酸铵颗粒中含有大量的"微气泡",颗粒表面被"歧性化"、"粗糙化",当其受到外界强力激发作用时,这些不均匀的局部就可形成高温高压的"热点"进而发展直至爆炸,实现硝酸铵的"自敏化"功能。利用膨化硝酸铵替代普通结晶硝酸铵或多孔粒状硝酸铵制备的铵油炸药称为膨化铵油炸药,它通常有两个品种,一是以膨化硝酸铵、木粉和柴油混制而成的膨化铵木油炸药;二是以膨化硝酸铵和复合油相物品混制的膨化硝铵炸药。保质期一般不超过 6 个月。见图 1-1。

（2）乳化炸药

乳化炸药分岩石乳化炸药、煤矿乳化炸药和露天乳化炸药三种类型,它是目前使用最广泛的含水炸药,主要用于深孔爆破和浅孔爆破,在拆除爆破中也得到广泛应用,属第三代含水炸药。国产乳化炸药具有良好的抗水性能和传爆性能,可用 8 号雷管直接起爆。保质期一般为 6 个月。见图 1-2。

图 1-1　膨化硝铵炸药

图 1-2　乳化炸药

（3）多孔粒状铵油炸药

由多孔粒状硝酸铵和柴油组成,其中硝酸铵一般占 94.0%~95.0%,柴油占 5.0%~6.0%。多孔粒状铵油炸药为白色颗粒,具有良好的吸油性和流散性,不易结块,有利于起爆。具有加工简单、成本低廉的优点,但不抗水,易吸湿结块,一般不具有雷管感度。铵油炸药通常用于深孔和硐室爆破。自制造之日起,一般粉状铵油炸药有效储存期为 15 天,多孔粒状铵油炸药的有效储存期为 30 天。

第二节　起爆器材

14. 工程爆破中常用的工业雷管有哪几种?

目前,工程爆破中常用的工业雷管主要有电雷管、导爆管雷管（注:公安部、工信部两部委发文,将在 2022 年全面淘汰普通电雷管及导爆管雷管）、磁电雷管和数码电子雷管四大类。

15. 工业电雷管如何分类?

（1）按用途不同，分为普通电雷管和专用电雷管。

（2）按通电后爆炸延期时间不同，分为瞬发电雷管和延期电雷管两种。延期电雷管根据延期时间长短又分为秒延期电雷管、半秒延期电雷管、1/4秒延期电雷管和毫秒延期电雷管。

（3）按主装药药量的多少，分为8号和6号电雷管，工程爆破中起爆炸药常用8号电雷管。

16. 普通电雷管由哪些部分组成?

电雷管由基础雷管与电点火装置组成。

电点火装置由脚线、桥丝和引火头组成。目前常用的电雷管管壳为铜、覆铜钢、铝、铁等材料，但煤矿许用型电雷管（允许在煤矿井下使用的）的管壳只允许用铜、覆铜钢等材料。管壳内径名义尺寸为6.2mm，加强帽的传火孔直径不小于1.9mm，脚线为聚氯乙烯绝缘爆破线，长度为2m。

17. 普通工业电雷管的主要性能参数有哪些?

（1）电阻。电阻指电雷管的全电阻，它包括桥丝电阻和脚线电阻。采用镍铬合金做桥丝材料，镀锌钢芯脚线全电阻是（4.0±1）Ω。

不同厂家及不同批号用的桥丝材质和桥丝直径可能不一样，如果在同一爆破网路中通以相同的电流，可能出现一种桥丝已经熔断而另一种桥丝尚未达到点火温度的现象，结果会造成药包拒爆。

（2）最大安全电流。电雷管通以恒定的直流电流，在较长时间（5min）作用下，不使电雷管爆炸的最大电流，称为安全电流。现行国家标准规定电雷管的安全电流要大于等于0.20A。《爆破安全规程》规定，用来导通电雷管的仪表的工作电流（或最大误操作电流）不应超过30mA。

（3）最小发火电流。通以恒定的直流电流能保证电雷管发火的最小电流，称为最小发火电流，也称单发发火电流。工业电雷管的最小发火电流不大于0.45A。

（4）串联准爆电流。能使20发串联的工业电雷管全部起爆的额定恒定直流电流称为串联准爆电流。工业电雷管的串联准爆电流为1.2A。

（5）发火时间和传导时间。发火时间（点燃时间）是指从通电到输入的能量足以使药剂发火的时间。传导时间是指从药剂发火到雷管爆炸的时间，一般不超过10ms。发火时间与传导时间之和称为作用时间（反应时间）。

（6）延期时间。根据通电后延期时间的长短，将延期雷管划分为不同的段别，延期时间长，段别就高。段别高，延期时间精度就降低。表1-1列出了延期电雷管的段别和延期时间。

名义延期时间系列（GB 8031—2015）

表 1-1

段别	第1毫秒系列 ms 名义延期时间	第1毫秒系列 ms 下规格限	第1毫秒系列 ms 上规格限	第2毫秒系列 ms 名义延期时间	第2毫秒系列 ms 下规格限	第2毫秒系列 ms 上规格限	第3毫秒系列 ms 名义延期时间	第3毫秒系列 ms 下规格限	第3毫秒系列 ms 上规格限	第4毫秒系列 ms 名义延期时间	第4毫秒系列 ms 下规格限	第4毫秒系列 ms 上规格限	1/4秒系列 s 名义延期时间	1/4秒系列 s 下规格限	1/4秒系列 s 上规格限	半秒系列 s 名义延期时间	半秒系列 s 下规格限	半秒系列 s 上规格限	秒系列 s 名义延期时间	秒系列 s 下规格限	秒系列 s 上规格限
1	0	0	12.5	0	0	12.5	0	0	12.5	0	0	0.6	0	0	0.125	0	0	0.25	0	0	0.50
2	25	12.6	37.5	25	12.6	37.5	25	12.6	37.5	1	0.6	1.5	0.25	0.126	0.375	0.50	0.26	0.75	1.00	0.51	1.50
3	50	37.6	62.5	50	37.6	62.5	50	37.6	62.5	2	1.6	2.5	0.50	0.376	0.625	1.00	0.76	1.25	2.00	1.51	2.50
4	75	62.6	92.5	75	62.6	87.5	75	62.6	87.5	3	2.6	3.5	0.75	0.626	0.875	1.50	1.26	1.75	3.00	2.51	3.50
5	110	92.6	130.0	100	87.6	112.4	100	87.6	112.5	4	3.6	4.5	1.00	0.876	1.125	2.00	1.76	2.25	4.00	3.51	4.50
6	150	130.1	175.0	—	—	—	125	112.6	137.5	5	4.6	5.5	1.25	1.126	1.375	2.50	2.26	2.75	5.00	4.51	5.50
7	200	175.1	225.0	—	—	—	150	137.6	162.5	6	5.6	6.5	1.50	1.376	1.625	3.00	2.76	3.25	6.00	5.51	6.50
8	250	225.1	280.0	—	—	—	175	162.6	187.5	7	6.6	7.5	—	—	—	3.50	3.26	3.75	7.00	6.51	7.50
9	310	280.1	345.0	—	—	—	200	187.6	212.5	—	—	—	—	—	—	4.00	3.76	4.25	8.00	7.51	8.50
10	380	345.1	420.0	—	—	—	225	212.6	237.5	—	—	—	—	—	—	4.50	4.26	4.74	9.00	8.51	9.50
11	460	420.1	505.0	—	—	—	250	237.6	262.5	—	—	—	—	—	—	—	—	—	10.00	9.51	10.49
12	550	505.1	600.0	—	—	—	275	262.6	287.5	—	—	—	—	—	—	—	—	—	—	—	—
13	650	600.1	705.0	—	—	—	300	287.6	312.5	—	—	—	—	—	—	—	—	—	—	—	—
14	760	705.1	820.0	—	—	—	325	312.6	337.5	—	—	—	—	—	—	—	—	—	—	—	—
15	880	820.1	950.0	—	—	—	350	337.6	362.5	—	—	—	—	—	—	—	—	—	—	—	—
16	1 020	950.1	1 110.0	—	—	—	375	362.6	387.5	—	—	—	—	—	—	—	—	—	—	—	—
17	1 200	1 110.1	1 300.0	—	—	—	400	387.6	412.5	—	—	—	—	—	—	—	—	—	—	—	—
18	1 400	1 300.1	1 550.0	—	—	—	425	412.6	437.5	—	—	—	—	—	—	—	—	—	—	—	—
19	1 700	1 550.1	1 850.0	—	—	—	450	437.6	462.5	—	—	—	—	—	—	—	—	—	—	—	—
20	2 000	1 850.1	2 149.9	—	—	—	475	462.6	487.5	—	—	—	—	—	—	—	—	—	—	—	—
21	—	—	—	—	—	—	500	487.6	512.4	—	—	—	—	—	—	—	—	—	—	—	—

注：1. 表中第2毫秒系列为煤矿允许用毫秒延期电雷管时，该系列为强制性。
2. 除末段外，任何一段延期电雷管的上规格限为该段名义延期时间与上段名义延期时间的中值（精确到本表中的位数），下规格限为该段名义延期时间与下段名义延期时间的中值（精确到本表中的位数）加一个末位数；末段延期电雷管的上规格限为下规格限下规格限与本段名义延期时间之差，再加上本段名义延期时间。

18. 什么是专用电雷管，目前使用的专用雷管有哪些?

专用电雷管是在特定条件下使用的电起爆器材，当前生产的主要品种有 8 种：煤矿许用电雷管、抗静电电雷管、抗杂电雷管、勘探电雷管、油井电雷管、磁电雷管、抗射频电雷管和电影电雷管。

19. 什么是导爆管雷管? 有哪些种类? 品种、号数、类型、特征、结构参数和段别延期参数有哪些?

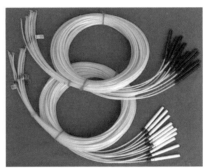

图 1-3 导爆管雷管

导爆管雷管是专门与导爆管配套使用的雷管，它是导爆管起爆系统的起爆元件，由基础雷管与导爆管组合而成，是用导爆管内传播的爆轰波引爆基础雷管的起爆器材。导爆管雷管禁止在有瓦斯、煤尘或有其他粉尘爆炸危险的场所使用。见图 1-3。

根据延期体延期时间不同，现在生产的导爆管雷管主要有以下四种：

（1）瞬发导爆管雷管。

（2）毫秒（MS）延期导爆管雷管，也称为毫秒导爆管雷管。

（3）半秒（HS）延期导爆管雷管，也称为半秒导爆管雷管。

（4）秒（S）延期导爆管雷管，也称为秒导爆管雷管。

导爆管雷管主要品种、号数、类型、特征、结构参数和段别延期参数如表 1-2~ 表 1-4 所示：

导爆管雷管品种、号数、类型和特征对应表 表 1-2

品 种		号 数	类 型	特 征
瞬发导爆管雷管		6 号和 8 号	耐水型和普通型	无延期装置
延期导爆管雷管	毫秒导爆管雷管			有毫秒延期装置，段别符号为 MS
	半秒导爆管雷管			有半秒延期装置，段别符号为 HS
	秒导爆管雷管			有秒延期装置，段别符号为 S

导爆管雷管的结构特征与参数 表 1-3

项 目	瞬 发		毫秒 / 半秒（MS/HS）		秒（S）	
雷管号数	8	8	8	8	8	8
结构形式	平底	凹底	平底	凹底	平	凹（延期体）
外径 /mm	7.1	7.1	7.1	6.9~7.1	7.1	6.9
长度 /mm	40	40	58~60	58~60	40	59
外壳材料	钢	其他金属	钢	其他金属	钢	其他金属

注：其他金属指铝、铁、铜、覆铜钢。

各段别导爆管雷管的延期时间   表 1-4

段别	毫秒导爆管雷管 /ms			1/4 秒导爆管雷管 /s	半秒导爆管雷管 /s		秒导爆管雷管 /s	
	第 1 系列	第 2 系列	第 3 系列		第 1 系列	第 2 系列	第 1 系列	第 2 系列
1	0	0	0	0	0	0	0	0
2	25	25	25	0.25	0.50	0.50	2.5	1.0
3	50	50	50	0.50	1.00	1.00	4.0	2.0
4	75	75	75	0.75	1.50	1.50	6.0	3.0
5	110	100	100	1.00	2.00	2.00	8.0	4.0
6	150	125	125	1.25	2.50	2.50	10.0	5.0
7	200	150	150	1.50	3.00	3.00	—	6.0
8	250	175	175	1.75	3.50	3.50	—	7.0
9	310	200	200	2.00	4.50	4.00	—	8.0
10	380	225	225	2.25	5.50	4.50	—	9.0
11	460	250	250	—	—	—	—	—
12	550	275	275	—	—	—	—	—
13	650	300	300	—	—	—	—	—
14	760	325	325	—	—	—	—	—
15	880	350	350	—	—	—	—	—
16	1020	375	400	—	—	—	—	—
17	1200	400	450	—	—	—	—	—
18	1400	425	500	—	—	—	—	—
19	1700	450	550	—	—	—	—	—
20	2000	475	600	—	—	—	—	—
21	—	500	650	—	—	—	—	—
22	—	—	700	—	—	—	—	—
23	—	—	750	—	—	—	—	—
24	—	—	800	—	—	—	—	—
25	—	—	850	—	—	—	—	—
26	—	—	950	—	—	—	—	—
27	—	—	1050	—	—	—	—	—
28	—	—	1150	—	—	—	—	—
29	—	—	1250	—	—	—	—	—
30	—	—	1350	—	—	—	—	—

注：除末段外任何一段延期导爆管雷管的延期时间上规格限（U）均为该段延期时间与上段延期时间的中值，延期时间的下规格限（L）均为该段延期时间与下段延期时间的中值；瞬发导爆管雷管在与延期导爆管雷管配段使用时，延期时间的下规格限为零；末段延期导爆管雷管的延期时间的上规格限规定为本段延期时间与本段下规格限之差，再加上本段延期时间。

20. 导爆管雷管的主要技术要求有哪些？

（1）外观：应有明显易辨认的段别标志，雷管表面应符合工业雷管规定要求，导爆管不应有破损、断药、拉细、进水、管内杂质、塑化不良、封口不严、与基础雷管结合不牢等现象。

（2）尺寸：导爆管长度规定为3m，也可根据用户要求确定长度。

（3）试验：震动试验和威力试验等技术指标满足工业雷管的技术要求。

（4）抗水：普通型浸入水深1m、8h，抗水型浸入水深20m、24h，不应瞎火或半爆。

（5）抗拉：普通型抗静拉力19.6N，高强度型抗静拉力78.4N，即在该拉力作用1min时导爆管不应从卡口塞内脱出。

（6）抗油：高强度型导爆管雷管浸入75℃、0.3MPa的0号柴油内，并自然降温经24h后取出试验，不应瞎火或半爆。

（7）延期：不同延期类别和延期段别的导爆管雷管的延期时间见表1-4。

（8）重量：先将导爆管雷管装入塑料袋内，再装入符合要求的木箱或纸箱（或带木框的纤维板箱），每箱净重不超过20kg。

（9）有效期：2年。

21. 什么是数码电子雷管?

数码电子雷管又称电子雷管，是一种可以任意设定并准确实现延期发火时间的新型电雷管，其外形与普通电雷管一样。电子雷管是起爆器材领域最为引人瞩目的新进展。其本质是采用一个微型电子芯片取代普通电雷管中的化学延期药及电点火元件，这不仅极大地提高了雷管的延时精度，而且控制了通往引火头的电源，从而最大限度地减少了因引火头能量需求所引起的延时误差，内置雷管身份信息码和起爆密码，而且采用专门的起爆器充电后才能使智能芯片开始工作，并进行密码识别，如密码正确则启动内置的延期程序，达到规定的延期时间后，才输出强的电流信号引爆雷管；若密码不对则立即进入自动放弃程序，释放储能电容中的电能，使雷管处于安全状态。电子数码雷管还具有抗工频电、静电、杂散电流的能力。数码电子雷管将作为今后的爆破工程主要起爆器材。见图1-4~图1-7。

图 1-4　数码电子雷管

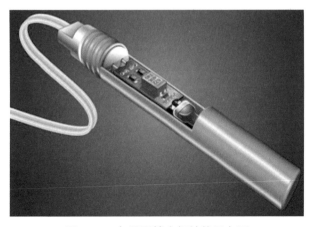

图 1-5　电子雷管内部结构示意图

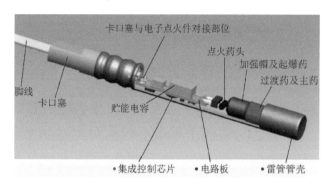

图 1-6　数码电子雷管的主要组成部分

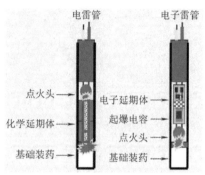

图 1-7　电子雷管与电雷管的基本控制
原理的区别示意图

22. 数码电子雷管的适用范围与特点有哪些？

数码电子雷管已在我国矿山深孔爆破工程、隧道与地下爆破工程、拆除爆破工程、水下爆破工程、城镇复杂环境控制爆破工程进行了应用。实践表明，采用电子雷管可以明显改善破碎块度、增加抛掷距离、减少爆破振动，有效地降低爆破单耗，减少钻孔数量。而且使用电子雷管，避免了出现大量地面传爆雷管，提高了爆破作业的安全性，简化了起爆网路施工操作。可以说，电子雷管在提高炸药能量利用率，提高工程爆破的综合效益方面具有很大潜力。特别地，数码电子雷管特别适用于逐孔精准毫秒延期爆破、毫秒延时干扰减振爆破、大规模无地面雷管毫秒延期爆破、恶劣环境高可靠性爆破、高安保要求爆破、精细爆破等高技术爆破。

23. 什么是导爆管？

导爆管是一根内壁涂有薄层炸药粉末的空心塑料软管（图 1-8、图 1-9），普通导爆管的管壁呈乳白色或橘黄色，管芯呈灰或深灰色。颜色应均匀，不应有明暗之分。导爆管是塑料导爆管的简称，亦称 NONEL 管。它是导爆管起爆系统的主体元件，用来传递稳定的爆轰波。导爆管分为普通导爆管和高强度导爆管。

图 1-8　导爆管

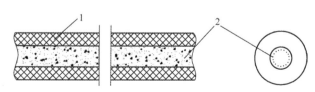

图 1-9　导爆管结构剖面图
1- 塑料管壁；2- 炸药药粉

24. 导爆管主要性能有哪些?

（1）爆轰性能

导爆管中传播的是爆轰波,该爆轰波的速度即导爆管爆速,普通导爆管的爆速在 $20 \pm 10℃$ 范围内不小于 1850m/s。在 $-40~+50℃$ 条件下,一发 8 号雷管可以可靠地激发 20 根导爆管。导爆管的传爆距离不受限制,6000m 长的导爆管起爆后可一直传爆到底,实验表明导爆管的爆速没有因传播距离的增长而变化。

（2）起爆性能

只有一定强度和适当形式的外界激发冲量才能激起导爆管产生爆轰。一般情况下,热冲量对导爆管的作用不能在管中实现稳定传播的爆轰波。其他一切能使导爆管内产生冲击波的激发冲量均有可能起爆导爆管。雷管、火帽、导爆索、炸药包、电火花等都能起爆导爆管。一般的冲击不会起爆导爆管,但是步、机枪的射击曾引起导爆管的爆轰。

（3）耐火性能

导爆管受火焰作用不起爆。明火点燃导爆管一端后能平稳地燃烧,没有炸药粒子的爆炸声,但能在火焰中见到许多亮点。

（4）耐静电性能

导爆管在电压 30kV、电容 330pF 的条件下作用 1min 不起爆。这说明导爆管具有耐静电的性能。

（5）高低温性能

导爆管在 $+50~-40℃$ 时起爆、传爆可靠。温度升高时导爆管的管壁变软,爆速下降。在 80℃ 条件下传爆时管壁容易出现破洞。

（6）抗撞击性能

在立式落锤仪中锤的质量为 10kg,落高 150cm,侧向撞击导爆管时,导爆管不起爆。

（7）传爆安全性能

导爆管的侧向或管尾泄出的能量不能起爆散装的太安炸药,但是这种泄出的能量如经适当集中,有可能直接起爆低密度高敏感的炸药。

（8）变色性能

为了方便人们确认导爆管是否已经传爆,现在生产的导爆管都有变色的性能。比如,有的导爆管在没有使用之前,外观看过去是淡红色的,使用过以后,就会变成暗灰色或者黑色。

（9）抗拉强度

导爆管的抗拉强度在 $+25℃$ 时不低于 70N,$+50℃$ 时不低于 50N,$-40℃$ 时不低于 100N。

25. 在雷管侧向起爆导爆管时,为什么在起爆雷管上包上胶布?

在采用雷管侧向起爆导爆管时,雷管爆炸产生的外壳破片及底部射流的速度高于导爆管的爆速，对导爆管的起爆有一定的影响。金属壳雷管破片会切断未爆的导爆管或嵌入未爆导爆管堵住空腔阻止爆轰波的传播。雷管底部的轴向射流会击穿或击断正对雷管底部的导爆管，影响爆轰波的传播。在雷管上包上胶布，可起到防止破片伤害及射流的作用，确保雷管侧向起爆的可靠性。

26. 在雷管侧向起爆导爆管时，为什么起爆雷管要捆在离起爆药包至少 30~40cm？离导爆管端头至少 10cm？

导爆管能否被起爆取决于本身性能、激发冲量的强度及其他约束条件等。与炸药爆轰被激发一样，导爆管起爆后也有一段爆轰增长期。这个距离通常为 30~40cm。而导爆管端头 10cm 内不能保证导爆管内壁药量均匀。

27. 导爆管的起爆有几种方式？

导爆管的起爆分轴向起爆和侧向起爆两种，轴向起爆通常用电火花或火帽冲能在导爆管端部内腔中直接起爆混合药粉。这种起爆比较直接，其起爆概率主要与激发强度和药粉质量有关。侧向起爆时外界激发冲量先作用在导爆管外侧，再激发管内壁的炸药。这种起爆比较间接，其起爆概率除与激发强度和药粉感度有关外，还与管壁条件和连接条件有关。

28. 雷管侧向起爆导爆管有几种方式？哪一种方式更好？

侧向起爆分为正向与反向起爆两种。正向起爆是起爆雷管底部方向和导爆管传爆方向一致的起爆方式；反向起爆是起爆雷管底部方向和导爆管传爆方向相反的起爆方式。通常反向起爆（激发能量传播的方向与导爆管内爆轰波的传播方向相反）的可靠性比正向起爆的可靠性差，其拒爆率可达 5%，特别是起爆导爆管数量较大的情况下。一般起爆导爆管根数少于 10 根，则正反向起爆均可。若起爆导爆管根数超过 10 根，则最好使用正向起爆，且起爆雷管底部必须先包上胶布 2~3 层，再捆导爆管。

29. 什么是导爆索？

导爆索是传递爆轰波的索状传爆器材，用以传爆或引爆炸药，或者利用其爆炸力和爆炸产物直接做功。导爆索表面呈红色或黄蓝相间色。药芯装药有太安、黑索今、奥克托今等。包缠物主要有棉线、纸条、沥青、塑料或铅皮等。导爆索广泛用于工程爆破、石油射孔、爆炸加工等方面，还可用作地质勘探的震源。见图 1-10。

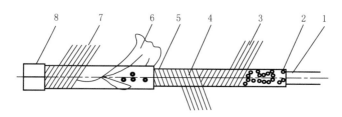

图 1-10 导爆索结构图
1- 药线；2- 药芯；3- 内层线；4- 中层线；5- 防潮层；6- 线条；7- 外层线；8- 涂料层

30. 导爆索的主要性能有哪些?

根据实用需要和品种不同,导爆索性能要求不同。主要性能指标有:

(1)爆速:不小于 6000m/s。

(2)起爆能力:起爆能力随装药量和爆速的增加而增大,一般规定装药量 11g/m 以上、1.5m 长的普通导爆索应能完全起爆 200g 压装 TNT 药块。

(3)传爆性能:指按一定规格组成的爆破网路主索引爆后支索能全部爆轰的能力。此外,导爆索应具有一定的抗水性能;在高温(50℃)、低温(−40℃)环境条件保温一定时间后,仍保持原有的起爆和传爆能力;在受弯曲、打结和一定拉力作用后仍能完全爆轰。

(4)导爆索通常用雷管起爆,其传爆不受射频电、静电及杂散电流的影响。

31. 导爆索如何分类?

按包覆材料分为棉线导爆索、塑料导爆索、橡胶管导爆索和金属管导爆索四类。为了提高传爆能力,有的导爆索装有两个药芯,称为双芯导爆索。

按用途分为:普通导爆索、低能导爆索、油井导爆索、震源导爆索等。

第三节　民用爆炸物品流向管理

32. 民用爆炸物品购买的许可条件、程序及内容有哪些?

(1)许可条件

民用爆炸物品使用单位申请购买民用爆炸物品,应当向所在地县级人民政府公安机关提出购买申请,并提交下列有关材料:

1)工商营业执照或者事业单位法人证书;

2)《爆破作业单位许可证》或者其他合法使用的证明;

3)购买单位的名称、地址、银行账户;

4)购买的品种、数量和用途说明。

(2)许可程序

受理申请的公安机关应当在 5 日内作出决定,对符合条件的核发《民用爆炸物品购买许可证》;对不符合条件的,不予核发《民用爆炸物品购买许可证》,并书面向申请人说明理由。

(3)许可证内容

《民用爆炸物品购买许可证》应当载明许可购买的品种、数量、购买单位以及许可的有效期限。

33. 购买民用爆炸物品应遵守哪些规定?

(1)购买单位应当提供经办人的身份证明供销售单位查验。

(2)销售、购买民用爆炸物品,应当通过银行账户进行交易,不得使用现金或实物进行交易。

（3）销售民用爆炸物品的企业，应当将购买单位的许可证、银行账户转账凭证、经办人的身份证明复印件保存2年备查。

（4）销售、购买民用爆炸物品的单位，应当自买卖成交之日起3日内，将销售、购买的品种、数量等信息向所在地县级人民政府公安机关备案。

（5）进出口民用爆炸物品的单位应当将进出口民用爆炸物品的品种、数量向收货地或者出境口岸所在地县级人民政府公安机关备案。

34. 汽车运输民用爆炸物品应遵守哪些规定？

（1）出车前，由单位负责运输的负责人检查车辆状况，确认符合安全条件后方可允许出车。

（2）在平坦道路上行驶时，前后两部汽车的距离不应小于50m，上山或下山时不小于300m。

（3）遇有雷雨时，车辆应停在远离建筑物的空旷地方。

（4）在雨天或冰雪路面上行驶时，应采取防滑安全措施。

（5）车上应配备灭火器材，并按规定悬挂或安装符合国家标准的易燃易爆危险物品警示标志。

（6）在高速公路上运输民用爆炸物品，应执行国家或公路所在地人民政府的有关规定。

（7）公路运输民用爆炸物品途中避免停留住宿，禁止在居民点、行人稠密的闹市区、名胜古迹、风景游览区、重要建筑设施等附近停留。确需停留住宿的必须报告当地公安机关。

35. 道路运输民用爆炸物品应注意哪些事项？

（1）携带《民用爆炸物品运输许可证》，《民用爆炸物品运输许可证》一次使用有效，严禁多次重复使用。

（2）民用爆炸物品的装载符合国家有关标准和规范，车厢内不得载人。

（3）运输车辆安全技术状况应当符合国家有关安全技术标准的要求，并按照规定悬挂或者安装符合国家标准的易燃易爆危险物品警示标志，其中民用爆炸物品运输车应当为符合《民用爆炸物品运输车安全技术条件》（WJ 9073-2012）规定的专用封闭式运输车辆。

（4）运输民用爆炸物品的车辆应当保持安全车速。

（5）按照规定的路线行驶，途中经停应当有专人看守，并远离建筑设施和人口稠密的地方，不得在许可以外的地点经停。

（6）按照安全操作规程装卸民用爆炸物品，并在装卸现场设置警戒，禁止无关人员进入。

（7）出现危险情况立即采取必要的应急处置措施，并报告当地公安机关。

（8）民用爆炸物品运达目的地，收货单位验收货物并在《民用爆炸物品运输许可证》上签注后3日内，将许可证交回发证公安机关核销。

（9）承运单位建立道路运输车辆动态监控平台或者使用社会化卫星定位系统监控平台，配置专职监控人员，对本单位车辆和驾驶员进行实时动态监控管理。

36. 什么是民用爆炸物品流向监控？

流向监控，是指通过民用爆炸物品流转环节的台账登记备案、雷管编码打号、制作采集登记标识、信息系统应用等手段，实时掌握物品的流转轨迹和现实状况，使其始终处在有效控制之下。传统的流向登记手段主要通过纸质台账来实现，但民用爆炸物品没有个体的区别性表征指标，实际上公安机关只能掌握物品的流量信息，对个体物品无法追踪其流转轨迹，一旦发生非法流失，就无法确定流失的具体环节、责任单位和责任人，也就无法实现准确跟踪流向的目标。

为了解决上述问题，从 1999 年开始，公安部着手研发以工业雷管编码打号为基础的民用爆炸物品信息管理系统，经过对雷管编码打号、信息系统开发应用等几个阶段，至 2003 年初步完成了民用爆炸物品信息管理系统的试点应用工作，并逐步在全国推广实施。期间，公安部于 2003 年 10 月发布《工业雷管编码通则》（GA 441），明确了工业雷管编码通则、技术要求和管理要求。2006 年年底，全国基本完成了信息系统的建设应用工作，实现了对工业雷管"户籍式登记、全程监控、终身跟踪"的管理要求。为实现对所有民用爆炸物品的流向监控目标，公安部于 2010 年 12 月发布《民用爆炸物品警示标识、登记标识通则》（GA 921），明确规定了民用爆炸物品登记标识基本规则、技术要求和管理要求。至此，通过信息化手段对民用爆炸物品流向进行监控的技术基础和实施手段已经基本完备，实现了利用技术手段动态掌握民用爆炸物品流转渠道、流转环节以及责任单位、责任人的目标。

为进一步加强民用爆炸物品管理，公安部于 2015 年 10 月印发《从严管控民用爆炸物品十条规定》，对民用爆炸物品流向监控管理提出了更加严格的要求，规定民用爆炸物品从业单位必须严格执行流向登记"日清点、周核对、月检查"制度。即保管员每日清点一次库存民用爆炸物品，安全管理负责人每周核对一次流向登记记录和库存民用爆炸物品，主要负责人每月检查一次流向登记制度落实情况，签字确认，存档备查。2015 年 12 月 27 日，十二届全国人大常委会审议通过了《反恐怖主义法》（2018 年 4 月 27 日修正）。明确规定生产和进口单位应当对民用爆炸物品作出电子追踪标识，并添加安检示踪标识物，这样就大大提升了公安机关的监管效能。

37. 民用爆炸物品从业单位信息系统采集及流向登记的要求有哪些？

（1）信息系统采集

民用爆炸物品从业单位使用信息采集设备（如手持机），结合单位管理 IC 卡和人员 IC 卡，在每个环节采集物品登记标识信息，录入民用爆炸物品信息管理系统，从而绑定每个流转环节中的责任单位和责任人。公安机关利用民用爆炸物品信息管理系统输入登记标识信息（条形码编号等），可以快速查询其流转轨迹。

（2）纸质台账登记

民用爆炸物品在流转过程中，要详细记录登记标识信息和关联的责任单位和责任人（领用、发放人员签名），同时保留与物品转移相关的许可证件、领料审批单等原始单据或复印件。

38. 民用爆炸物品储存库有哪些类型？

（1）地面库

地面库是在地面建设的专门用于储存民用爆炸物品的库房。地面库建筑结构简单，施工方便，国内民用爆炸物品从业单位的储存库大多为地面库。

（2）洞库

洞库是由山体表面向山体内水平掘进的用于储存民用爆炸物品的洞室。洞库一般在地质结构稳定的山体开挖，与地面库相比，具有防破坏、防盗抢能力强，温湿度稳定等特点。

（3）井下库

井下库是在地下矿井水平掘进用于储存民用爆炸物品的洞室。长期进行井下开采作业的煤矿、铁矿等大多开挖井下库，一般储存量较小，如炸药存量不超过2t。

（4）覆土库

覆土库是利用山丘等自然条件，在建筑物顶部及侧向覆盖土层用于储存民用爆炸物品的建筑物。覆土库分为两种形式：1）是储存库后侧长边紧贴山丘，顶部覆土，在前侧长边覆土至顶部，两侧山墙为储存库出入口及装卸站台；2）是其顶部覆土至储存库两侧及背后，前墙设有储存库出入口及装卸站台。覆土库既可以降低意外爆炸造成的危害，还可以保持库房内的温湿度相对稳定。

（5）可移动库

可移动库是能够借助交通运输工具或自身装置实现移动搬运，可以单体或组合形式，经过安置或组合即可重复使用的民用爆炸物品储存库。可移动民用爆炸物品库能随着爆破作业地点和环境的变化而搬迁移动，具有设计简化、建设周期短、可重复使用等优点，特别适合于流动性较强的爆破作业单位。

（6）临时保管设施

临时保管设施，是指根据爆破作业项目施工要求，在爆破作业现场附近临时存放民用爆炸物品的建（构）筑物或符合安全要求的箱、柜、车、船等。临时保管设施应设专人看护，制止无关人员接近保管设施或接触民用爆炸物品，一般不得过夜存放，当天剩余物品应当退回专用储存库保管。对于24h连续施工的爆破作业项目，如需过夜存放民用爆炸物品，应经项目所在地公安机关同意，并严格控制储存量。

39. 什么是小型民用爆炸物品储存库？

爆破作业单位储存民用爆炸物品的最大储存量不大于表1-5规定的储存库，就称为小型民用爆炸物品储存库。

小型民用爆炸物品储存库单库单一品种最大允许储存量 表1-5

序　号	产品类别	最大允许储存量
1	工业炸药及制品	5000kg
2	黑火药	3000kg

序　号	产品类别	最大允许储存量
3	工业导爆索	50000m（计算药量 600kg）
4	工业雷管	20000 发（计算药量 20kg）
5	塑料导爆管	100000m

注：1. 工业炸药及制品包括铵梯类炸药、铵油类炸药、硝化甘油炸药、乳化炸药、水胶炸药、射孔弹、起爆药柱、震源药柱等。
2. 工业雷管包括电雷管、导爆管雷管以及继爆管等。
3. 工业导爆索包括导爆索和爆裂管等。
4. 其他民用爆炸物品按与本表中产品相近特性归类确定储存量；普通型导爆索药量为 12g/m，常规雷管药量为 1g/ 发，特殊规格产品的计算药量按照产品说明书给出的数值计算。

40. 地面储存库的危险等级是如何划分的？

（1）储存具有整体爆炸危险民用爆炸物品的地面储存库，危险等级为 1.1 级。

（2）储存无重大危险性，但在外界强力引燃、引爆条件下可能发生燃烧爆炸的民用爆炸物品的地面储存库，危险等级为 1.4 级。

（3）当同一储存库存放两种（含）以上民用爆炸物品时，该储存库危险等级应以危险等级较高的民用爆炸物品确定。地面储存库危险等级划分参见表 1-6。

地面储存库的危险等级　　　　　　　　　　　　　　表 1-6

序　号	储存库内产品名称	危险等级
1	工业炸药及制品	1.1
2	黑火药	1.1
3	工业导爆索	1.1
4	工业雷管	1.1
5	塑料导爆管	1.4

41. 民用爆炸物品储存库公共安全相关要求有哪些？

（1）环境要求

民用爆炸物品储存库要设在远离城镇的独立地段，不应建在城市或重要保护设施或其他居民聚居的地方及风景名胜区等重要目标附近；不应布置在有山洪、滑坡和其他地质危害的地方，应尽量利用山丘等自然屏障；不应让无关人员和物流通过储存库区。

（2）外部安全距离

外部安全距离，是指民用爆炸物品储存库与外部各类目标之间，在规定的破坏标准下所需的距离。它是按民用爆炸物品储存库的危险等级和计算药量确定的，包括与周围居民区、工矿企业、铁路、公路、河流航道、供电设施、城镇等目标的距离。由于库区内各库房的危险等级和计算药量不同，因此应分别计算并按其最大值确定。

民用爆炸物品爆炸后，会同时产生空气冲击波、爆破碎片、地震、飞石和高温火焰等危害，设计施工时应充分考虑减小这些有害因素。一般情况下，地面库外部距离按照冲击波危害计算确定，洞库和覆土库的外部距离按爆破飞石、爆炸空气冲击波、爆炸地震波危害分别计算，按其最大值确定。

1）储存库区有两个（含）以上储存库时，应按每个储存库的危险等级及计算药量分别计算其外部距离，取其最大值为储存库区的外部距离。外部距离应自储存库的外墙算起；

2）1.1级地面库外部距离应符合表1-7的规定；

3）1.4级储存库外部距离不应小于100m；

4）洞库、覆土库外部距离按《地下及覆土火药炸药仓库设计安全规范》（GB 50154）执行；

5）储存库距露天爆破作业点边缘的距离应按《爆破安全规程》（GB 6722-2014）的要求核定，且最低不应小于300m。

1.1 级地面储存库的外部距离（单位：m）　　　　　　　　　表 1-7

项　　目	计算药量 /kg						
	3000< 药量 ≤ 5000	2500< 药量 ≤ 3000	2000< 药量 ≤ 2500	1500< 药量 ≤ 2000	1000< 药量 ≤ 1500	500< 药量 ≤ 1000	药量 ≤ 500
人数大于 50 人的居民点边缘，企业住宅区建筑物边缘、其他单位围墙	300	285	265	250	225	195	155
人数不大于 50 人的零散住户边缘	180	170	159	150	135	115	90
三级公路、通航汽轮的河流航道、铁路支线	170	170	159	150	135	115	90
二级（含）以上公路、国家铁路	225	225	210	200	180	156	120
高压输电线（500kV）	600	430	400	375	335	290	232
高压输电线（330kV）	570	345	320	300	270	230	186
高压输电线（220kV）	540	285	265	250	225	195	155
高压输电线（110kV）	200	200	185	175	155	135	105
高压输电线（35kV）	120	115	105	100	90	75	60
人数不大于 10 万人的城镇规划边缘、国家或省级文物保护区、铁路车站	600	570	530	500	450	390	310
人数大于 10 万人的城镇规划边缘	900	855	795	750	675	585	465

注：1. 当危险性建筑物紧靠山脚布置，山高大于 20m，山的坡度大于 15° 时，其与山背后建筑物之间的外部距离可减少 30%。

2. 表中二级（含）以上公路系指年平均双向昼夜行车量不小于 2000 辆者；三级公路系指年平均双向昼夜行车量小于 2000 辆且不小于 200 辆者。

3. 在一条山沟中，对两侧山高为 30~60m，坡度 20°~30°，沟宽 40~100m，纵坡 4%~10% 时；沿沟纵深和出口方向布置的建筑物之间的内部最小允许距离，与平坦地形相比，可适当增加 10%~40%；对有可能沿山坡脚下直对布置的两建筑物之间的最小允许距离，与平坦地形相比，可增加 10%~50%。

（3）内部最小允许距离

内部最小允许距离，是指民用爆炸物品储存库之间，在规定的破坏标准下所需的最小距离。它是按民用爆炸物品储存库的危险等级和计算药量确定的，内部安全距离以防止库房之间相互殉爆为目标。

1）工业炸药及制品、工业导爆索、黑火药地面储存库之间最小允许距离不应小于20m，上述储存库与雷管储存库之间最小允许距离不应小于12m；

2）值班室距工业炸药及制品、工业导爆索、黑火药库房的最小允许距离应符合表1-8要求，距雷管库房的距离不应小于20m；

3）洞库、覆土库内部的最小允许距离按《地下及覆土火药炸药仓库设计安全规范》（GB 50154）执行。

值班室与库房的最小允许距离（单位：m）　　　　表1-8

序　号	值班室设置防护屏障情况	单库计算药量 /kg	
		3000< 药量 ≤ 5000	药量 ≤ 3000
1	有防护屏障	65	30
2	无防护屏障	90	60

（4）建筑结构及布局

总平面布置主要是库区内库房、运输道路、值班室、警卫室、消防设施和围墙等的布置方式，设计时要充分利用地形条件，以便于运输、管理和安全为原则。

计算药量较大的储存库风险高、外部距离大，因此不宜布置在储存库区出入口附近，应当布置在距外部目标较远的库区里侧。地面库之间长面相对布置，不利于有效防止殉爆。

根据《厂矿道路设计规范》规定，储存库区运输道路纵坡不宜大于6%，这有利于危险品运输、装卸过程的安全。

储存库围墙既有防盗作用，也有防火、隔火作用，储存库墙脚到围墙的距离太近或围墙高度太低都起不到防盗和防火的作用。储存库区一般地处偏僻复杂的环境，有的位置如确实不便于垒砌围墙且本身具有防盗、防火作用的，可不设密实围墙，允许设铁丝网围墙。对可移动民用爆炸物品库区，比固定式地面库围墙的要求相对较低，可以使用电子围栏代替密实围墙。

（5）治安防范

治安防范，是指综合利用社会公共资源、单位自备资源，以安全防范技术为先导，以人为防范为基础，以技术防范和实体防范为手段，具有探测、延迟、反应有序结合的安全防范服务保障体系，是以预防灾害损失和违法犯罪行为为目的的一项公安业务和社会公共事业。治安防范是公安工作信息化的重要组成部分，包括单位防范、社区防范、街面路面防范等。对民用爆炸物品储存库而言，治安防范是指综合利用人防、物防、技防和犬防等防范措施，探测、延迟盗窃、抢劫、破坏、非法入侵等违法犯罪行为并迅速作出反应，防止民用爆炸物品丢失、被盗、被抢以及爆炸事故的系统工程。

（6）消防要求

鉴于民用爆炸物品易燃易爆的性质，对民用爆炸物品储存库的消防要求比较高。第一，库房建筑本身有防火等级要求，储存库建筑的耐火等级至少为三级，根据储存物品性质和存量再相应提高耐火等级，库房地面采用不发火材料。第二，库房及围墙外也要有防火措施，对小型库而言，库房门口 8m 范围内不得有易燃物品，15m 范围内不应有针叶树和竹林等易燃油性植物，库区内不应堆放易燃物和种植高棵植物，草原和森林地区的储存库周围宜修筑防火沟渠。第三，必须配备充足的消防设备，小型库一般要配备 15m³ 以上的消防水池，每个储存库应配备至少两个 5kg 及以上的磷酸铵盐干粉灭火器。

42. 对民用爆炸物品储存库如何进行安全评价？

在民用爆炸物品安全管理过程中，首先在生产、销售企业引入安全评价机制，按照《民用爆破器材安全评价导则》（WJ 9048-2005）的规定，对民用爆炸物品生产、销售企业实施安全评价，其储存库房作为安全评价的内容之一。2009 年 9 月，公安部发布《爆破作业单位民用爆炸物品储存库安全评价导则》（GA/T 848），为实施爆破作业单位民用爆炸物品储存库的安全评价提供了依据。

（1）基本要求

根据国家安全生产，民用爆炸物品安全管理的法律、法规和规章的规定，凡是储存爆炸危险物品的建设项目，应当经过安全评价，否则不得投入使用；对于以民用爆炸物品储存库为条件的行政许可事项，其储存库未经安全评价或安全评价结论不合格的，不予行政许可。

（2）主要事项

1）安全预评价。对拟新建、改建、扩建的民用爆炸物品储存库，要求在建设项目的初期或立项阶段进行安全预评价，在对拟进行的储存活动的危险有害因素及其程度、后果作全面系统的排查、分析的基础上，提出预防、消除和降低安全风险的对策措施，评判该措施的有效性，得出在储存库建设设计、储存活动管理等方面是否符合要求的结论；

2）安全验收评价。对建设竣工的民用爆炸物品储存库，要求在储存库投入使用前进行安全验收评价，依据安全预评价报告或设计方案中提出的安全对策措施，通过对项目实地勘查和对建设单位安全管理状况的调查分析，采用符合性检查法评价项目是否符合国家有关法律、法规、标准、规章的要求，在采取安全对策措施及建议后，给出项目投入使用后的危险有害因素能否得到控制以及受控程度的结论。新建储存库未经安全验收评价或评价不合格的，主管机关不得通过验收，储存库不得投入使用；

3）安全现状评价。对已建在用的民用爆炸物品储存库，通过实地勘查和安全管理现状的调查分析，确定存在的危险、有害因素；采用符合性检查法评价项目是否符合国家有关法律、法规、标准、规章的要求；采用定性、定量评价方法评价其危险程度；在采取安全对策措施及建议后，给出项目投入使用后的危险有害因素能否得到控制以及受控程度的结论。原已经建设，正在使用的民用爆炸物品储存库，未经安全现状评价或评价不合格的，不得继续使用；

4）安全评价的规范。民用爆炸物品储存库的安全评价活动，包括安全评价的主体资格、评价依据、种类、方法、程序、结论（报告）等，应当符合专门的行业标准。其中，对爆破作业单位储存库的安全评价执行公共安全行业标准《爆破作业单位民用爆炸物品储存库安全评价导则》（GA/T 848）。

（3）目的意义

1）达到专业、系统、规范、准确的检查和评价要求。由具备安全评价资质、专门从事安全评价工作的单位和专家人员，在全面掌握相关建设标准和管理法规、规章、标准的基础上，采用符合标准的方法，进行全面、系统的检查和分析，提出符合建设单位、监管部门需求的结论，这是安全评价的基本特点。只有这样，才能保证对民用爆炸物品储存库的安全检查及其是否能够满足安全管理要求的结论是可靠的；

2）达到保障行政行为的公正、规范和效率的要求。由专门的安全评价机构承接安全评价工作，可以防止因行政监管部门工作人员不专业导致的行政决定不公平、不公正和不规范现象，同时可以大大缩短行政审批过程，降低行政成本，提高行政效率；

3）落实主体责任。储存库建设单位应当自行承担规范建设和管理民用爆炸物品储存库的责任，了解掌握具体的专业技术要求，而不应由公安等行政监管机关包办。对于不了解的专业技术问题，可以向有资质的机构和专家提出有偿的咨询要求，同时纳入本单位的经营成本，而不应使其成为政府机关的行政成本。

43. 民用爆炸物品储存库安全评价的程序有哪些?

（1）工作程序

安全评价是以实现工程、系统安全为目的，应用安全系统工程原理和方法，对工程、系统中存在的危险、有害因素进行识别与分析，判断工程、系统发生事故和急性职业危害的可能性及其严重程度，提出安全对策、建议，从而为工程和系统制定防范措施和管理决策提供科学依据。安全评价的基本工作程序如下：

1）前期准备

由被评价单位自主选择评价机构并出具委托书；

评价机构核实被评价单位的有关许可证明或相关批准文件，明确被评价的项目和范围，与被评价单位签订安全评价合同；

组建安全评价组，了解被评价项目的情况，收集相关法律、法规、技术标准及与评价项目相关的安全数据资料；

按照评价机构提出的要求，被评价单位提供真实有效的评价所需的技术资料；

根据被评价单位提供的项目资料进行专业审核与分析；

确立符合性安全检查内容；

确定风险评价方法。

2）符合性检查评价

按照评价机构制定的安全评价作业文件程序进行符合性检查考评。考评时，评价机构应派评价人员进行现场勘查检查。

由现场考评人员汇总发现的问题，书面列出对策措施要求。对策措施分为应采纳措施和宜采纳措施，其中，应采纳措施为否决项不合格或评价机构认为风险不可接受的问题；宜采纳措施为非否决项不合格或其他问题。

对应采纳措施，由被评价单位按要求实施整改后，向评价机构出具整改报告，由评价机构对整改结果予以确认；对宜采纳措施，可列计划逐步整改。

3）风险评价。选择合适的定性、定量评价方法，对项目进行整体风险评价、明确评价项目潜在的危险、有害因素是否得到控制以及受控的程度如何，预测事故后果。

4）安全评价结论的表述

安全预评价结论。应概括评价结果，给出评价项目在评价时的条件下与国家有关法律、法规、标准、规章、规范的符合性结论，给出危险、有害因素引发各类事故的可能性及其严重程度的预测性结论，明确评价项目建成或实施后能否安全运行的结论。

安全验收评价结论。列出评价项目投入使用后存在的主要危险、有害因素及危险、危害的程度；符合性检查综合评价结论；明确是否具备安全验收的条件。对不具备安全验收条件的项目明确提出应整改的措施建议。

安全现状评价结论。列出评价项目存在的主要危险、有害因素及危险、危害程度；符合性检查综合评价结论；明确是否具备继续使用的条件；对不具备安全使用条件的项目明确提出应整改的措施建议。

（2）注意事项

1）安全评价范围。爆破作业单位新建、改建、扩建以及在用民用爆炸物品储存库（包括地面库、可移动民用爆炸物品库、洞库、覆土库），应当实施安全预评价、安全验收评价和安全现状评价，煤矿、非煤矿山井下民用爆炸物品储存库不实施安全评价，此类储存库由安监等主管部门对井下开采项目进行安全评价或验收时，一并进行安全评价或验收。

2）安全评价机构。根据国家安全生产监督管理总局《安全评价机构管理规定》和公安部有关要求，爆破作业单位民用爆炸物品储存库的安全评价，由取得业务范围为"烟花爆竹、民用爆破器材制造业"的甲级资质的安全评价机构承担；从事安全评价的专业人员，应取得安全评价师执业资格；项目负责人应具有火炸药、爆破工程、安全工程类专业背景和从业经历。

安全评价机构由爆破作业单位自主选择，公安机关不得以任何形式从事或参与安全评价活动，不得要求爆破作业单位接受指定的安全评价机构进行安全评价，不得采取任何形式限制外地安全评价机构到本地开展评价活动，不得干预安全评价机构开展正常活动，不得以任何理由或者任何方式向安全评价机构收取费用或者变相收取费用。

3）安全评价的组织实施。爆破作业单位确定评价机构后，出具委托书，由评价机构核实爆破作业单位的有关许可证明或批准文件，明确评价项目和范围，并在与爆破作业单位签订安全评价合同后开展安全评价工作。安全预评价和安全验收评价，不得委托同一个安全评价机构。安全评价结论分为合格、不合格两种。对安全预评价不合格的，不得进行建设；对安全验收评价结论不合格的，不得进行验收；对安全现状评价结论不合格的，公安机关要依法暂停相关许可审批，直至其完成整改并经安全评价机构重新作出合格安全评价结论。

4）安全评价的收费。安全评价机构从事安全评价活动的收费，应当符合法律、法规和有关财政收费的规定。目前，主要根据行业自律的方式限定标准收费。各地可以根据本行政区域经济发展水平、产业结构以及周边区域收费情况，商请物价部门核定本行政区域实施安全评价的指导性收费标准。

44. 民用爆炸物品储存库技防系统有哪些要求？

（1）技防系统总体要求

民用爆炸物品储存库要依据《安全防范工程技术标准》（GB 50348-2018）的要求，安装具有与当地110指挥中心或派出所联网报警功能的入侵报警、视频监控等技术手段的防范系统。报警、视频监控、通信器材应当符合国家有关技术标准，能在使用现场环境条件下稳定工作，并达到工程设计要求。

（2）技防系统安装要求

民用爆炸物品储存库应当安装入侵报警、视频监控装置，但入侵报警和视频监控属于电气设备，为防止意外爆炸等事故的发生，不得接入库房内部。一般情况下，入侵报警探测器应安装在可以监测门窗等出入口的位置，视频监控探头应当尽量扩大监控范围，并以能够监控所有出入口、重要通道为目标。库区及重要通道应安装周界报警：对面积较小、形状规则的库区，可以沿库区围墙安装周界报警；对面积较大、形状不规则的库区，可以在每座库房周边安装周界报警。为适应民用爆炸物品监管及技术发展要求，实现对民用爆炸物品储存库的远程监管，技术防范系统应预留远程联网的通信接口，以便今后系统升级后将视频信息接入监控中心。

（3）技防系统联动要求

为使技防设备发挥作用，每一套视频监控和报警系统都应当能独立运行，系统操作人员可以通过系统操作软件按时间、区域、部位灵活编程设防或撤防。一些违法犯罪分子在了解到储存库具备防范设施后，会在实施侵害前破坏防范系统的通信或设备电源线路，因此技防系统应当具有防破坏功能，能对设备运行状态和信号传输线路进行主动检测，发生故障或警情后能及时报警并指示故障区位。例如，视频监控或入侵报警的电源线或信号线被破坏后，系统应当立即报警。在系统设计或改造时，可以通过安装相应的软件，使报警信号、视频监控图像信号、声音复核信号能同步自动切换或任意切换，视频显示器应能实时显示报警现场的情况。报警、视频监控装置应显示、记录、储存所有的报警信号、图像信号。在治安检查时，可以在设防的情况下做入侵测试，报警后观察监视器是否显示入侵部位的现场图像。

（4）技防系统供电要求

民用爆炸物品储存库位置相对偏远，一旦停电，技防设施将无法工作，发生紧急情况也无法及时报警，因此报警、视频监控等设备应有备用电源（不间断电源），要求对控制台设备视频部分供电不少于1h，报警部分供电不少于8h，交流供电期间备用电源自动充电。

（5）视频监控系统的基本要求

视频监控系统应当具备实时监控、即时报警、图像连续储存、事后回放等功能，总体上应当符合《视频安防监控系统工程设计规范》（GB 50395-2007）要求。

为确保值班守护人员可以通过监控终端实时掌握库区内的有关情况，监控系统的摄像视场角应尽量覆盖整个库区，对库区大门、库房门窗等出入口和直接被监控目标，必须做到全覆盖。

监控系统要保证在值班室或远程都能清晰观看现场情况，并且在发生丢失、被盗等案件后可以调看录像。因此，拍摄的录像要能明确辨识被摄录人员、车辆和其他主要物品标识性特征，一般要求录像的清晰度不低于（352×288）彩色像素点阵，即 10 万彩色像素。同时，为保证在夜间、阴雨天等光线条件较差时图像也能清晰，要增加辅助照明设施或使用具有夜视功能的视频监控探头，目前大多采用红外监控探头。为保证民用爆炸物品丢失、被盗等案件发生后能够完整调取录像，系统主机应能对所有监控图像进行记录存储，保存时间不少于 30 天。报警、视频监控与辅助照明灯光应实现联动。

为实现即时报警功能，可以将图像设置为移动画面帧测记录方式，即摄像区域内有人员、车辆或设防物体移动时，启动报警和录像。为实现对监控系统的集成控制，应在报警值班室设置监控终端，监视器可以设置为多画面或轮回显示各监控图像。当报警发生时，监控系统能与报警系统联动，对报警现场进行图像、声音复核，并将报警现场的图像自动切换到监视器上显示。

（6）入侵报警系统的基本要求

入侵报警系统应当按照《入侵报警系统工程设计规范》（GB 50394-2007）的规定设计、施工。目前，常用的报警系统主要包括 CK 入侵报警器和周界入侵报警等设备，一般与110 指挥中心或库房所在派出所连通，一旦发生警情，公安机关可以在第一时间作出反应。从日常监督检查情况看，一些库房以报警误报率高等为由，经常长时间关闭入侵报警系统，致使系统不能正常发挥作用。因此，必须对系统设防、撤防时间作强制规定，即库房内无人时入侵报警装置必须进入设防状态，库区无人员、车辆进出时周界报警装置必须进入设防状态。民用爆炸物品出入库、安全检查等工作一般不会超过 2 个小时，因此入侵报警装置、周界报警装置每次撤防时间不得超过 2 个小时，紧急报警装置应全天处于设防状态。

45. 民用爆炸物品储存库人力防范有哪些要求？

（1）人力防范基本要求

人力防范主要包括治安保卫机构、值班守护人员、仓库保管员及相关的管理制度。人力防范在整个治安防范系统中起着决定性作用，所有设备的操作、制度的落实都要靠人及其组织来实施。从近年来各地发生的民用爆炸物品被盗、被抢案件看，绝大多数与值班守护人员素质不高、违反规章制度有直接关系。因此，民用爆炸物品储存库所属单位必须成立专门的治安保卫机构，配备经教育培训合格的治安保卫人员，建立健全治安保卫制度并认真贯彻落实。

（2）值班守护人员基本要求

《民用爆炸物品安全管理条例》对民用爆炸物品从业人员提出了基本条件，即无民事行为能力人、限制民事行为能力人或者曾因犯罪受过刑事处罚的人，不得从事民用爆炸物品相关作业。民用爆炸物品储存库的值班守护人员有机会接触、获取民用爆炸物品，因此要求他们必须具有较高的政治素质，从源头上防止监守自盗等行为，严防民用爆炸物品非法流入社会，成为涉爆违法犯罪的工具。因此，值班守护人员必须无刑事犯罪、劳动教养、行政拘留、强制戒毒记录，一般也不应有酗酒、赌博等不良嗜好；单位领导要随时关注值班守护人员的思想动态，发现存在家庭矛盾突出或债务纠纷等问题后，要及时调整岗位。

（3）值班守护人员年龄要求

民用爆炸物品储存库地域偏远，工作环境和生活条件单调、艰苦，而工作责任又相当重大。同时，从抵御非法侵犯的角度考虑，值班守护人员应当具有较好的身体素质和心理素质，要求有与此相适应的年龄层次。因此，规定年满18岁、不超过55岁的人才能从事值班守护工作。

（4）值班守护人员文化水平要求

治安防范系统特别是技防设施技术含量较高，操作也相对复杂，需要一定的文化基础知识，至少具有初中以上文化程度并经过培训考核，才能熟练操作与治安防范及安全保卫有关的装备器材，按照相关预案处置突发事件，接到报警信号后能及时按照规定报警并采取相应的处置措施。

（5）值班守护基本规定

民用爆炸物品库一旦出现无人值守情形，很容易成为非法侵犯的目标。为保证库房始终处在值班守护人员的监控范围内，要求对储存库实行24h值守。值班人员数量不足往往会导致民用爆炸物品被盗、被抢，在当前社会治安日趋复杂的情况下，针对民用爆炸物品的盗抢案件可能会呈高发态势，因此必须要有足够的力量负责值守巡逻工作，每班值班守护人员不能少于3人，报警值班室必须24h有人不间断值守。值守人员应每小时对库区进行一次巡视，巡视时携带相应的自卫器具，每次巡查情况都要如实登记形成台账。为有效监督值守人员工作状况，可以安装电子巡更系统，在库区重点部位设置巡更点，单位通过定期读取巡更数据考核值守人员工作情况。值守人员要认真履行值班、检查及交接班等工作并做好记录，形成完整的工作台账。为确保紧急情况下能迅速报警，所有值守人员都要熟记与当地公安机关和派出所的通信联络方法。报警联系电话要张贴在报警值班室内的醒目位置，使值守人员在报警值班室任何部位均能方便看见。

（6）治安保卫机构设置及主要职责

根据《民用爆炸物品安全管理条例》等规定，民用爆炸物品从业单位必须建立治安保卫机构或组织，全面负责单位的治安保卫工作，值班守护人员应当在治安保卫机构的领导下开展工作。治安保卫机构主要履行以下职责：

1）经常对储存库的治安防范设施特别是技防设施开展检查，及时发现、整改各类治安隐患，并对隐患整改情况进行跟踪；

2）结合单位防盗抢、防丢失管理制度和相关预案，经常对保管员和值班守护人员开展教育培训，使每一个人都准确掌握盗、抢等案件的处置流程和要点；

3）定期召开安全例会，及时传达涉及民用爆炸物品管理的法律法规、政府有关部门的文件精神和安全管理制度，特别是一些新的法规、制度发布实施后，保卫部门负责人要在先期学习掌握的基础上，组织治安保卫人员学习研究，确保贯彻落实到位，必要时可以请监督部门派人上门讲解培训；

4）治安保卫机构要分类设置台账，详细记录开展上述活动的时间、地点、主要内容等情况，以备监管部门检查。

46. 民用爆炸物品储存库物理防范有哪些要求？

（1）实体防范基本要求

实体防范包括库区平面布置、库房结构、围墙结构和高度、门窗结构，以及消防设备、防雷设施等。实体防范应当根据单位性质、储存容量等情况执行以下标准：

1）民用爆炸物品生产、销售企业库房执行《民用爆炸物品工程设计安全标准》（GB 50089-2018）；

2）爆破作业单位、检测机构和科研院所等其他使用单位储存量大于5t的库房执行《爆破安全规程》，小于5t的库房执行《小型民用爆炸物品储存库安全规范》；

3）洞库和覆土库执行《地下及覆土火药炸药仓库设计安全规范》（GB 50154-2009）。

（2）储存库门窗基本要求

民用爆炸物品流转环节都要求有双人管理，库房内储存的民用爆炸物品品种多、数量大，一旦流失其危害后果将十分严重。从加强防范的角度考虑，民用爆炸物品储存库应设置双层门。外层门宽度、高度除符合《民用爆炸物品工程设计安全标准》《爆破安全规程》、《小型民用爆炸物品储存库安全规范》、《地下及覆土火药炸药仓库设计安全规范》外，还应符合《防盗安全门通用技术条件》（GB 17565-2007）的要求。内层门既要具备防盗功能，又可以在高温季节通风降温。因此，采用加装金属网的通风栅栏门，栅栏杆所用钢筋直径一般不小于12mm、栅栏杆间距一般不超过10cm；金属网应当密实牢固，具有防小动物破坏和进入功能。

为了防止一人即可开门获取民用爆炸物品，内、外两层门锁钥匙应由双人分别保管，开启门时两人应同时在场。考虑发生爆炸事故时的泄漏要求和突发情况下库房内的人员能够快速撤离，爆炸物品制造、试验、储存等场所的门窗都向外开启。因此，规定民用爆炸物品储存库库房的两层门均向外开启。

根据《民用爆炸物品工程设计安全标准》、《爆破安全规程》、《小型民用爆炸物品储存库安全规范》等规定，储存库区四周应设密实围墙，围墙距最近储存库墙脚的距离不宜小于5m，围墙高度不应低于2m，墙顶应有防攀越的措施。储存库区周围的陡峭山体、水沟等能起到防盗、防火作用的自然屏障处，可不设密实围墙，但应设铁丝网围墙。可移动民用爆炸物品库区，也可设符合《脉冲电子围栏及其安装和安全运行》要求的脉冲电子围栏。

（3）报警值班室基本要求

报警值班室既是值班守护人员办公的场所，也是对以技术手段为主的防范设施实施统一控制的场所，监控、报警系统主机和操作终端都安装在值班室。对符合标准的民用爆炸物品储存库，违法犯罪分子要进入库房，必须首先控制报警值班室，控制值班守护人员和报警设备，否则很难实现非法获取民用爆炸物品的目的。因此，报警值班室应当具有一定的防破坏能力，通过安装结构坚固的防盗门和防盗窗、配备必要的防侵犯设施和自卫器具等手段，为制止、延缓非法侵害行为和及时报警争取时间。从监督检查和管理经验看，报警值班室一旦设置床铺，值班守护人员由于生理、心理等因素，在值班期间特别是夜间会不自觉地进入睡眠状态，不能按规定履行守护巡逻职责。因此，《民用爆炸物品储存库治安防范要求》（GA 837-2009）规定报警值班室严禁设置床铺。为保证紧急情况下值班守护人员能及时与主管部门、公安机关和单位领导取得联系，报警值班室应安装值班报警电话并保持 24h 畅通。

（4）可移动民用爆炸物品库基本要求

可移动民用爆炸物品库，是指可以根据工程需要设置组装可移动的、重复使用的民用爆炸物品储存设施。可移动民用爆炸物品库的结构必须经过国家有关主管部门鉴定验收。目前，保利民爆集团公司研制的可移动民用爆炸物品库，通过了公安部组织的鉴定；山东天宝化工股份有限公司和平邑县国科机械装备有限公司研制的可移动民用爆炸物品库，通过了工业和信息化部组织的鉴定。

47. 民用爆炸物品储存库犬防有哪些要求？

犬防，是指利用犬的特殊生理功能，及时发现并对非法入侵储存库的行为作出反应的防范手段。对民用爆炸物品储存库的犬防要求必须为 2 条以上大型犬，且夜间处于巡游状态。

目前，国内对大型犬尚无明确定义，一般将身高 50cm 以上或体重 30kg 以上的犬称为大型犬，如各种猎犬、狼狗、藏獒等。民用爆炸物品储存库的看护犬具有快速感知能力，并通过吠叫、扑咬等动作延缓非法入侵行为，使值班守护人员能够提前预警，及时作出反应。

48. 民用爆炸物品储存库应急处置有哪些基本要求？

对民用爆炸物品储存库实施治安防范的主要目标是防止盗窃、抢劫、破坏等行为的发生，库房所属单位应当根据库房的结构、环境等因素，分类制定应急处置预案和实施细则，明确规定各类事故的处置程序和要求，并通过经常性的演练使值班守护人员熟知预案的有关内容。为使上级主管部门和公安机关对盗窃、抢劫、破坏作出快速反应，单位应当将预案和实施细则报上级主管部门和公安机关备案。

应急演练的目的是使主管部门和单位有关从业人员熟练掌握处置程序，防止现实情况下处置混乱。单位在实施演练前，应当根据应急预案编制演练大纲，明确参加演练的部门、人员及相关职责，并将演练大纲报上级主管部门和公安机关备案。为使演练接近实际，上级主管部门和公安机关要根据演练大纲设置的警情，按照报告处置、接处警等程序，全程参加演练。演练结束后，参加演练人员要进行讲评，根据演练中发现的问题和漏洞，及时修订应急处置预案和实施细则。

49. 在储存库区内的民用爆破器材堆码有哪些要求？

（1）爆破器材应码放整齐、稳固，不得倾斜。

（2）每个堆垛应有标记品种、规格和数量的标识牌。

（3）堆放高度：工业雷管、黑火药不应超过1.6m，炸药、索类不应超过1.8m，宜在墙面画定高线。

（4）堆垛间隔：堆垛之间应留有宽度0.6m以上的检查、清点通道和宽度不小于1.2m的装运通道。

（5）堆垛包装箱与墙距离应大于0.3m，对于小型库为0.2m。

（6）爆破器材包装箱下，应垫有高度大于0.1m的垫木。

50. 保管员在日常作业和检查工作中发现有哪些情况，应当立即报告？

（1）发生或可能发生爆破器材流失问题的，如被盗抢、丢失、错发、错账短少等。

（2）发生或可能发生爆破器材质量问题的，如损坏、过期、变质、标识缺少或不清等。

（3）发现重要的安全管理设施，如门窗、栅栏、导电胶板、温度计和湿度计，以及报警设施等，有损坏或故障不能恢复正常使用的情况。

第四节　起爆技术

51. 常用的起爆方法有哪几种？

常用的起爆方法有：电力起爆法、导爆管起爆法、导爆索起爆法、数码电子雷管起爆法及混合起爆法。

52. 电爆网路（电力起爆法）有什么特点和要求？

电力起爆法亦称电点火法，是利用电能起爆电雷管使炸药爆炸的一种方法。该起爆方法可以预先隐蔽于安全地点用导线连接起爆远距离的装药，较为安全；并且一次可以在确定的时刻准确地同时或逐次（采用延期电雷管）起爆多个装药，但不足之处是所需要的导线长、器材较多，受周围环境射频电、静电、工频电、杂散电影响大，容易产生早爆事故，爆破作业比较复杂。

（1）电爆网路的特点

1）起爆前可以准确检测电雷管和起爆网路的电阻值及完好性，从而保证起爆网路的正确性和可靠性；

2）起爆人员可以在危险区之外的安全地方起爆，一次可以同时起爆大量雷管；

3）能较准确地控制起爆时间、延期时间和起爆顺序；

4）电爆网路敷设施工较复杂，工序繁多，需要有足够的起爆电能；

5）受外界电能（雷电、静电、射频电、杂散电流等）的影响，有可能发生早爆事故，特别是在杂散电流高的地区和雷雨季节施工时，危险性较大。

电力起爆法的适用范围较广泛，网路设计计算和施工正确无误时能保证安全准爆，故以往在大型爆破作业中经常采用。目前逐渐被导爆管起爆法所取代，今后将被数码电子雷管起爆法所取代。

（2）电爆网路的要求

1）同一起爆网路，应使用同厂、同批、同型号的电雷管；电雷管的电阻值差不得大于产品说明书的规定；

2）电爆网路不应使用裸露导线，不得利用铁轨、钢管、钢丝作爆破线路，电爆网路应与大地绝缘，电爆网路与电源之间应设置中间开关；

3）电爆网路的所有导线接头，均应按电工接线法连接，并确保其对外绝缘。在潮湿有水的地区，应避免导线接头接触地面或浸泡在水中；

4）起爆电能应能保证全部电雷管准爆；

5）电爆网路的导通和电阻值检查，应使用专用导通器或爆破电桥，专用爆破电桥的工作电流应小于 30mA。爆破电桥等电气仪表应每月检查一次；

6）用起爆器起爆电爆网路时，应按起爆器说明书的要求连接网路。

53. 电爆网路（电力起爆法）需使用哪些器材？

电力起爆法使用器材包括：

（1）电雷管（瞬发或毫秒延期电雷管等）。

（2）检测仪表（数字化爆破电表、欧姆表等爆破网路检测仪表）。

（3）导电线，电爆网路中的导线一般采用绝缘良好的铜芯线或铝芯线。

（4）电源，常用电源有起爆器、照明或动力交直流电源、蓄电池、干电池等。

54. 电爆网路（电力起爆法）对起爆电源有哪些要求？

作为电爆网路的起爆电源，应满足以下要求：

（1）对电压要求。起爆电源要求有一定的电压，能输出足够的电流，必须保证起爆网路中每个电雷管能够获得足够的电流。《爆破安全规程》规定：一般爆破，交流电不小于：2.5A，直流电不小于 2A；硐室爆破，交流电不小于 4A，直流电不小于 2.5A。

（2）对电流要求。有一定的容量，能满足各支路电流总和的要求。

（3）对发火冲能要求。有足够大的发火冲能。对电容式起爆器等起爆电源，尽管其起爆电压很高，但其作用时间很短，要保证电爆网路安全准爆，还必须有足够的发火冲能。对国产电雷管，保证电雷管准爆的发火冲能应大于或等于 $7.9A^2 \cdot ms$。

55. 为什么电爆网路（电力起爆法）电源最好使用专用起爆器？

电爆网路常用的起爆电源有三种：

（1）电池。电池包括干电池和蓄电池。电池属于直流电，电源比较稳定，而且《爆破安全规程》规定的最小准爆电流值比交流电小，但干电池电压低、内阻很高、容量有限，只能起爆少量雷管；在实际工程中基本不使用电池作为起爆电源。

（2）交流电。交流电有 220V 的照明电和 380V 的动力电。交流电的电压一次串联起爆的发数有限，不适用于大量串联、串并联和并串联等混合电爆网路。使用交流电作为起爆电源，要进行电爆网路的设计和计算，起爆大量雷管时，要对变压器的电容量进行校核；另外，电源与起爆网路连接处要设两道专用开关，防止爆破后因线路短接而引起不良后果，因此现在工程中很少采用。

（3）起爆器。起爆器属于直流式起爆电源，目前主要使用的是电容式起爆器，电容式起爆器也叫高能脉冲起爆器，电容器积蓄的高压脉冲电能能在极短时间内向电爆网路放电，使电雷管起爆。电容式起爆器的脉冲电流持续时间大都在10ms以内，峰值电压达几百伏至几千伏，大容量起爆器的起爆电压均在1500V以上，能可靠起爆雷管数从几十发到几千发不等。起爆器小型、便于携带、使用较为方便，目前是电爆网路使用较广的起爆器具。

56. 电爆网路有哪几种网路连接形式？

电爆网路常用的有四种：

（1）串联。这是最简单的网路连接形式（图1-11），其特点是操作简单，容易检查，要求电源功率小，特别适合于电容式起爆器。若采用工频交流电（220V或380V）起爆，由于必须保证流经每个电雷管的电流不小于2.5A，其一次起爆电雷管数量有限。在串联网路中，只要有一发电雷管桥丝断路就会造成整个网路断路，造成拒爆。

（2）并联。并联网路如图1-12所示。这种网路增加了每个激发点的准爆率和起爆能。这种网路适合于工频交流电。但雷管电阻的不一致，容易造成敏感雷管爆炸，钝感雷管拒爆。

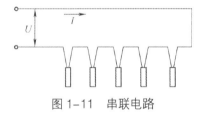

图1-11　串联电路

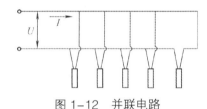

图1-12　并联电路

（3）串并联。将电雷管分成若干组，每组电雷管先串联成一条支路，然后将各条支路并联起来组成网路（图1-13）。这种网路适用于电压低、功率大的工频交流电。网路设计要求各条支路的电阻值平衡，并保证每个支路通过的电流大于2.5A。

（4）并串联。将上述两种电爆网路结合在一起，即先将雷管分组并联后再串联的连接方式（图1-14）。这种网路适用于电压低、功率大的工频交流电。网路设计时要求各条支路的电阻值保持平衡，并保证每个雷管通过的电流大于2.5A。

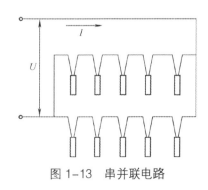

图1-13　串并联电路

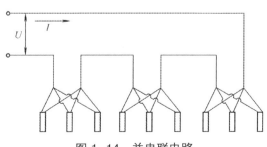

图1-14　并串联电路

57.电力起爆法施工前时应做哪些准备工作？注意哪些事项？

（1）施工前的准备工作

1）当爆破点附近存在各类电源及电力设施有可能产生杂散电流时，或爆破点附近有电台、雷达、电视发射台等高频设备时，应对爆区内的杂散电流和射频电进行检测，若电流超过安全允许值时，不得采用电爆网路，应采用非电雷管起爆网路或数码电子雷管网路；

2）对电雷管逐个进行外观检查和电阻检查，并抽样进行延时时间测试检查，挑出合格的电雷管用于电爆网路中，对网路中使用的导线进行外观检查、电阻检查；

3）对大型或拆除爆破可进行网路的原型试验，将准备用于起爆网路的主线、连接电线、起爆电源按设计的连接方式、连接电雷管数进行电爆网路原型试验。

（2）连接电爆网路的安全注意事项

电雷管脚线（或连接线）应处于短路（短接）状态直到网路连接，网路连接后也应处于短路（短接）状态。电爆网路的连接必须在爆破区域装药填塞全部完成，和无关人员全部撤至安全地点之外，由爆破工程技术人员或爆破员从工作面向起爆站依次进行连接。连接中应注意以下事项：

1）电爆网路的连接要严格按照设计进行，不得任意更改；

2）不同工厂、不同批次生产的和不同桥丝的电雷管，不得在同一条网路中使用；

3）敷设网路时，严禁将电爆网路与照明线路、动力线路混设在一起；距离变电站、高压线、发电站及无线电发射台等目标不得小于200m；

4）接头要牢靠、平顺，不得虚接；接头处的线头要新鲜，不得有锈蚀，以防造成接头电阻过大；两根线的接点应错开10cm以上；接头要绝缘良好，特别要防止尖锐的线端刺透绝缘层；图1-15给出了几种常用的接头形式；

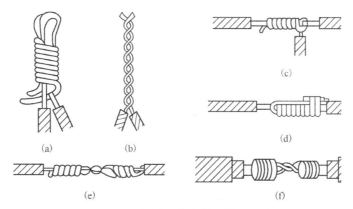

图1-15　电爆网路中常用接头形式

（a）、（b）脚线接头；（c）端线与连接线接头；（d）细导线与粗导线接头；

（e）连接线与区域线接头；（f）区域线与主线接头

5）导线敷设时应防止损坏绝缘层，防止接头位置与金属导体或水接触；敷设应留有

10%~15% 的富余长度，防止连线时导线拉得过紧，甚至拉断导线；

6）连线作业先从爆破工作面的最远端开始，逐段向起爆站后退进行；

7）接线之前要把手洗干净，如果手上有残留的炸药会使脚线生锈，导致电阻增加或者不稳定；

8）在连线过程中应根据设计计算的电阻值逐段进行网路导通检测，以检查网路各段的质量，及时发现问题并排除故障；在爆破主线与起爆电源或起爆器连接之前，必须测量全网路的总电阻值，实测总电阻值与实际计算值的误差不得大于 ±5%，否则禁止联结；

9）必须采用爆破专用仪表进行检测。爆破测试仪表测试电流要小于 30mA。对电源和检测仪表要轻拿轻放，保持清洁，放于通风、干燥和温度适宜的地方，有故障时应由专人检修，当温度低于 −10℃时，应采取保温措施；

10）电源应指定专人看守，起爆器的转柄（或钥匙）应由现场负责人掌握，不到起爆时不准交给起爆人员；

11）起爆后应立即切断电源，使用延期电雷管时，如未爆炸或不能判断是否全部爆炸，应按照《爆破安全规程》规定的等待时间后，才能进入现场进行检查。

58. 如何做好电爆网路的防雷电措施？

有雷电时，电爆网路可能产生感应电流，使电雷管爆炸而引起装药意外爆炸。在野外条件下，当雷电直接击中导电线或炸药时，则很难避免装药意外爆炸。为了预防电爆网路附近发生雷电及预防静电感应或电磁感应电流影响，可采取下列措施：

（1）将全部电爆网路埋入土中，深度不小于 25cm。

（2）应尽可能使用双芯导电线作电爆网路；如用单芯导电线时，则在敷设前应将两根线扭在一起，或用细绳、胶布每隔 1~1.5m 捆扎一道。

（3）用一根裸线（可用有刺铁丝）与电爆网路的导电线并排敷设。

（4）起爆站干线的末端分开放置，并进行绝缘。

（5）尽可能避免支线并联，因为支线并联会形成闭合回路，从而引起感应电流。

若雷电来临，时间来不及时，可不进行上述措施，直接撤离到安全地点，并做好警戒，防止任何人员、车辆、牲畜进入警戒区域，确保安全。

59. 用于测量电雷管电阻和电爆网路的专用仪表应满足哪些条件？

（1）输出电流必须小于 30mA。

（2）外壳对地绝缘良好，不会将外来电引入爆破网路。

（3）防潮性能好，不会因内部受潮漏电而引爆电雷管。

60. 常用的电雷管起爆器有哪些？

目前我国生产起爆器的企业较多，产品主要型号列于表 1-9。

起爆器的性能与规格　　　　　表 1-9

型　号	起爆能力/发	最大外电阻/Ω	输出峰值/v	充电时间/s	冲击电流持续时间/ms	电源	质量/kg	外形尺寸（长×宽×高）/mm×mm×mm	生产厂家
NFJ-100	100	900	320	<12	3~6	1 号电池 4 节	3	180×105×165	营口市无线电二厂
MFB-200	200	1800	620	<6	<8	1 号电池 4 节	1.25	165×105×102	抚顺煤炭研究所
GM-2000	最大 4000 抗杂雷管 480	2000		<80	50	8V（XQ-1 蓄电池）	8	360×165×184	湘西矿山电子仪器厂
GNDF-40000	铜 4000 铁 2000	3600	600	10~30		蓄电池或干电池 12V	11	385×195×360	营口市无线电二厂
CHA-2000E	铜 2000 铁 1000	8000	2100	≤ 45		DC6V		276.5×227.5×153	湘西雷特爆破仪表有限公司

注：表中给出的起爆能力是以铜脚线雷管为准的，如果是铁脚线，需要用电阻值进行换算。

61. 导爆管起爆网路的特点是什么？

导爆管起爆法是利用导爆管起爆系统起爆装药的一种方法，在工程爆破中已得到广泛使用。导爆管起爆网路的突出优点是操作简单、容易掌握，不会受外界电能的影响，起爆网路起爆的药包数量不受限制，网路也不必要进行复杂的计算，非常适合有成千上万个药包的拆除爆破工程。

其缺点是迄今尚没有检测网路完好性的有效手段，且导爆管本身的缺陷、操作中的失误和周围杂物对其的轻微损伤都有可能引起网路的拒爆。因此在爆破中采用导爆管起爆网路时，除必须采用合格的组件和复式起爆网路外，还应注重网路连接的质量，提高网路的可靠性以及重视网路的操作和加强检查。

62. 导爆管起爆网路由哪几部分组成？

导爆管起爆网路由激发元件、传爆元件、起爆元件和连接元件四部分组成。各部分具体功能如下：

（1）激发元件

激发元件的作用是起爆导爆管。主要有三种起爆方式：

1）雷管。可采用各种雷管来起爆导爆管（通常把这种起传爆作用的雷管称为传爆雷管，而把炮孔中起爆装药的雷管称为起爆雷管）。一个 8 号工业雷管可侧向起爆 20 根均匀

固定在雷管周壁上的导爆管;

2）火帽和击发枪。击发枪可用体育发令枪改装，当击发枪的击锤打击火帽时，火帽产生火焰可轴向起爆插入传火管中的导爆管;

3）电火花击发装置。该装置亦称击发笔，它是与起爆器配套使用的一种电火花激发装置，击发笔笔尖是放电元件，由直径 1.17mm 的管状外层电极和直径 0.63mm 的针状内层电极组成，两极中间用绝缘介质封固。使用时将击发笔的笔尖插入导爆管内，将击发笔的导线接在起爆器接线柱上，充电后按下起爆按钮，在笔尖处产生强力火花起爆导爆管。

此外，导爆管还可用导爆索、炸药等激发。

（2）传爆元件

传爆元件的作用是将冲击波信号由激发元件传给各个起爆元件。传爆元件由导爆管或导爆管与雷管组成。传爆雷管可用各种瞬发或延期雷管，后者对线路起延时作用。

（3）起爆元件

起爆元件的作用是起爆炸药。按爆破网路的不同要求，起爆元件可用 8 号瞬发雷管或延期雷管。目前常用的有瞬发、毫秒（MS）、半秒（HS）和秒（S）延期导爆管雷管作起爆元件使用。

（4）连接元件

连接元件起联结作用，用来联结激发元件、传爆元件和起爆元件。目前常用的是导爆管联结器，也称"四通"等（图 1-16）。这种连接元件连接的传爆网路中没有雷管，安全性好。它将爆轰波直接传递给后续导爆管。

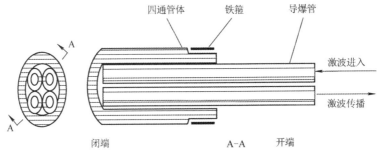

图 1-16 塑料四通结构及传爆示意图

63. 导爆管起爆网路形式有哪几种?

（1）按导爆管起爆网路联结形式分类。导爆管网路主要有串联、并联（簇联）和复式连接三种基本形式:

1）串联:把起爆组合雷管上的导爆管联结在传爆连接件上，然后再把传爆联结件串联起来，如图 1-17 所示。串联网路适用于装药成一线配置的情况;

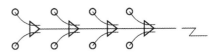

图 1-17 导爆管串联网路

2）并联:把起爆组合雷管并联在传爆连接件上，如图 1-18 所示。起爆组合雷管数目较多（成簇）的并联通常称为簇联，如图 1-19 所示。加强簇联比普通簇联多设一个组合

传爆雷管;

　　3）复式连接：复式连接网路中同时具有串联和并（簇）联的联结形式。它包括起爆雷管和传爆连接元件的串联与并联。复式连接网路适用于装药个数多且成多列布置的情况，如图1-20所示。为了保证导爆管网路起爆的可靠性，施工中常常使用导爆管复式交叉起爆网路，使导爆管雷管拒爆率大大下降，如图1-21所示。

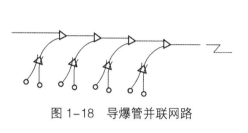

图1-18　导爆管并联网路　　　　　　　图1-19　导爆管簇联网路

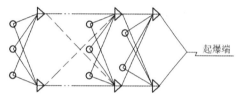

图1-20　导爆管复式网路　　　　　　图1-21　导爆管复式交叉起爆网路

　　（2）按爆破网路传爆可靠程度分类。

　　1）单式爆破网路。这种爆破网路的特点是传爆干线及支线均为单路。在这类网路中，当传爆线因某些随机因素而在某处断爆时，该处以后的传爆干线所连接的炮孔全部拒爆。因此，这种单式爆破网路对于传爆可靠性要求较高的爆破作业是不适宜的;

　　2）复式爆破网路。为使爆破网路传爆更为可靠，可采用复式爆破网路。在复式起爆网路中，炮孔中装有两个雷管，并分别并联连接在两条传爆干线上。复式爆破网路又分为两种：

　　①普通复式爆破网路。图1-22所示复式爆破网路的特点是两条传爆干线之间没有相互作用。这种网路的传爆可靠性比单式网路大得多。网路中两条传爆干线间有一定的距离，以防止网路同时遭受某一因素的破坏。

　　②加强复式爆破网路。加强复式爆破网路虽然也为两套单式爆破网路的组合，但网路中两条传爆干线相互作用，每一条传爆支线均受到传爆干线中两个传爆雷管的作用。这种加强复式爆破网路如图1-23所示。

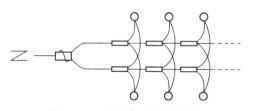
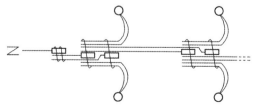

图1-22　普通复式爆破网路　　　　　　图1-23　加强复式爆破网路

这种类型的爆破网路使传爆干线之间可以互相作用，而且网路中的支线使起爆次数增加，从而使整个爆破网路的传爆可靠性大大提高。

③闭合网路。这种网路就是先将网路头尾相连，最后将起爆雷管（或者火花激发装置）安装（连接）在网路上任一个位置，起爆雷管起爆后，激波可以在闭合网路中向各个方向传播，进一步提高了网路传爆的可靠性。

64. 导爆管起爆网路延期方式有哪几种？

导爆管爆破网路的延期时间一般通过延期雷管来实现。利用导爆管延期雷管来实现网路延期方式主要有以下三种。

（1）孔内延期

在孔内延期爆破网路中，采用瞬发雷管作传爆雷管，利用不同段别的导爆管毫秒延期雷管作炮孔装药的起爆雷管，以实现各段炮孔按规定的微差时间间隔顺序起爆。根据炮孔起爆顺序及炮孔间延期间隔的设计，可以确定出各段炮孔中起爆雷管的段别。按炮孔的起爆顺序，首段炮孔所选用的起爆雷管的段别是决定以后各段炮孔中起爆雷管段别的基础。

（2）孔外延期

该技术不成熟，暂不推荐使用。

（3）孔内外分别延期

在孔内外都延期的爆破网路中，各段炮孔中的起爆雷管及传爆干线中的传爆雷管，可分别采用不同段别的导爆管毫秒雷管，且起爆雷管的段别高于传爆雷管的段别，使各炮孔按一定的延期时间间隔顺序起爆。孔内外延期的特点是可以通过对传爆雷管和起爆雷管段别的选择，合理调节延期时间间隔。设计原则是先爆孔不能破坏地表延时雷管。接力网路孔内外导爆管雷管段别组合可参照表1-10选取。采用地表延迟网路时，地表雷管与相邻导爆管之间应留有足够的安全距离，孔内应采用高段别雷管，确保地表未起爆雷管与已起爆药包之间的间距大于20m。

接力网路孔内外导爆管雷管段别组合　　　　　　　　　　表1-10

孔外导爆管雷管段别	2	3	4	5
孔内导爆管雷管段别	5~6	7~8	9~11	10~13

65. 导爆管起爆网路施工应注意哪些事项？

导爆管起爆网路产生拒爆的主要原因有：产品质量不好；起爆网路联结不正确或联结质量差；导爆管网路在施工过程中被损坏；导爆管网路中的导爆管进水失效等。因此，敷设导爆管起爆网路时应注意以下问题：

（1）施工前应对导爆管进行外观检查。管口端应是热封好的（剩余导爆管两端亦需要用打火机热封），如有破损、压扁、拉细、进水、管内有杂质、断药、塑化不良、封口不严等不正常现象，均应剪断去掉。在插接导爆管前应用剪刀将导爆管的端头剪去30~40cm，并将插头剪平整。

（2）导爆管内径仅 1.4mm，任何细小的杂质、毛刺都可能将导爆管管口堵塞而引起拒爆。因此，应检查使用的每一个接头，对有杂质、毛刺的接头不能使用。

（3）联结用的导爆管要有一定的富余量，不要拉得太紧以免导爆管从四通中拉出，要注意勿使导爆管扭曲、对折、打死结和拉细变形，以免影响传爆的可靠性。

（4）导爆管插入四通时，要严防雨水、污泥及砂粒等其他杂物进入导爆管管口和接头内，接续好以后，接线部位应用胶布包缠严密。在雨天和水量较大的地方最好不采用网格式网路，如在连接过程中遇到下雨或有水，应将接头口朝下，离地支起，并做好防水包扎。

（5）导爆管用于药孔爆破时，在填塞过程中，导爆管要紧贴孔壁，并注意不要捣伤管体。

（6）为保证起爆的可靠性，大中型爆破应敷设复式网路。

（7）用雷管起爆导爆管时，应先在雷管外侧及端部聚能穴处缠 2~3 层胶布，然后再用塑料胶带等把导爆管均匀而牢固地捆扎在雷管的周围，并对传爆雷管加以适当防护。

（8）捆扎材料。通常采用塑料电工胶布捆绑导爆管和雷管。塑料电工胶布有一定的弹性和黏性，能将导爆管紧紧地密贴在雷管四周。

（9）捆扎导爆管根数。按导爆管质量要求，理论上一只 8 号工业雷管可激发 50 根以上的导爆管，但从目前导爆管的质量和捆绑时的操作特点来看，一发雷管外侧最多捆扎 20 根导爆管，复式接力式混联网路中，每个接力点上两发导爆管雷管外部捆绑的导爆管应控制在 40 根以内。导爆管末端应露出捆扎部位 100mm 以上。

（10）雷管方向。雷管激发导爆管是靠其主装药完成的。为防止金属壳雷管爆炸时聚能穴部位的金属碎片在高速射流的作用下损伤捆绑在雷管四周的导爆管，应在金属壳导爆管雷管的底部用胶布包裹 2~3 层，再在其四周捆绑导爆管。

（11）捆扎方法。导爆管应均匀分布在接力雷管主装药部位的四周，用胶布在外面缠绕五层以上，并应捆扎密贴。为防止接力雷管对附近导爆管的伤害，在捆绑点外面应用旧胶管或其他管片进行包裹。

（12）网路要敷设在无水、无高温、无酸性物质的安全地带，并防止在日光下曝晒。

（13）用导爆索起爆导爆管时，绑扎角度应呈"十"字交叉。

66. 什么是导爆索起爆法?

用导爆索爆炸产生的能量引爆药包的方法叫做导爆索起爆法。这种起爆方法所需要的起爆器材有雷管、导爆索等。导爆索起爆法除用于石油勘探、金属切割、爆炸成型、爆炸压接等特种爆破外，一般多用于预裂爆破、光面爆破、硐室爆破和起爆隧道掘进周边孔中的药包及起爆大截面立柱、大块体钢筋混凝土等拆除爆破工程炮孔中分层装药的串联药包。

67. 导爆索起爆法有哪些特点?

导爆索起爆法的主要优点是：安全性好，传爆可靠，操作简单，使用方便，可以使成组装药的深孔或药室同时起爆。由于其爆速高，因而可保证预裂爆破、光面爆破、隧道掘进周边孔起爆的同步性，确保爆破效果，也可以提高炸药的爆速和传爆可靠性。将炮孔中多个药包用导爆索串联起爆可减少雷管数量，能抗杂散电流危害。其主要缺点是：成本高，不能用仪表检查网路质量，实现多段毫秒起爆比较困难。由于导爆索爆炸时，产生的声响和空气冲击波较大，《爆破安全规程》规定导爆索起爆法不得在城市拆除爆破和城市土石方控制爆破中裸露使用。

68. 导爆索起爆网路常用形式有哪几种？

用导爆索同时起爆数个装药时，常用串联、并（簇）联等形式的导爆索网路。

（1）串联。用导爆索将从炮孔口出来的导爆索联结起来构成串联网路，如图1-24所示。用于起爆大截面立柱、大块体钢筋混凝土等拆除爆破工程炮孔中分层装药的串联药包时，用导爆索将孔内各药包串联，就像"糖葫芦串"一样。

（2）并（簇）联。簇联是将所有炮孔中引出的导爆索的末端捆扎成一束或几束，然后再与一根主导爆索相连接。这种起爆网路可使各炮孔几乎同时起爆，但是导爆索的消耗量较大，一般只用于炮孔数量不多而又较集中的爆破中。如图1-25所示。

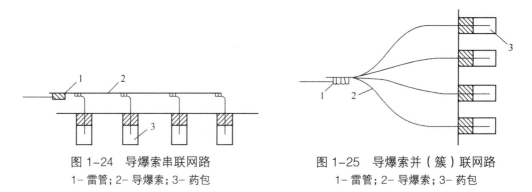

图 1-24　导爆索串联网路
1- 雷管；2- 导爆索；3- 药包

图 1-25　导爆索并（簇）联网路
1- 雷管；2- 导爆索；3- 药包

69. 如何可靠引爆导爆索？导爆索的接续有什么要求？

导爆索主要用雷管起爆。一般情况下，一发雷管能起爆6根导爆索；当导爆索根数超过6根时，可将导爆索捆在药块上，然后用雷管起爆药块，再由药包起爆导爆索。起爆导爆索的雷管距导爆索捆扎端部距离应不小于15cm。雷管的聚能穴应朝向导爆索传爆方向。

导爆索的接长。可将两根导爆索的一端并在一起，用细绳或胶布捆扎起来，接续部的两根导爆索长度应不小于15cm，此种接法称为搭接，如图1-26（a）所示，也可用对钩结（亦称为水手结），如图1-26（b）所示，将支路上的导爆索接到干线上的云雀结接续，如图1-26（c）所示。支线与主线的连接应采用三角形连接，与传爆方向夹角就不小于90°，如图1-27。

70. 敷设导爆索网路的注意事项和安全措施有哪些？

（1）注意事项

1）在潮湿天气或水中使用导爆索时，其末端必须用胶布裹紧并浸以防潮剂；

2）为了使串联或簇联的所有装药可靠传爆，应使网路闭合起来；

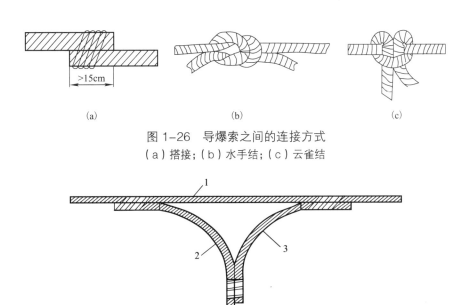

图 1-26　导爆索之间的连接方式
（a）搭接；（b）水手结；（c）云雀结

图 1-27　导爆索的三角形连接方式
1- 主导爆索；2- 支导爆索；3- 附加支导爆索

3）用电雷管同时起爆数根导爆索时，各导爆索的传爆方向要一致，否则与传爆方向相反的导爆索可能被炸断，导致传爆中断；

4）网路中的导爆索不要互相接触，也不要与相邻的装药接触；不要拉得太紧，也不应出现打结或打圈；交叉敷设时，应在两根交叉导爆索之间用厚度不小于 10cm 的木块或土袋隔开。

（2）安全措施

1）切取导爆索时应先将整卷导爆索展开一部分，使截取处到未展开处的长度不小于 5m；

2）导爆索不应在烈日下长时间曝晒，经烈日曝晒过的导爆索不得收回储存库存放；

3）防止导爆索受到柴油、机油污染而改变爆炸性能。

71. 什么是混合起爆法?

由电起爆网路和非电起爆网路共同组成的起爆网路称为混合起爆网路。常用的有三种形式：导爆管—导爆索混合网路、电—导爆管混合网路、电—导爆索混合网路。个别工程也有同时采用电雷管、导爆管雷管和导爆索三种器材组成的混合网路。它充分利用了各种网路的特性，可提高起爆网路的安全性和可靠性。

72. 什么是逐孔起爆技术?

逐孔起爆技术是指爆区内处于同一排的炮孔按照设计好的延期时间从起爆点依次起爆，同时爆区排间炮孔按另一延期时间依次向后排传爆，从而使爆区内相邻起爆炮孔的起爆时间错开，起爆顺序呈分散的螺旋状，是实现单孔孔间毫秒延时起爆的一种先进爆破技术。

73. 逐孔起爆技术的起爆工艺要求是什么？

起爆方式是实现逐孔起爆技术的关键，分为两种：地表延期网路和孔内延期网路。

逐孔起爆技术是通过孔内和地表延期时间的组合来共同完成的。地表起爆网路是由相对作业面爆破设计时，根据爆破效果要求选取的炮孔排、列，并针对炮孔排、列分别计算得到的不同延期时间使用与之对应的高精度导爆管雷管组合实现。孔内延期采用地表延期时间4倍以上的高精度导爆管雷管连接起爆药具实现。

74. 逐孔起爆技术特点是什么？

（1）先爆炮孔为后爆炮孔多创造一个自由面。
（2）爆炸应力波靠自由面充分反射，岩石加强破碎。
（3）相邻起爆炮孔相互碰撞、挤压，增强岩石二次破碎。
（4）同段起爆药量小，控制爆破振动。

75. 逐孔起爆技术与微差爆破技术在作用原理方面的区别有哪些？

逐孔起爆技术是微差（毫秒延时时间）爆破的发展。虽然微差爆破在国内外已研究、应用了五十多年，但是由于起爆间隔时间只有几毫秒至几十毫秒，且岩体性质又复杂多变，炸药的爆炸能在岩体中的传递与分布难以定量计算，因此爆破微差原理尚无统一定论，大多只是假设和推断。下面根据较为公认的四种观点，分别对微差爆破和逐孔起爆的作用原理进行比较。

（1）微差爆破技术的作用原理

1）自由面和最小抵抗线原理与岩石相互碰撞作用

在第一炮（先爆）产生的应力波和爆轰气体作用下，自由面处的岩体夹制性和阻力最小，形成径向裂隙和环向裂隙都比别的位置密集，最小抵抗线方向的破碎范围最大，块度最小，岩块获得的动能最大。

①第二炮能充分利用第一炮形成的新自由面来破碎岩体；
②相应缩短了第二炮最小抵抗线，减弱了岩体夹制性；
③由于最小抵抗线方向的改变，使分离岩块在运动中剧烈碰撞的机会增多。

2）爆轰气体的预应力作用

先爆药包的爆轰气体使岩体处于准静压应力状态，并对应力波所形成的裂隙起着膨胀和楔子作用，后爆药包起爆，利用了岩体内较大的预应力场以及爆轰气体尚未消失前（裂隙尚未到达自由面）在岩体内的准静压应力场来加强岩石的破碎作用。

3）应力波的迭加作用

先爆药包在岩体内形成的应力场，在其应力作用尚未消失之前，第二炮立即起爆，造成应力波迭加，有利于岩石的破碎。而且，在先爆药包的应力场作用下岩体内原生裂隙及孔隙缩小，密度增大，加快应力波的传播速度，既使岩石质点速度增加，又导致岩石处于应力状态的时间增长。应力波的相互作用加剧，减少了不可逆的能量损失，从而改善了爆破效果。

4）地震波主震相的错开和地震波的干扰作用

合理的微差（毫秒延时）间隔时间，使先后起爆所产生的地震能量在时间上和空间上错开，特别是错开地震波的主震相，从而大大降低了地震效应。此外先后两组地震波的干扰作用，也会降低地震效应。只要合理的选取微差间隔时间，即可使地震效应有不同程度的降低。总体来说，微差爆破比普通爆破可降震 30%~70%。

（2）逐孔起爆技术的作用原理

1）应力波叠加作用

高速摄影资料表明，当底盘抵抗线小于 10m 时，从起爆到台阶坡面出现裂缝，历时约 10~25ms，台阶顶部鼓起历时约 80~150ms，此时爆生高压气体逸出，鼓包开始破裂。在逐孔爆破时，后爆药包较先爆药包延迟数十毫秒起爆，这样后爆药包在相邻先爆药包的应力震动作用下处于预应力的状态中（即应力波尚未消失）起爆的，两组深孔爆破产生的应力波相互叠加，可以加强破碎效果。

2）增强自由面作用

在先爆深孔破裂漏斗形成后，对后爆深孔来说相当于新增加了自由面，逐孔微差爆破后爆孔的自由面由排间微差爆破的两个自由面增至三个自由面，后爆炮孔的最小抵抗线和爆破作用方向都有所改变，增多了入射压力波和反射拉伸波的反射，增强了岩石的破碎作用，并减少夹制角。

3）增加岩块相互碰撞作用

先爆的炮孔起爆后，爆破漏斗内的破碎岩石起飞尚未回落时，后爆的炮孔在先爆炮孔的"岩块幕中"起爆，后爆药包的爆生气体不易逸散到大气中，从而又增加了补充破碎机会。逐孔爆破由于所相邻的两孔都有微差时间，较排间微差爆破提供的补充破碎机会多，因而在碰撞破碎过程中，岩石中的动能降低，导致抛距减少，爆堆相对集中。

4）减小爆破振动。

由于逐孔爆破显著减少了同时起爆的药量，因此爆破地震能量也在时间上和空间上加以分散，使地震强度大大降低，根据逐孔爆破的爆破振动分析，较排间微差爆破的爆破振动降低 50%~80%。

76. 逐孔起爆网路的设计原则及方法有哪些?

（1）起爆走时线原则

应用逐孔起爆技术进行爆破作业时，爆破过程的推进（或展开）并不是整排或整列进行，而是与排和列成一定的角度向前推进，位于同一角度上的爆破质点所组成的曲线就是起爆走时线。如图 1-28 所示，图中标出的倾斜平行线就是依次为 0ms、600ms、800ms、1000ms、1200ms、1400ms 时刻的爆破走时线。

（2）点燃阵面原则

点燃阵面是指在工程爆破中，当地表延时起爆网路正常引爆、爆轰波依次从炮孔的地表网路向前传播时，由炸药正在爆轰和孔内雷管延期体正在燃烧而尚未引爆的所有孔内雷管所形成的空间几何平面。点燃阵面的大小用点燃阵面的宽度表示，点燃阵面内所有的雷管所构成的空间几何平面就称为完全点燃阵面，如图1-29所示。

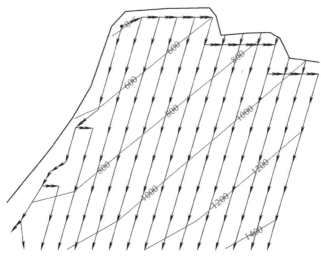

图1-28　爆破走时线

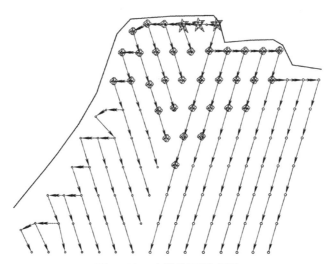

图1-29　点燃阵面示意图

图中：☆表示炮孔已被起爆；✹表示地表起爆网络已被起爆，但孔内雷管仍在延期之中。

（3）三角形布孔的原则

露天矿台阶多排孔微差爆破合理的起爆参数是由炮孔布置及起爆顺序决定的，合理的起爆将为一个炮孔爆破造成合理的自由面形状。如图1-30所示。

在炮孔D爆破时，若能形成ADB平面漏斗，那么当AB平面上存在一个三角形带AFB时，只要

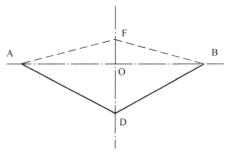

图1-30　三角形布孔示意图

满足于 DF<DB 的条件，一定可以形成 ADBF 漏斗。

由于凸面 AFB 的存在，使 AFB 自由面上各点的阻力与沿着 DB 线方向的最大阻力相接近，可以避免炮孔 D 爆破时，爆炸气体的过早逸散，有利于爆炸能量的充分利用，可加强对漏斗内岩体的破碎作用。

（4）夹角大于 90° 原则

夹角大于 90° 原则就是指逐孔起爆网路的连接设计时，要使以每个炮孔为节点的排和列的爆破信号传播方向的夹角需要等于或大于 90°，即如图 1-31 起爆网路的后倾连接所示。

如果设计的时候没有使以每个炮孔为节点的排和列的爆破信号传播方向的夹角需要等于或大于 90°，那么就成为前倾连接，如图 1-32 起爆网路的前倾连接所示，会发生起爆孔序的变化，距离自由面远的后排孔会比距离自由面近的前排孔先被传爆，较大的夹持力会导致较差的爆破效果。

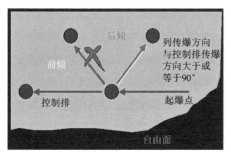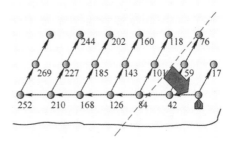

图 1-31　后倾连接示意图

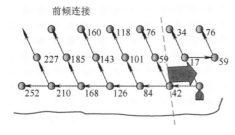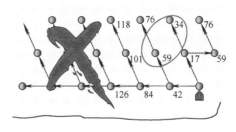

图 1-32　前倾连接示意图

（5）增减排原则

逐孔起爆网路设计要保证达到每一个炮孔在起爆网路孔内、地表网路延时累加后分配的被起爆的时刻的唯一性和遵循"最小抵抗线"定理下的有序性。

所以，增减排原则就是在进行起爆网路设计时，当设计中所设定的雁行列因为孔数的不一致，不能够直接与控制排直接连接时，需要单独成列与前列相应的孔连接，并保持连线与控制排平行的连接。如图 1-33 所示，如果不能保持图中后排孔数少的列的平行连接，就不能保证这些炮孔的有序被传爆，会发生"跳段"现象，直接破坏爆破效果，甚至会导致盲炮的发生。

（6）最后排时间延长原则

为了满足露天矿临近边坡等特殊要求地段最大限度的降震或者需要更加规整、被尽可能少的冲击的爆破后续工作面的要求，提出了最后排时间延长的原则，即如图 1-34 所示，在最后一排适当加大延期时间，就是选择延期时间更长的地表延时雷管作为整个起爆网路每列最后一个孔的连接，经过现场大量的实践证明可以得到露天矿临近边坡等特殊要求地段最大限度的降震或者更加规整、被尽可能少的冲击的爆破后续工作面。

（7）虚拟孔原则

在实际的现场施工中，会遇到因为种种原因造成的各种各样的不规整的爆破作业面，在进行起爆网路设计时，可能会因为某个孔位孔的缺失，而导致整个地表起爆网路延期时间混乱。

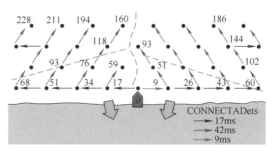

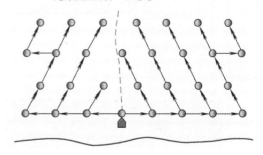

图 1-33　V 形起爆示意图

为了解决这个问题，引入了虚拟孔的定义，就是按照理想爆破工作面的情形，假设孔位缺失的孔存在有孔，并按照有孔的样子进行地表起爆网路的设计，实际进行地表网路连接时也以此连接，以达到此处延期时序的正常进行。见图 1-35、图 1-36。

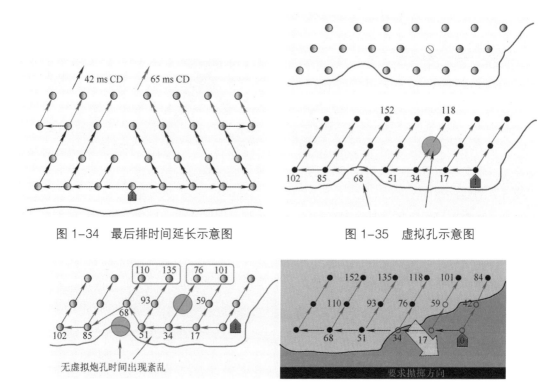

图 1-34　最后排时间延长示意图　　　　图 1-35　虚拟孔示意图

图 1-36　虚拟孔实例

77. 什么是数码电子雷管起爆法?

数码电子雷管起爆法就是采用数码电子雷管并通过与之相配套的起爆器起爆药包的一种起爆方法。数码电子雷管较之普通电雷管或导爆管雷管延时精度高,可以实现控制地震波传播、降低爆破振动危害效应,并适用于光面爆破、预裂爆破等对起爆同步性要求高的爆破工程。

数码电子雷管及其起爆系统,推动了爆破技术水平革新,在复杂的爆破环境下,改善了爆破效果,电子雷管起爆系统和控制软件降低了数码电子雷管布网时间、操作过程安全可靠、简单明了、提高了工作效率。工程实践应用表明,雷管延期时间精确可靠和起爆系统高安全性、高可靠性是实现大爆破成功关键因素和基本保证,用电子雷管替代非电雷管将成为爆破技术发展的趋势。

数码电子雷管还具有传统雷管没有的安全性和信息化功能,能实现清晰的、即时的雷管流向管控功能。非正常授权的雷管只要是起爆的地点、时间、操作者有一个不对就不能起爆,同时起爆系统将向管理部门上报这一异常情况,对社会安全和爆破作业单位的内部管理极为有利。

78. 数码电子雷管起爆法的优势有哪些?

(1)安全稳定

1)减少安全事故。具有强大的抗交直流电、抗静电、抗干扰能力;

2)延期时间精确、不受段别影响。延时值设定单位:1ms;设定时间范围:0~2000(可达20000)ms;延时精度:延时时间≤150ms误差1ms;延时时间>150ms误差±0.2%;

3)抗射频感度:向数码电子雷管注入10W的射频功率,在脚线—脚线以及脚线—管壳两种发火模式下,电子雷管均不应发生爆炸;

4)可大规模组网。单个起爆器可一次组网500发数码电子雷管;最大可连接数十台起爆器,组网后可一次起爆数十万发数码电子雷管;

5)实现在线检测。数码电子雷管可双向通信,实现在线检测,可随时了解组网情况,有效保证爆破质量;

6)实现流向管控。数码电子雷管使用的专用起爆设备带有物联网功能,含北斗定位、远程通信等模块,实现数码电子雷管销售、流通和爆破监管全过程动态生命周期的实时监控,如图1-37所示。

由于数码电子雷管起爆系统几乎不受外界电能的影响,因而具有良好的安全性。此外,与导爆管起爆系统不同,该起爆法可以在起爆前检测网路的完好性,并且能够自动检测和控制,做到心中有数。公安部、工信部联合发文将淘汰普通电雷管及导爆管雷管,而大力推广数码电子雷管。

(2)爆破效果

1)振动小,飞石少,减少不必要的损失;

2)破碎均匀,爆堆集中,减少铲装运输成本,且矿石后期加工方便,提高生产效率,

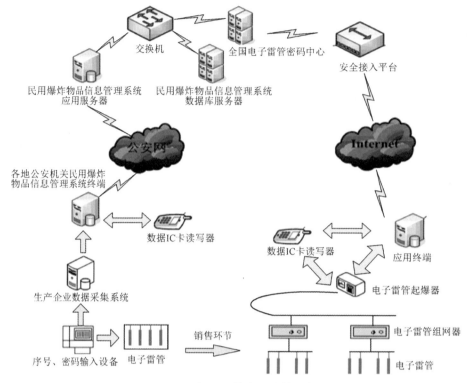

图 1-37 电子雷管流向监控示意图

无需二次爆破。

（3）有效管理

电子雷管使用的专用起爆设备带有物联网功能，含 GPS 定位、远程通信等模块，实现电子雷管销售、流通和爆破监管全过程动态生命周期的实时监控。

（4）节约成本

1）组网能力强可一次完成大规模爆破，为施工节约大量宝贵时间及人力、物力；

2）可有效降低 30%~70% 地面振动，飞石少，减少对周边生产设备及设施、房屋的损坏；

3）减小矿石大块率，破碎均匀，爆堆集中，减少铲装运输成本，且矿石后期加工方便，提高生产效率，节约耗电；

4）延期精度高，可节约 10% 爆破器材，在市场竞争中处于优势。

79. 为什么煤矿必须使用专用雷管、炸药和起爆器？

因为煤矿井下存在瓦斯和煤尘爆炸燃烧的危险，因此在煤矿井下使用的爆破器材必须经过瓦斯安全检验合格。《爆破安全规程》规定必须使用经过瓦斯安全检验合格雷管、炸药和起爆器。

第二章 ▶▶▶

岩土爆破理论

80. 岩石如何分类?

地球表层是由一层固体物质组成的硬壳,这层硬壳通常称为地壳。地壳的具体物质组成就是岩石(土)。

岩石(土)种类很多,按其成因可分为以下三大类型:

(1)岩浆岩

由熔融的岩浆在地壳内部或地表面冷凝结晶而形成的岩石,如花岗岩、流纹岩、闪长岩、正长岩及正长斑岩、玄武岩等。岩浆岩亦称火成岩。

(2)沉积岩

由陆地或海洋中的沉积物(如卵石、砂、黏土等)经胶结硬化而形成的岩石,如角砾岩、石英砂岩、石英长石砂岩、铁质砂岩、钙质砂岩、粉砂岩等。

(3)变质岩

由原来岩浆岩或沉积岩,经过变质作用而形成的岩石,如片岩(云母片岩、绿泥石片岩、滑石片岩、角闪石片岩)、千枚岩、板岩、片麻岩(花岗片麻岩、角闪石片麻岩、黑云母片麻岩)、大理岩、石英岩等。

81. 与爆破有关的地质作用有哪些?

(1)地下水

存在于岩石或土的孔隙、裂隙或空洞中的水蒸气、液态水及固态水统称为地下水。地下水根据其埋藏条件可分为三大类型:即上层滞水、潜水和自流水。上层滞水指存在于包气带中局部隔水层之上的重力水。潜水指位于地表以下第一个稳定隔水层之上具有自由表面的重力水。自流水指充满两个隔水层之间的水。

在钻孔爆破中地下水对爆破的影响主要是对钻孔和装药、填塞作业的影响。当钻孔达到地下水位以下时,孔内渗水使得凿岩岩屑不易吹出孔外,容易发生卡钻。在装药过程中,如孔内有水,即使装入防水炸药,也会因水的浮力使药卷难以沉入孔底,有时装入的药卷会因脱节不连续而发生不殉爆、不传爆,影响爆破效果,造成残药、盲炮等安全隐患。在填塞炮孔时若孔口满水,回填的砂土粒不能及时下沉,使得孔口填塞不严实常会发生冲炮,减弱爆破作用。在这种情况下，及时排水和采取有效的装药、填塞措施是十分必要的。

（2）岩溶

岩溶指可溶性岩层（如石灰岩、白云岩等）被水溶蚀而成的各种洞穴及各种奇观的空洞自然形态。在爆破施工中，岩溶有可能使爆破能量消失于地下而达不到预期的爆破效果，或者溶面本身就是岩体破坏最好的自由面，从而改变预期爆破漏斗的形成、影响爆破范围的大小，或者由于岩溶的发育，使整个爆破区域内的岩体处于不稳定临界状态，在爆破作用下产生地盘陷落、崩塌、地下水渗漏或涌水等现象。

（3）崩塌

崩塌是指在陡峻斜坡上巨大岩块突然发生崩落的现象，崩落时岩块倾倒翻转，互相撞击破碎堆积在坡脚下，当在构造节理发育、岩石比较破碎地带进行硐室爆破时，很容易形成崩塌。

（4）滑坡

滑坡是指斜坡上的岩土在重力作用下，失去了原有的稳定状态，沿着一定的滑动面向下作整体性缓慢滑动的现象。爆破时，若岩体存在软弱结构面，由于爆破的振动作用，岩体层间的粘结力被破坏，便可能发生滑坡。

82. 岩石的主要物理力学特性有哪些?

岩石的主要物理力学特性包括岩石的密度、空隙率、含水率、风化程度、波阻抗、可爆性等，具体含义如下：

（1）密度：单位体积的岩石质量。

（2）空隙率：岩石中空隙体积与岩石所占总体积之比。

（3）含水率：岩石中水的含量与岩石颗粒质量之比。

（4）风化程度：岩石在地质内应力和外应力作用下发生破坏、疏松的程度。

（5）波阻抗：岩石中纵波波速与岩石密度的乘积，它反映纵波传播的阻尼作用。

（6）硬度：岩石抵抗工具侵入的能力。

（7）坚固性系数：岩石抵抗外力挤压破坏的比例系数；以前常用普氏系数（用符号 f）表示。

（8）可钻性：在岩石中钻凿炮孔的难易程度。

（9）可爆性：岩石在爆炸能量作用下发生破碎的难易程度。

83. 岩石分级标准是什么?

我国土岩类别划分执行《工程岩体分级标准》（GB/T 50218-2014）和《岩土工程勘察规范》（GB 50021-2001，2009 年版），不再使用普氏系数 f。根据上述标准和规范，岩石分为极软岩、软质岩（软岩、较软岩）、硬质岩（较硬岩、坚硬岩）三类。但爆破早期教科书使用普氏系数 f，故现在工程中普氏系数 f 仍被工程技术人员使用。

84. 爆破效果的控制目标包括哪些方面?

爆破效果就是实施爆破后，使被爆体（爆破对象）形成的破坏形态、块度、对周围环境影响的综合结果。评价一次爆破效果的好坏，主要是评价该爆破效果与实施前的预期效果是否相符。由于爆区周围环境的不同，对爆破对象处理的方法不同，对爆破效果的控制也不同。通常情况下，爆破效果的控制目标可以从以下四方面进行描述：

（1）爆破块度

爆破块度是指介质在爆破后形成的一定形状和尺寸的块体。通过对爆破对象的了解，确定合理的孔网参数（或药包布置）、装药结构、起爆方式，实现预期的大块率、块度级配或块度大小与形状。

（2）爆堆形态

爆堆形态指介质在爆破后堆积的状态。根据爆破对象的形态和条件，以合理的爆破设计，实现爆堆的形态符合施工要求，如爆堆适宜装载，抛掷体堆积位置和抛掷体积大小得到控制。

（3）爆破效果

爆破效果指爆破后呈现的最终结果。根据爆破对象的情况和工程要求，以合理的爆破设计方案实现边坡稳定、开挖面平整、淤泥被挤出某区域等。

（4）爆破危害效应

爆破危害效应指爆炸产生的爆破地震波、空气冲击波、飞散物（习惯上称为飞石）、有害气体等对周围人员、建筑、设施等造成的危害程度。根据爆区周围的环境条件和爆破对象的现状，以合理的爆破参数和警戒布置确保人身、财产、建筑物、构筑物的绝对安全。

每次爆破不一定都能全部实现以上四种爆破效果的控制，但往往一次爆破需同时实现几种控制目标。

85. 地质与地形条件对爆破效果有哪些影响?

大家知道，岩石的基本性质决定了开挖岩石的方法，也决定了岩石的可钻性和可爆性。在进行具体的爆破设计时，爆破参数的选取也与岩性有密切的关系。大量的工程实践表明，除岩性与爆破有关外，地形、地质条件对药包布置和爆破效果的影响也不容忽视，有时甚至是爆破成败的关键。

所谓地形条件，就是爆破区的地面坡度起伏、自由面的形状和数目、山体高低、冲沟分布等地形特征。地形条件是爆破设计中必须充分考虑的，不同地形条件下要因地制宜地进行爆破设计，利用好地形条件可以节省爆破成本，有效地控制爆破抛掷方向，反之容易造成安全事故。

有多个自由面的情况下，会增加岩石的破坏范围和效果，自由面的数目与爆破单位体积岩石的耗药量成反比。

86. 结构面对爆破有哪些影响?

在岩体内存在各种地质界面，它包括物质分异面和不连续面，如褶皱、断层、层理、节理和片理等，这些不同成因、不同特性的地质界面统称为结构面。

岩土工程爆破时，除炸碎孤石、大块的二次改炮及规模不大的浅孔爆破等是在单一的岩层（岩石）中进行外，大多数爆破的药包是布置在地壳的岩体中。岩体是非连续介质的地质结构体，它是由岩石介质构成并受到多种地质结构面切割而成的。因此，结构面和结构体（岩石）是构成岩体结构的两个基本要素。对爆破来说，结构面的影响将更为显著。结构面对爆破的影响可归纳为五种作用：

（1）应力集中作用

由于软弱带或软弱面的存在，使岩石的连续性遭到破坏。当岩石受力时，岩石便从强度最小的软弱带或软弱面处首先开裂，在裂开的过程中，裂缝尖端发生应力集中，特别是岩石在爆破应力作用下的破坏是瞬时的，来不及进行热交换且处于脆性状态，结果使应力集中现象更加突出。因此，在岩石中软弱面较发育的部位，其单位炸药消耗量应相应降低。

（2）应力波的反射增强作用

当应力波传至软弱带的界面处时发生反射，反射回去的波与随后继续传来的波相迭加，当相位相同时，应力波便会增强，使软弱带迎波一侧岩石的破坏加剧。对于张开的软弱面，这种作用亦较明显。

软弱带和软弱面对爆破效果的影响问题，应视爆破规模区别对待，对于小规模的药包爆破，不大的裂隙面即可影响其效果，对于大规模的群药包爆破，小的断层破碎带对其影响不显著。

（3）能量吸收作用

由于界面的反射作用和软弱带介质的压缩变形与破裂，使软弱带背波侧应力波因能量被吸收而减弱，它与反射增强作用同时产生。因此，软弱带可保护其背波侧的岩石，使其破坏减轻。同样，空气充填的张开裂隙也有吸收能量的作用。

（4）泄能作用

当软弱带或软弱面穿过爆源通向自由面（工程上也有叫临空面）由爆源到自由面之间软弱带或软弱面的长度小于爆破药包最小抵抗线的某个倍数时，炸药的能量便可以"冲炮"或以其他形式泄出，使爆破效果明显降低。在爆破作用范围以内，如果有大溶洞存在，亦会发生泄能作用。

（5）楔入作用

在高温高压爆炸气体的膨胀作用下，爆炸气体沿岩体软弱带高速侵入时，将使岩体沿软弱带发生楔形块裂破坏。

87. 爆破作用的基本原理是什么？

（1）爆破作用的破坏机理

炸药在岩土、钢筋混凝土等介质内爆炸时，对周围介质的作用称为爆破作用。

爆破破坏过程特点：炸药能量的释放、传递和作功的过程是在极短时间内完成的。

炸药在岩土等固体介质中爆炸后，瞬间爆炸气体压力可达 $10^4 \sim 10^5$ MPa 的量级，在形成高温、高压爆轰气体的同时还产生爆炸冲击波，冲击波在固体介质内自爆源向四周传播过程中，强度逐渐衰减为应力波，进一步衰减后成为地震波直至消失，见图 2-1。

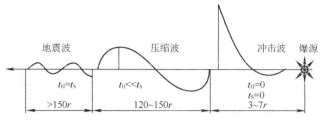

图 2-1　爆炸应力波及其作用范围

r- 药包半径；t_H- 介质状态变化时间；t_S- 介质状态恢复到静止状态时间

（2）炸药在介质内部的爆炸作用

假设介质为均质（各向同性），当炸药置于无限均匀介质中爆炸时（炸药埋置很深或药量很少，爆后地表无破坏现象），在岩石中将形成以炸药为中心的由近及远的不同破坏区域，分别称为粉碎区、裂隙区及弹性振动区，见图 2-2。

88. 什么是自由面？

自由面亦叫临空面，通常是指被爆介质与空气的交界面，也是对爆破作用能产生影响并能使爆后介质发生移动的一个面。自由面的数目、自由面的大小、自由面与炮孔的夹角以及自由面的相对位置等，都对爆破作用产生不同程度的影响。自由面越多，爆破破碎越容易，爆破效果也越好。当介质性质、炸药品种相同时，随着自由面的增多，炸药单耗将明显降低，见图 2-3。

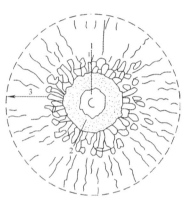

图 2-2　内部爆炸作用区的划分
1- 装药空腔；2- 粉碎区；3- 裂隙区

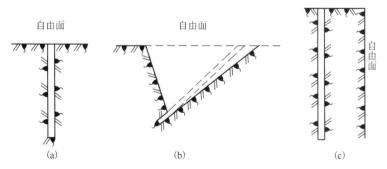

图 2-3　炮孔方向与自由面夹角的关系
（a）炮孔垂直于自由面；（b）炮孔与自由面斜交；（c）炮孔平行于自由面

89. 自由面的个数对爆破效果有哪些影响？

自由面的个数对爆破效果有很大影响。一般来说，随着自由面面积的增加，介质爆破夹制作用将变小，这有利于介质的爆破破坏。当其他条件不变时，炮孔与自由面的夹角愈小，爆破效果愈好。炮孔方向垂直于自由面时，爆破效果最差；炮孔方向与自由面平行时，爆破效果最好。因此，在实际爆破中，应尽可能地利用临空面以达到较好的爆破效果。如果临空面较少，应尽可能地创造新的临空面。另外，能否利用岩石介质的自重下落亦对爆破效果有影响。

在自由面附近，介质的表面以外无约束，其抗拉、抗压、抗剪强度都比无限介质情况小。因此，在传播过程中已经衰减的冲击波，如在无限介质中不能使介质破坏，而在有自由面的情况下，却仍有可能使介质发生破坏。这是因为在一定范围内，冲击波（压应力波）到达自由面反射形成反射拉伸波，并由自由面向介质内部传播。由于拉伸波的拉伸作用，在自由面附近的介质中便出现与自由面成近似平行的裂隙，使介质发生"片落"形成"片落漏斗"。

药包在地表附近的爆炸破坏过程，如图 2-4 所示。

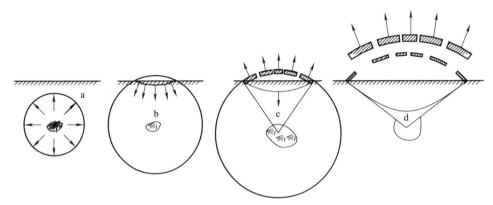

图 2-4　药包在地表附近的爆炸破坏过程
a- 入射压力波未到地表之前；b- 反射拉伸波进入地表；
c- 地表岩石开始片落；d- 岩石被抛出形成爆破漏斗

90. 爆破作用有哪五种破坏模式?

炸药爆炸时，周围介质受到多种载荷的综合作用，在爆破的整个过程中，起主要作用的是下述五种破坏模式：

（1）炮孔周围岩石的压碎作用。

（2）径向裂隙扩展作用。

（3）卸载引起的岩石内部环状裂隙作用。

（4）反射拉伸引起的"片落"和引起径向裂隙的延伸。

（5）爆炸气体扩展应变波所产生的裂隙。

91. 炸药性能对爆破效果的影响有哪些?

炸药是爆炸的能源，因此它是影响爆破效果的重要因素。在炸药的各种性能中（包括物理性能、化学性能和爆炸性能），直接影响爆破效果的主要是爆速、炸药密度、爆力和猛度。无论是破碎还是抛掷介质，都是靠炸药爆炸释放出的能量来作功的。它们进而又影响了爆轰压力、爆炸压力、爆炸作用时间以及炸药爆炸能量利用率。

炸药爆炸三个重要参数的影响。

（1）炸药爆速：炸药爆速即爆轰波在炸药内部传播的速度。爆速越大炸药的爆轰压力越大，作用在孔壁上的爆压也越大，对岩石的胀裂、推移、抛掷作用也越强烈。

（2）爆轰气体产物的体积：爆轰气体产物的体积越大，对岩石的鼓胀、抛掷能力越大。

（3）装药密度：装药密度的大小影响炸药的爆速，从而影响炸药能量的发挥。

92. 装药结构对爆破效果的影响有哪些?

装药结构是指炸药装入炮孔内的集中程度、与孔壁的耦合情况，以及药包相对炮孔位置的几何关系，即炸药在炮孔内的安置方式称为装药结构。

装药结构是调节炸药能量分布和控制爆破效果的一个重要因素，不同的装药结构可以改变炸药的爆炸性能，从而引起爆破作用的变化，不同的爆破技术要求有不同的装药结构，一般深孔爆破采用耦合装药结构，光面爆破、预裂爆破、保护孔壁或边坡工程等采用不耦合装药结构或分段间隔装药结构。

炸药与孔壁完全接触，称为耦合装药结构；如不完全接触则称为不耦合装药结构。

不耦合程度用不耦合系数来表示，通常把炮孔直径与装药直径的比值称为装药的不耦合系数，该系数一般大于等于1。

不耦合及间隔装药结构，如图2-5所示。

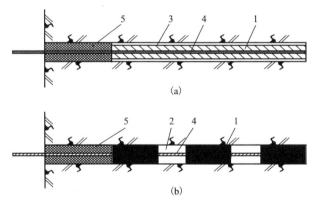

图 2-5　不耦合及间隔装药结构

（a）环向间隔装药；（b）轴向间隔装药；

1- 炸药；2- 轴向空气间隔；3- 环向空气间隔；4- 导爆索；5- 炮泥

不耦合装药结构或分段间隔装药结构可以起到减弱爆炸压力对孔壁的破坏、增加用于抛掷或破碎介质的爆炸能量、延长爆破作用时间、提高炸药能量的有效利用率、降低炸药消耗量的作用、增强或改善爆破效果的目的。

93. 爆破条件与爆破工艺对爆破效果的影响有哪些?

爆破条件与爆破工艺是指装药、填塞的施工、临空面的利用、延时间隔的选择和起爆点位置的确定等。

（1）装药施工

装药时，起爆药包重量是否足够、炸药是否装到预定位置、是否连续，都对爆破效果产生重要影响。

（2）填塞施工

填塞时，填塞材料的质量、填塞长度和填塞质量是否满足设计要求等都对爆破效果产生重要影响。

填塞对爆破效果的影响主要有：

1）阻止爆轰气体过早逸散，使炮孔在相对较长的时间内保持高压状态，能有效地提高爆破作用效果；

2）良好的填塞加强了对炮孔中炸药爆轰时的约束作用，降低了爆炸气体逸出自由面的压力和温度，提高了炸药的热效率，使更多的化学能转变为机械功；

3）在有瓦斯的工作面内，填塞还能阻止灼热固体颗粒（例如雷管壳碎片等）从炮孔内飞出的作用，有利于安全。

（3）自由面的利用

自由面的多少对爆破效果有着重要影响，自由面越多，介质受到的约束力就越小，要求同样的爆破效果，则需要的药量也越少。实践表明，爆破具有五个临空面的构件与爆破只有一个临空面的构件，药量可减少50%~70%。因此，在实际爆破中，应尽可能地利用临空面以达到较好的爆破效果。如果临空面较少，应尽可能地创造新的临空面。

（4）延时间隔的选择

不同的起爆方式对爆破效果和爆破危害效应有较大的影响。

合理选择延期爆破的间隔时间，是延期爆破的核心问题。合理的微差间隔时间是提高爆破效果的重要条件。

实践表明，岩土爆破为确保多排孔爆破时前段药包爆破能为后段药包爆破开创新的（动态的）自由面，宜采用毫秒雷管延时爆破。

（5）起爆点位置的确定

采用柱状装药时，起爆药包的位置决定着炸药起爆以后，爆轰波的传播方向。也决定了爆炸应力波的传播方向和爆轰气体的作用时间，所以对爆破作用产生一定的影响。

根据起爆药包在炮孔中安置的位置不同，有三种不同的起爆方式：第一种是起爆药包装于孔底，雷管的聚能穴朝向孔口，叫做反向起爆；第二种是起爆药包装于靠近孔口的附近，雷管聚能穴朝向孔底，称为正向起爆；第三种是多点起爆，即在长药包中在孔口附近和孔底分别放置起爆药包。

实践证明：反向起爆能提高炮孔利用率，减小岩石的块度，降低炸药消耗量和改善爆破作用的安全条件，不足之处在于装药效率偏低，民爆辅材用量大。见图2-6、图2-7。

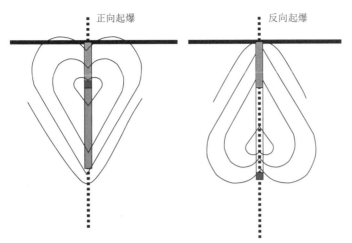

反向起爆：提高爆炸应力波的作用；增长了爆破作用时间；增大炮孔的底部作用。

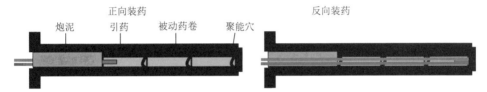

图 2-6　正向起爆与反向起爆的区别

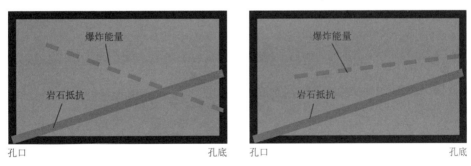

图 2-7　岩石抵抗与炸药爆炸能量沿炮孔深度的变化示意图

第三章 ▶▶▶

爆破工程与作业人员的管理

第一节　爆破工程与作业人员的一般管理

94. 为什么要加强爆破工程与作业人员管理?

为了加强对爆破工程的监督管理,维护爆破工程市场秩序,保证爆破工程的质量与安全,国家有关部门通过制定标准和有关管理规定,对爆破工程进行分级管理;并要求爆破作业人员在参加培训考核后,取得相应级别和作业范围的安全作业证,持证上岗;对从事爆破设计、施工的企业进行资质管理;对爆破工程设计,按属地管理原则实行申报与审批制度。

95. 爆破工程如何分级?

(1)爆破工程按工程类别、一次爆破总药量、爆破环境复杂程度和爆破物特征,分 A、B、C、D 四个级别,实行分级管理,爆破工程分级列于表 3-1。

爆破工程分级　　　　　　　　　　　　　　　　　　　表 3-1

作业范围	分级计量标准	级别			
		A	B	C	D
岩土爆破 [a]	一次爆破药量 Q/t	$100 \leq Q$	$10 \leq Q < 100$	$0.5 \leq Q < 10$	$Q < 0.5$
拆除爆破	高度 H [b]/m	$50 \leq H$	$30 \leq H < 50$	$20 \leq H < 30$	$H < 20$
	一次爆破药量 Q [c]/t	$0.5 \leq Q$	$0.2 \leq Q < 0.5$	$0.05 \leq Q < 0.2$	$Q < 0.05$
特种爆破 [d]	单张复合板使用药量 Q/t	$0.4 \leq Q$	$0.2 \leq Q < 0.4$	$Q < 0.2$	

注:a　表中药量对应的级别指露天深孔爆破。其他岩土爆破相应级别对应的药量系数:地下爆破 0.5;复杂环境深孔爆破 0.25;露天硐室爆破 5.0;地下硐室爆破 2.0;水下钻孔爆破 0.1,水下炸礁及清淤、挤淤爆破 0.2。
　　b　表中高度对应的级别指楼房、厂房及水塔的拆除爆破;烟囱和冷却塔拆除爆破相应级别对应的高度系数为 2 和 1.5。
　　c　拆除爆破按一次爆破药量进行分级的工程类别包括:桥梁、支撑、基础、地坪、单体结构等;城镇浅孔爆破也按此标准分级;围堰拆除爆破相应级别对应的药量系数为 20。
　　d　《爆破安全规程》(GB6722—2014)第 12 章所列其他特种爆破都按 D 级进行分级管理。

(2)B、C、D 级一般岩土爆破工程,遇下列情况应相应提高一个工程级别。

1)距爆区 1000m 范围内有国家一、二级文物或特别重要的建(构)筑物、设施;

2）距爆区 500m 范围内有国家三级文物、风景名胜区、重要的建（构）筑物、设施；

3）距爆区 300m 范围内有省级文物、医院、学校、居民楼、办公楼等重要保护对象。

（3）B、C、D 级拆除爆破及城镇浅孔爆破工程，遇下列情况应相应提高一个工程级别。

1）距爆破拆除物或爆区 5m 范围内有相邻建（构）筑物或需重点保护的地表、地下管线；

2）爆破拆除物倒塌方向安全长度不够，需用折叠爆破时；

3）爆破拆除物或爆区处于闹市区、风景名胜区时。

（4）矿山内部且对外部环境无安全危害的爆破工程不实行分级管理。

96. 哪些人员是爆破作业人员，人员如何分级？

爆破作业人员是指从事爆破作业的工程技术人员、爆破员、安全员和保管员。爆破作业人员应按照《爆破作业人员资格条件和管理要求》（GA53-2015）的要求，参加培训考核，取得相应级别和作业范围的《爆破作业人员许可证》，持证上岗。按照公安部门的要求，对爆破作业人员要定期进行复训，复训不合格者，应停止作业，吊销其《爆破作业人员许可证》。爆破作业人员不得超出《爆破作业人员许可证》载明的作业类别从事爆破作业，见表 3-2。

爆破工程技术人员资格等级与作业范围对应关系表　　　　表 3-2

资格等级	作业范围
高级 /A	A 级及以下爆破作业项目
高级 /B	B 级及以下爆破作业项目
中级 /C	C 级及以下爆破作业项目
初级 /D	D 级及以下爆破作业项目

注：表中作业范围的 A 级、B 级、C 级、D 级为表 3-1《爆破工程分级》中规定爆破工程的相应级别。

爆破员、安全员、保管员不分级。

97. 爆破作业人员的岗位职责是什么？

《爆破作业单位资质条件和管理要求》（GA 990-2012）对爆破作业人员的岗位职责作了相应规定。技术负责人、项目技术负责人应由爆破工程技术人员担任，可以兼任；爆破员、安全员、保管员不得兼任；爆破作业人员不应同时受聘于两个及以上爆破作业单位。

（1）技术负责人的岗位职责

1）组织领导爆破作业技术工作；

2）组织制定爆破作业安全管理制度和操作规程；

3）组织爆破作业人员安全教育、法制教育和岗位技术培训；

4）主持制定爆破作业设计施工方案、安全评估报告和安全监理报告。

（2）项目技术负责人的岗位职责

1）监督爆破作业人员按照爆破作业设计施工方案作业；

2）组织处理盲炮或其他安全隐患；

3）全面负责爆破作业项目的安全管理工作；

4）负责爆破作业项目的总结工作。

（3）爆破员的岗位职责

1）保管所领取的民用爆炸物品；

2）按照爆破作业设计施工方案，进行装药、联网、起爆等爆破作业；

3）爆破后检查工作面，发现盲炮或其他安全隐患及时报告；

4）在项目技术负责人的指导下，配合爆破工程技术人员处理盲炮或其他安全隐患；

5）爆破作业结束后，将剩余的民用爆炸物品清退回库。

（4）安全员的岗位职责

1）监督爆破员按照操作规程作业，纠正违章作业；

2）检查爆破作业现场安全管理情况，及时发现、处理、报告安全隐患；

3）监督民用爆炸物品领取、发放、清退情况；

4）制止无爆破作业资格的人员从事爆破作业。

（5）保管员的岗位职责

1）验收、保管、发放、回收民用爆炸物品；

2）如实记载收存、发放民用爆炸物品的品种、数量、编号及领取人员的姓名；

3）发现、报告变质或过期的民用爆炸物品。

98. 申报爆破作业单位必须具备哪些条件？

（1）爆破作业属于合法的生产活动。

（2）有符合国家有关标准和规范的民用爆炸物品专用仓库。

（3）有具备相应资格的安全管理人员、仓库管理人员和具备国家规定执业资格的爆破作业人员。

（4）有健全的安全管理制度、岗位安全责任制度。

（5）有符合国家标准、行业标准的爆破作业专用设备。

（6）法律、行政法规规定的其他条件。

营业性爆破作业单位持《爆破作业单位许可证》到工商行政管理部门办理工商登记后，方可从事营业性爆破作业活动。爆破作业单位基本条件及从业范围见表3-3。

爆破作业单位基本条件及从业范围表　　　　表3-3

项目　　　条件　　等级	营业性爆破作业单位				非营业性爆破作业单位
	一级	二级	三级	四级	
注册资金	≥2000万元	≥1000万元	≥300万元	≥100万元	—
净资产	≥2000万元	≥1000万元	≥300万元	≥100万元	—
设备净值	≥1000万元	≥500万元	≥150万元	≥50万元	有爆破作业专用设备

续表

项目 \ 等级条件	营业性爆破作业单位				非营业性爆破作业单位
	一级	二级	三级	四级	
近3年单位业绩	A级≥10项或B级及以上≥20项	B级及以上≥10项或C级及以上≥20项	C级及以上≥10项或D级及以上≥20项	—	—
	工程质量达到设计要求，未发生重大及以上爆破作业责任事故				
技术负责人 — 职称	高级	高级	高级	中级及以上	中级及以上
技术负责人 — 项目管理经历	≥10年	≥7年	≥5年	≥3年	≥2年
技术负责人 — 主持过的项目	A级≥5项或B级及以上≥10项	B级≥5项或C级及以上≥10项	C级≥5项或D级及以上≥10项	—	—
工程技术人员 — 合计	≥30人	≥20人	≥10人	≥5人	≥1人
工程技术人员 — 爆破工程技术人员	中级以上≥15人，其中高级≥9人	中级以上≥10人，其中高级≥6人	中级以上≥5人，其中高级≥3人	初级以上≥3人，其中中级以上≥2人	≥1人
爆破作业人员 — 爆破员	≥10人	≥10人	≥10人	≥10人	≥5人
爆破作业人员 — 安全员	≥2人	≥2人	≥2人	≥2人	≥2人
爆破作业人员 — 保管员	≥2人	≥2人	≥2人	≥2人	≥2人
从业范围	A级及以下项目的设计施工、安全评估、安全监理	B级及以下项目的设计施工、安全评估、安全监理	C级及以下项目的设计施工、安全监理	D级及以下项目的设计施工	仅为本单位合法的生产活动需要，在限定区域内自行实施爆破作业

99. 爆破作业单位如何分级？

《爆破作业单位资质条件和管理要求》（GA 990-2012）规定，爆破作业单位分为非营业性爆破作业单位和营业性爆破作业单位，并按照其资质等级从事爆破作业。营业性爆破作业单位按照其拥有的注册资金、专业技术人员、技术装备和业绩等条件，分为一级、二级、三级、四级资质，从业范围分为设计施工、安全评估、安全监理。资质等级与从业范围的对应关系见表3-4。非营业性爆破作业单位不分级。GA 990-2012还对《爆破作业单位许可证》的申请、发放、换发、降级、撤销和爆破作业单位安全管理作了具体要求。

营业性爆破作业单位资质等级与从业范围对应关系表　　　　表3-4

资质等级	A级爆破作业项目	B级爆破作业项目	C级爆破作业项目	D级及以下爆破作业项目
一级	设计施工 安全评估 安全监理	设计施工 安全评估 安全监理	设计施工 安全评估 安全监理	设计施工 安全评估 安全监理

资质等级	A 级爆破作业项目	B 级爆破作业项目	C 级爆破作业项目	D 级及以下爆破作业项目
二级	—	设计施工 安全评估 安全监理	设计施工 安全评估 安全监理	设计施工 安全评估 安全监理
三级	—	—	设计施工 安全监理	设计施工 安全监理
四级	—	—	—	设计施工

注：表中的 A 级、B 级、C 级、D 级为表 3-1《爆破工程分级》规定的相应级别。

100. 爆破作业如何申请、备案与审批？

《民用爆炸物品安全管理条例》（国务院令第 466 号）规定，在城市、风景名胜区和重要工程设施附近实施爆破作业的，爆破作业单位应向爆破作业所在地设区的市级人民政府公安机关提出申请，提交《爆破作业项目许可审批表》和具有相应资质的安全评估企业出具的爆破设计、施工方案评估报告。实施上述的爆破作业，应由具有相应资质的安全监理企业进行监理。

《爆破作业项目管理要求》（GA 991-2012）规定，在城市、风景名胜区和重要工程设施附近实施爆破作业的，应经爆破作业所在地设区的市级公安机关批准后方可实施，并规定了安全评估、安全监理、施工公告、爆破公告的主要内容。

营业性爆破作业单位接受委托实施爆破作业，应事先与委托单位签订爆破作业合同，并在签订爆破作业合同后 3 日内，将爆破作业合同向爆破作业所在地县级公安机关备案。

对由公安机关审批的爆破作业项目，爆破作业单位应在实施爆破作业活动结束后 15 日内，将经爆破作业项目所在地公安机关批准确认的爆破作业设计施工、安全评估、安全监理的情况，向核发《爆破作业单位许可证》的公安机关备案，并提交《爆破作业项目备案表》。

101. 合格的爆破设计、施工方案应符合哪些主要条件？

（1）设计单位的资质符合规定。

（2）承担设计和安全评估的主要爆破工程技术人员的资质及数量符合规定。

（3）设计方案通过安全评估或设计审查认为爆破设计在技术上可行、安全上可靠。

102. 爆破作业环境有什么规定？

（1）在大雾天、黄昏和夜晚，禁止进行地面和水下爆破。需在夜间进行爆破时，必须采取有效的安全措施，并经主管部门批准。这样规定主要是为了保证安全，因为夜间能见度极差，视野有限，环境地形复杂时，易造成事故。

（2）在残孔附近钻孔时应避免凿穿残留炮孔，在任何情况下不应打钻残孔。因为在残孔中往往有残留的爆破材料，打钻残孔引起残药爆炸的事故发生率很高。

（3）在复杂环境下进行深孔爆破，应进行以下工作：

1）爆破有害效应对周围环境影响的详细计算和认证；

2）防止爆破有害效应的安全措施；

3）划定既能保证安全又要尽量减少扰民范围的警戒区。

（4）在人口密集区、重要设施附近及存在有气体、粉尘爆炸危险的地点，不应采用裸露爆破。

（5）在拆除爆破中，对周围水、电、气、通信等公共设施的安全应作出安全评估（价）论证，并提出相应的安全技术措施。拆除爆破设计必须考虑爆区周围道路的防护和交通管制。

（6）在有瓦斯或煤尘爆炸危险的矿井以及其他不同类型的矿井中爆破，应遵守有关的安全规定。

（7）采用电爆网路时，应对附近的高压电、射频电等进行调查，对杂散电进行测试；发现存在危险，应立即采取预防或排除措施。

（8）露天、水下爆破装药前，应与当地气象、水文部门联系，及时掌握气象、水文资料，遇以下特殊恶劣气候、水文情况时，应立即停止爆破作业，所有人员应立即撤到安全地点：

1）热带风暴或台风即将来临时；

2）雷电、暴风雪来临时；

3）大雾天气，能见度不超过 100m 时；

4）风力超过六级，浪高大于 0.8m，水位暴涨暴落时。

103. 在什么条件不应进行爆破作业？

爆破作业场所有下列情形之一时，不应进行爆破作业：

（1）岩体有冒顶或边坡滑落危险的。

（2）地下爆破作业区的炮烟浓度超过爆破安全规程规定的标准。

（3）地下爆破工作面的空顶距离超过设计（或作业规程）规定的数值时。

（4）爆破会造成巷道涌水、堤坝漏水、河床严重阻塞、泉水变迁的。

（5）爆破可能危及建（构）筑物、公共设施或人员的安全而无有效防护措施的。

（6）硐室、炮孔温度异常的。

（7）作业通道不安全或堵塞的。

（8）支护规格与支护说明书的规定不符或工作面支护损坏的。

（9）距工作面 20m 以内的风流中瓦斯含量达到或超过 1% 或有瓦斯突出征兆的。

（10）危险区边界未设置警戒的。

（11）光线不足、无照明或照明不符合规定的。

（12）未按爆破安全规程的要求作好相关准备工作的。

104. 爆破施工作业有哪些主要阶段?

（1）工程准备及爆破设计阶段：包括现场踏勘、工程资料的收集、爆破方案的确定、爆破技术设计、工程爆破项目和设计的审查和报批，同时着手工程的施工组织设计和施工准备。

（2）施工阶段：施工阶段指按施工组织设计制订的施工方法、施工顺序和施工进度以及安全保障体系、质量检查体系、设计反馈体系精心施工的阶段。如钻孔爆破中的布孔、钻孔；硐室爆破中的导硐和药室开挖；拆除爆破中的预处理、钻孔和防护阶段。

（3）爆破实施阶段，即施爆阶段：包括施爆指挥系统的组成，装药和填塞，爆破网路联接，防护、警戒，起爆，爆后检查、事故处理以及爆破总结等。

105. 爆破作业施工组织设计应包括哪些内容?

规范性的爆破作业施工组织设计包括下列内容：

（1）工程概况及施工方法、设备、机具概述。

（2）施工准备。

（3）钻孔工程或硐室、导硐开挖工程的设计及施工组织。

（4）装药及填塞组织。

（5）起爆网路敷设及起爆站。

（6）安全警戒与撤离区域及信号标志。

（7）主要设施与设备的安全防护。

（8）预防事故的措施。

（9）爆破指挥部的组织。

（10）爆破器材购买、运输、贮存、加工、使用的安全制度。

（11）工程进度表。

106. 爆破施工前应制定哪些规章制度?

开始施工前，应根据爆破安全规程等国家有关法律、法规，以及当地主管部门的有关规定，制定施工安全与施工现场管理的各项规章制度。这些规章制度包括：各级人员的岗位责任制，安全管理制度，作业指导书，技术培训教育制度，各岗位的操作规程，质量检查制度，安全检查制度，奖惩制度等。

107. 爆破施工应配置哪些人员?

（1）根据工程量和施工进度的要求合理安排施工人员、施工机械和设备、相应的配件、材料。爆破工程应配备爆破作业人员、测量人员、钻机手、空压机手、电工、维修工、后勤人员以及其他杂工。

（2）从事爆破施工的企业，必须设有爆破工程项目负责人、爆破工程技术人员、爆破段（班）长、安全员、爆破员、保管员。

（3）凡从事爆破作业的人员都必须经过培训，考核合格并持证上岗。允许无证人员从事爆破作业，将追究单位领导人的责任。

108. 如何进行爆破工程进场前准备？

（1）在爆破工程进场施工前及开始施工后，为了确保施工安全，应对施工现场及周围环境有较为详细的了解。主要应注意：

1）调查了解施工工地及其周围环境情况；

2）爆破工程作业期间内的天气情况及爆区周围环境情况，包括车流和人流的规律，以决定合理的爆破时间；

3）按照现场条件，对所提供地形、地貌和地质条件进行复核；

4）会同当地相关部门作好爆破施工的安民告示。

（2）爆破作业是国家严格控制管理的行业。在开始施工前，必须获得当地公安部门的批准，并办理相关手续，这些手续包括：民用爆炸物品行政许可事项受理通知书以及批准决定书、爆炸物品购买证、爆炸物品运输证。到指定地点购买民用爆炸物品，按指定路线使用专用车辆运输。

109. 如何进行爆破工程施工现场管理？

（1）拆除爆破工程和在城镇地区进行的岩土爆破工程应采用封闭式施工，将施工地段围挡，在明显位置设置施工牌。

（2）A级、B级、C级、D级爆破（不含露天矿山爆破C级、D级）和新开工点的爆破设计经批准后，开工前1~3天应张贴施工通告。

（3）在重复爆破区域应在危险区范围边缘和警戒点设置明显标志牌，注明爆破时间和标明危险警告。

（4）爆破在装药前1~3天应发布爆破通告，爆破通告内容包括：建设项目、业主、安全评估单位、监理单位、爆破设计施工单位、爆破地点、爆破起爆时间、安全警戒范围、警戒标志、起爆信号等。

110. 如何规划爆破作业施工场地？

（1）爆破施工区段或爆破作业面划分及其程序编排。爆破与清运需交叉循环作业时，应制定减少施工作业相互干扰的措施。

（2）有碍爆破作业的障碍物或废旧建（构）筑物的拆除与处理方案。

（3）现场施工机械配置方案及其安全防护措施。

（4）进出场主通道及各作业面临时道路布置。

（5）夜间施工照明与施工用风、水、电供给系统敷设方案，施工器材、机械维修场地布置。

（6）施工用爆破器材现场临时保管、施工用药包现场制作与临时存放场所安排及其安全保卫措施。

（7）施工现场安全警戒岗哨、避炮防护设施与工地警卫值班设施布置。

（8）施工现场防洪与排水措施安排。

111. 如何建立爆破作业施工现场的通信联络?

（1）为了及时处置突发事件，防止意外情况发生，确保爆破安全，同时有效的组织施工，项目经理部和爆破指挥部与爆破施工现场、起爆站、主要警戒哨之间应建立并保持通信联络；不成立指挥部的在起爆站和警戒哨之间也应建立并保持通信联络畅通。

（2）指挥长或爆破项目负责人应根据使用的通信联络工具制定通信联络制度和联络方法。

（3）通信联络可使用小型无线电台、无线电话或便携式对讲机，但手持式或其他移动通信设备进入爆区时应事先关闭。

112. 爆破施工安全管理制度主要有哪些?

（1）行政管理制度。

1）爆破器材管理办法；

2）施工现场安全管理办法；

3）安全岗位责任制及考核办法。

（2）技术管理制度。

1）爆破作业指导书；

2）爆破作业安全、质量记录表；

（3）爆破安全事故应急预案。

113. 爆破工程发生突发事故时，应采取主要的紧急措施有哪些?

（1）对事故现场实行严格保护，并及时向上级报告情况。

1）立即对事故现场进行警戒与封锁；

2）对现场应尽量保持原位，并通过录像、照相、测绘等固定现场原始状态；

3）严格保护现场的物证。

（2）应迅速由事故单位及有关部门组建事故处理机构，必要时可组建情况、警戒、急救排险、后勤等若干小组，各负其责，做好事故现场有关工作。

1）情况组，负责汇集、收集、整理和掌握现场情况和动态；做好现场照相、录像和文字记录；

2）警戒组，负责现场警戒，严防未经许可的无关人员进入现场；

3）急救排险组，负责抢救伤员和排除险情，尽可能为现场勘查人员创造安全工作条件；

4）后勤组，负责交通工具、物资供应、生活安排等。

114. 如何进行爆破施工的现场组织管理?

（1）爆破器材的安全管理

1）爆破器材保管员应建立并认真填写爆破器材收发流水账、三联式领用单和退料单，逐项逐次登记，定期核对账目，做到账物相符，查看爆破器材外观及包装等有无异常情况，若有异常及时报告；

2）严格履行领退签字手续，对无"爆破员作业证"和无专用运输车辆牌证人员，爆破器材保管员有权拒绝发给爆破器材；

3）爆破段（班）长和安全员应检查爆破器材的现场使用情况和剩余爆破器材的及时退库情况；

4）爆破员应凭本单位领导或爆破项目负责人批准的爆炸物品领料单从爆破器材仓库领取爆炸物品，领取数量不得超过当班使用量。

（2）爆破施工的现场组织管理

1）爆破员应保管好所领取的爆破器材，不得遗失或转交他人，不准擅自销毁或挪作他用；

2）爆破员领取爆破器材后应直接运送到爆破地点，运送过程必须确保爆炸物品安全，防止发生意外爆炸事故和爆炸物品丢失、被盗、被抢事件；

3）任何人发现爆破器材丢失、被盗以及其他安全隐患，应及时报告单位和当地公安机关；

4）爆破器材应实行专项使用制，即经审批在一个工程中使用的爆破器材，未经许可不得挪做另外工程中使用，不同单位爆破器材未经公安机关批准不得互相调剂使用。

（3）施工质量管理与控制

1）质量保证机构

质量领导小组的职责是：制定工程质量规划，并组织实施；指导、监督、检查和处理施工过程中存在的问题；定期召开工程质量工作会议；组织检查评比，总结交流创优经验；决定奖惩事项。

各施工队工程质量小组，其主要职责是：制定本施工队施工工程的创优规划，实行目标管理，做好施工准备、施工阶段和竣工交验全过程的动态管理工作，督促检查工序质量的自检、专检、签证和分项分部工程的验收和评定工作。

质检员具体负责本工班承担项目的结构尺寸控制，以及施工过程质量和工艺标准的执行，切实做到分工负责，层层把关，确保工序质量处于受控状态。

2）质量控制程序

①由钻孔爆破队负责按爆破设计施工方案进行布孔、钻孔数量、深度、炸药数量、爆破范围及安全效应等质量控制，经现场工程师审核，报主管工程师审批；如果不合格，则在补孔或采取其他补救措施后再由钻爆队报批。

②如果合格，就可进入联接起爆网路、防护和警戒等下道工序；该工序的质量控制由爆破技术人员全程监督，包括起爆模式、分段数量、单响最大药量、至建筑物的安全允许距离等，在技术人员进行网路检查等作业，填写检验报告，并经现场技术主管复校后，报主管工程师批准并提交现场监理工程师批准。

③合格后进入爆破作业程序，不合格则回复到联网等上道工序；爆后经安全质量检查合格则整个程序结束，进入下一循环，不合格则应采取补救措施。

3）质量保证措施

①施工全过程严把"三关"：一是严把图纸关；二是严把测量关；三是严把试验关。

②切实抓好施工全过程质量控制：开工前即组织技术人员、管理人员熟悉设计标准和相关施工规范；在实施过程中制定施工细节和质量的检查与控制办法，确保工程施工一次合格，一次成优。

③对图纸进行认真复核，彻底了解设计意图，要吃透图纸，熟悉资料；其次严格按图纸和验收标准要求组织实施，进行层层技术交底，积极配合现场监理工程师和设计单位组织分析，研究处理方案，及时予以解决。

④坚持"预防为主，检验把关相结合"的方针，认真做好炸药、雷管等原材料、中间产品和测量、测试仪器仪表的检验工作，杜绝不合格材料在工程中使用，保证工程安全。

⑤加强工作质量，提高工序质量，确保工程质量，工作质量要与分配挂钩，建立严格的奖罚制度，以促使创优工作在一个良好的激励机制下进行。

⑥加强与业主、监理、设计等单位的联系，及时解决施工中遇到的技术难题，建立和健全各级质量检验、监理机构，坚持专业检查和群众性检查相结合，贯彻班组自检互检制度。

⑦严格执行国家施工验收规范和有关操作规程，如各类《施工技术规范》、《施工验收规范》、《质量检验评定标准》等。

⑧做好质量事故的分析，找出其原因，采取预防措施，尽可能把质量问题消除于出现之前。

（4）施工测量的内容和要求

1）在爆破工程的设计阶段，施工测量应为爆破设计提供必要和准确的技术图纸，如岩土爆破中的地形图、水下爆破中的水域地形图、拆除爆破中的建（构）筑物结构图、爆区周围环境平面图等；对业主已提供图纸的爆破工程，对这些图纸进行复测校核是爆破质量控制中的一个重要环节；

2）在爆破施工阶段，施工测量应贯穿整个施工过程：在初期主要提供钻孔或导硐的施工放样，按设计要求准确确定孔位或导硐开口位置；在施工中主要控制钻孔、导硐和药室的精度，包括位置、深度（高程）、坡度；在施工后期着重于施工质量的检查，钻孔、导硐和药室的实测，为最终确定装药量提供准确的数据。

（5）装药时的注意事项

1）应使用木质或竹制炮棍；

2）不应投掷起爆药包和敏感度高的炸药，起爆药包装入后应采取有效措施，防止后续药卷直接冲击起爆药包；

3）装药发生卡塞时，若在雷管和起爆药包放入之前，可用非金属长杆处理，装入起爆药包后，不应用任何工具冲击、挤压；

4）在装药过程中，不应拔出或硬拉起爆药包中的导爆管、导爆索和电雷管脚线。

（6）填塞

1）炮孔填塞时要注意填塞料的干湿度，保证填塞严实以免发生冲炮；发现有填塞物卡孔可用非金属杆或高压风处理；填塞水孔时，应放慢填塞速度，由填塞料将水挤出孔外；在使用机械和人工填塞炮孔时，填塞作业应避免夹扁、挤压和张拉导爆管、导爆索，并应保护雷管引出线；

2）分层间隔装药应注意间隔填塞段的位置和填塞长度，保证间隔药包到位。

（7）爆破信号与起爆

工程爆破在起爆前后要发布三次信号，信号分声响信号和视觉信号两种。

第一次信号称预警信号：它在施爆前一切准备工作已完成后发出，该信号发出后爆破警戒范围内开始清场工作；

第二次信号称起爆信号：起爆信号应在确认人员、设备等全部撤离爆破警戒区，所有警戒人员到位，具备安全起爆条件时发出，起爆信号发出后，准许负责起爆的人员起爆；

第三次信号称解除信号：安全等待时间过后，检查人员进入爆破警戒范围检查、确认安全后，方可发出解除爆破警戒信号，在此之前，岗哨不得撤离，不允许非检查人员进入爆破危险区范围。

（8）爆后检查等待时间

1）露天浅孔、深孔、特种爆破，爆后应超过 5min 方准许检查人员进入爆破作业地点；如不能确认有无盲炮，应经 15min 后才能进入爆区检查；

2）露天爆破经检查确认爆破点安全后，经当班爆破班长同意，方准许作业人员进入爆区；

3）地下工程爆破后，经通风除尘排烟，检查确认井下空气合格后，等待时间超过 15min 后，方准许检查人员进入爆破作业地点；

4）拆除爆破，应等待倒塌建（构）筑物和保留建筑物稳定之后，方准许人员进入现场检查；

5）硐室爆破、水下深孔爆破及其他爆破作业，爆后检查的等待时间由设计确定。

（9）爆后检查的内容

1）确认有无盲炮；

2）露天爆破爆堆是否稳定，有无危坡、危石、危墙、危房及未炸倒建（构）筑物；

3）地下爆破有无瓦斯及地下水突出，有无冒顶、危岩，支撑是否破坏，有害气体是否排除；

4）在爆破警戒区内公用设施及重点保护建（构）筑物安全情况。

115. 爆破工程作业主要施工机械有哪些？

（1）凿岩机和钻具

凿岩机是以冲击方式破碎岩石钻凿炮孔的小型钻孔机械。其钻孔直径一般在 40mm 左右，钻孔深度一般不超过 5m，被广泛应用于浅孔爆破、二次破碎、井巷掘进、城市控制爆破等。

（2）风动凿岩机

风动凿岩机在爆破工程中应用最为广泛，其优点是性能稳定、结构简单、安全可靠、坚固耐用、适应强、价格低廉、操作和维修技术要求不高，其缺点是能量利用率低、凿岩速度低、噪声达 110~130dB。

风动凿岩机按其支撑和推进工作方式分为手持式、气腿式、向上式和导轨式凿岩机四种。

（3）内燃凿岩机

内燃凿岩机是以汽油为燃料的手持冲击式凿岩机，它由小型汽油发动机、压气机、凿岩机三位一体组合而成的。这类凿岩机具有携带方便的特点，特别适用于作业地点分散、无电源或压气设备的小规模浅孔爆破施工。

更换部分零件，可改为破碎机或夯实机，用于进行各种铲凿、破碎、挖掘、劈裂和夯实等工作。

由于受汽油发动机工作发热的限制，不宜长时间工作。

（4）电动凿岩机

电动凿岩机是以电能为动力的冲击式凿岩机。在工作中不需要压气机和供风管路，能量利用率高，设备投资少，工作时噪声低。

但是受结构限制，只有轻型支腿式产品，冲击功 2.5~3kW，在中等硬度的岩层上钻孔速度还不到气腿式凿岩机的一半，故障率较高，所以应用范围不广。

（5）潜孔钻机

潜孔钻机主要是在中硬以上岩石钻凿直径 80~250mm 的炮孔。

露天采矿爆破工程中多用于钻凿直径 80~200mm，深度小于 30m 的垂直向下或倾斜向下的炮孔。

井下爆破工程中常用直径 80mm、100mm 和 165mm 的潜孔钻机，钻凿任意方向的炮孔，深度可达 60m。

潜孔钻机主要由钻具及接卸钻杆机构、钻架起落机构、回转供风机构、提升推进机构、行走机构、动力及操作系统、除尘系统等部分组成。

潜孔钻机的类型

1）轻型潜孔钻机

轻型潜孔钻机质量较轻，钻孔直径一般在 100mm 左右，钻机质量在 1~5t，不带空压机，由管路集中供给压气，主要应用在中小型矿山、采石场，CLQ-80A 属于此类型。

2）中型潜孔钻机

中型潜孔钻机质量约为 10~20t，不带空压机，由管路集中供给压气，钻孔直径为 150mm 左右，适用于中小型矿山，如 KQ-150 型潜孔钻机。

3）重型潜孔钻机

质量在 30t 以上，自带空气压缩机，钻孔直径一般大于 200mm，适用于中型以上矿山，KQ-200、KQ-250 型潜孔钻机属于此类。

（6）旋转钻机

旋转钻机以切削方式破碎岩石，常用于较软的岩石，如煤、不坚固的石灰岩、铝土矿、钾盐、软镁矿等，钻孔直径 75~250mm。

在岩石坚固系数 $f \le 6$ 的岩石中钻孔时，与牙轮钻机和潜孔钻机相比，旋转钻机具有如下优点：

1）钻进效率高，能量消耗低，轴压力小；

2）孔壁光滑，成孔质量好；

3）切削式钻头制造、修复比较容易。

因此旋转钻机在中硬以下岩石中钻孔得到广泛应用。

（7）牙轮钻机

牙轮钻机具有穿孔效率高、作业成本低、机械化自动化程度高、适应各种硬度的岩石钻孔作业等优点，已成为当今世界上露天矿最先进的钻孔设备，在大型土石方、平整场地等爆破工程上也有使用。

牙轮钻机的钻孔直径一般在 250~455mm 范围内，常用的孔径为 250~380mm。

（8）钻车

钻车是 20 世纪 70 年代发展起来的一种钻孔设备。它是将一台或数台高效能的凿岩钻孔设备（凿岩机和潜孔冲击器）连同推进器一起安装在钻臂导轨上，并配有行走机构。

钻车与牙轮钻机、潜孔钻机相比，它是一种装机功率与整机重量较小的多用途钻孔设备。在中小型矿山、采石场、交通、水利水电、国防建设等工程中，钻车可以作为凿岩钻孔的主要设备。

在大型矿山生产中，它可以作为边坡处理、二次破碎、扫除孤丘、清除根底等辅助作业的钻孔设备。

钻车的应用和发展很快，这与它有如下优点分不开的：

1）用途广泛，机动性好于其他钻机；

2）能钻凿多种方位炮孔，调整钻孔位置迅速而准确；

3）钻孔自动化程度高，一般能实现自动防止卡钻、自动反钻、上卸钻杆自动化等；

4）钻孔速度快，在岩石硬度系数 $f=10\sim14$ 条件下，钻凿孔径 100mm、钻深 2m 时，纯钻速达到 900~1200mm/min，这是同级潜孔钻机无法相比的；

5）钻孔成本低；

6）动力消耗低，折算到每立方米矿岩的能耗是潜孔钻机的三分之一、牙轮钻机的二分之一。

（9）装药设备

装药工作机械化以提高装药密度和装药效率，减小装药工人的劳动强度，实现耦合装药，改善爆破效果，减少穿孔量，降低爆破总成本为目的。

同时，由于在现场混制炸药，矿山可不建专门的炸药加工厂，而只需有贮存各种组分原料设施。这样，只运输炸药原料，不但运输的安全性增加，而且还可简化炸药贮存设备，节省建设炸药加工厂及炸药库的费用。

1）粒状铵油炸药混装车

粒状铵油炸药混装车可将车上分别储存在各容器里的多孔粒状硝酸铵及柴油运送到露天矿爆破现场，临装药前在车上将二者按比例混合，配制成铵油炸药并随即装入炮孔。

2）散装炸药装药器

散装炸药装药器为国内外普遍采用的一种装药器，适于粉状及粒状铵油炸药，如BQF—100型装药器，用于地下爆破作业较为多见。

3）药卷装药器

ZYK-1型装药器、FT-28型装药器、D29型装药器，均属风动压力型。药卷进入药腔室，关闭进药阀门，在压气作用下输送药管（金属管或抗静电塑料软管）高速运行（30m/s左右）至端部喷头处射出，喷头处装有三片锋利刀片割破药卷蜡纸，将药压入炮孔中，达到增大炮孔装药密度。

（10）炮泥堵塞设备

中铁西南科学研究院研制PNJ系列炮泥机已应用于铁路、公路、水利水电、军事地下工程、输油管道工程及城市拆除爆破工程等工程爆破中。

该机具有体积小、重量轻、能耗低、操作维修方便、生产效率高等特点；生产的炮泥柔软性好、密实度高，炮孔堵塞严实。

116. 如何评价爆破工程效果？

（1）评价爆破工程效果的标准

1）安全标准：一是工程爆破作业本身的安全，主要是指爆破作业中是否做到了施工安全，是否做到了安全准爆，是否有严重的拒爆情况出现，拆除爆破时建筑物是否顺利倒塌；二是环境安全，爆破对周围环境产生的爆破振动、空气冲击波、个别飞散物、有害气体、噪声和粉尘等有害效应是否得到了控制，或限制在允许的范围之内，爆区周围需要保护的建筑物和其他设施是否安全；

2）质量标准：不同的爆破工程有不同的爆破质量标准。质量标准是根据爆破工程的目的、采用的爆破方法、爆破对象的具体条件、周围环境情况来确定的，如：同是岩土爆破，采石爆破和破碎爆破、硐室爆破和深孔爆破、矿山爆破和城镇控制爆破的质量标准就大不一样。在硐室爆破中，如果大块率控制在7%以下，爆破效果就是不错的；深孔爆破如果大块率达到7%就不能说爆破效果好了；

3）经济标准：通常爆破成本的构成由施工成本（如钻孔、开挖导硐药室等）、爆破器材成本（炸药、起爆器材等）、防护成本（防护材料、测试等）和不可预见成本（如因爆破引起的经济赔偿等）等组成。其中，安全效果直接影响不可预见成本的数额，防护措施所占的份额则可能影响爆破的安全效果。在爆破成本中，施工成本往往比爆破器材成本所占的份额大，降低工程爆破成本主要应在施工成本上作文章。

（2）爆破工程的主要技术经济指标

1）炸药单耗：指爆落 $1m^3$ 岩石所消耗的炸药用量，单位为 kg/m^3；

2）延米爆破量：指 1m 炮孔所能崩落的岩石（或矿石）的平均体积或质量，单位为 m^3/m 或 t/m。在条形药包硐室爆破中，采用硐延米爆破量作为相类似的指标，即每 1m 导硐（包括药室）所能崩落的岩石（或矿石）的平均体积或质量，单位相同；

3）炮孔利用率：一般用于地下井巷和隧道掘进爆破，指一次爆破循环的进尺与炮孔平均深度之比，单位为%；在深孔爆破中，常常把炮孔中装药长度与孔深之比也称作炮孔利用率。提高炮孔利用率，就能降低爆破成本；

4）大块率：指一次爆破后所产生的不合格大块在总爆破岩石量中所占的比率，单位为%；

5）爆破成本：指爆破 $1m^3$ 岩石所消耗的与爆破作业有关的材料、人工、设备及管理等方面的费用，单位为元 $/m^3$。

（3）施工对设计的反馈

1）利用爆破施工中对爆破对象和爆破环境的不断深化的了解，及时将相关信息反馈给爆破设计，以修改设计、完善设计，是衡量爆破作业水平的又一个标准；

2）爆破工程施工过程中，发现地形测量结果和地质条件，拆除物结构尺寸、材质等与原设计依据不相符时，应及时修改设计或采取补救措施；

3）深孔爆破中，爆破工程技术人员在装药前应对第一排各钻孔的最小抵抗线进行测定，对形成反坡或有大裂隙的部位应考虑调整药量或间隔装药；底盘抵抗线过大的部位，应进行清理，使其符合设计要求；

4）岩土爆破中，在钻孔过程或导硐、药室开挖过程中应做好地质编录，记录钻孔、开挖过程中岩性、岩石结构面的具体情况，为设计人员修正爆破设计提供依据；

5）对一些无法取得完整图纸的建（构）筑物拆除爆破工程，应通过钻孔等施工过程了解建（构）筑物的结构特点、施工质量、材质性质、布筋情况等资料，以完善爆破设计；

6）爆破工程设计人员参与或跟踪施工过程，是爆破工程能否取得良好效果的一个重要保证。

117. 如何进行爆破安全教育？

（1）开展多种形式的爆破安全教育是安全管理运行机制的重要内容，国家规定对爆破工程技术人员每年参加脱产的专业技术继续教育，累计不应少于40学时；对爆破员、安全员、保管员不应少于20学时；对生产作业人员，应在上岗前进行培训，并经常性地开展岗位技能和安全生产教育。

（2）在重大爆破工程开工前，应结合爆破工程的具体情况，有针对性地进行爆破安全教育；在工程结束后，应进行施工安全分析与总结。

第二节 安全评估

118. 爆破工程安全评估的目的和主要特征有哪些？

爆破工程安全评估是通过审查爆破作业单位和人员的资质条件，评审和优化爆破设计方案，提高爆破工程安全的可靠性，为审批部门、建设单位及爆破作业单位提供专业性、技术性的服务。

爆破工程安全评估属于安全生产中介服务范畴。《中华人民共和国安全生产法》（2014

年修正）第十二条规定："有关协会组织依照法律、行政法规和章程，为生产经营单位提供安全生产方面的信息、培训等服务，发挥自律作用，促进生产经营单位加强安全生产管理。"安全生产中介服务具有独立性、服务性、客观性、有偿性和专业性的特征。

119. 需要进行爆破安全评估的工程有哪些？

根据民用爆炸物品安全管理条例（国务院令第 466 号）第三十五条规定："在城市、风景名胜区和重要工程设施附近实施爆破作业的，应当向爆破作业所在地设区的市级人民政府公安机关提出申请，提交《爆破作业单位许可证》和具有相应资质的安全评估企业出具的爆破设计、施工方案评估报告。"

A 级、B 级、C 级和对安全影响较大的 D 级爆破工程，都应进行安全评估。

据此，除上述规定级别的爆破工程外，审批部门或建设单位提出的，在城市、风景名胜区和重要工程设施附近实施爆破作业需要进行安全评估的爆破工程，也应当进行安全评估。

未经安全评估的爆破设计，任何单位不准审批或实施。经安全评估审批通过的爆破设计，施工时不得任意更改。经安全评估否定的爆破设计，应重新设计，重新评估。施工中如发现实际情况与评估时提交的资料不符，并对安全有较大影响时，应补充必要的爆破对象和环境的勘察及测绘工作，及时修改原设计，重大修改部分应重新上报评估。

120. 如何组织爆破安全评估？

我国有的地区爆破工程设计审批部门规定：评估单位应持有工商营业执照及公安审批机关核发或认可的爆破安全评估许可证。评估单位应当按照许可的资质等级、从业范围承接相应等级的爆破工程评估项目。

不允许为本单位或者有利害关系的单位承接的爆破作业项目进行安全评估。

爆破工程安全评估不论采取何种组织方式，参加安全评估的人员及组成应符合下述条件：

（1）A 级、B 级爆破工程的安全评估，应至少有 3 名具有相应作业级别和作业范围的持证爆破工程技术人员参加。

（2）环境十分复杂的重大爆破工程应邀请专家咨询，并在专家组咨询意见的基础上，编写爆破安全评估报告。

121. 爆破工程安全评估内容有哪些？

《爆破安全规程》（GB 6722-2014）中安全评估的内容应包括：

（1）爆破作业单位的资质是否符合规定；

（2）爆破作业项目的等级是否符合规定；

（3）设计所依据资料是否完整；

（4）设计方法、设计参数是否合理；

（5）起爆网路是否可靠；

（6）设计选择方案是否可行；

（7）存在的有害效应及可能影响的范围是否全面；

（8）保证工程环境安全的措施是否可行；

（9）制定的应急预案是否适当。

122. 爆破工程安全评估的依据有哪些?

（1）《中华人民共和国安全生产法》（2014 年修正）。

（2）《民用爆炸物品安全管理条例》（国务院令第 466 号）。

（3）《爆破安全规程》（GB 6722-2014）。

（4）申请单位提交的材料，主要包括：

1）申请评估委托书；

2）工程立项批文或有关文件；

3）合法有效的爆破施工合同；

4）爆破施工单位及涉爆人员资质材料；

5）工程爆破设计方案及施工组织设计；

6）其他有关材料。

（5）爆破施工现场踏勘资料。

123. 如何实施爆破工程安全评估?

安全评估工作流程如下。

（1）第一步：受理

接受申请评估单位的委托；

（2）第二步：材料初审

初步审核委托单位递交的材料，发现不满足规定要求的，申请单位补交资料。

初步审核内容包括：

1）评估委托书；

2）工程立项批文或有关文件的合法性；

3）爆破施工合同的合法性；

4）查验《爆破作业单位许可证》、工商营业执照；

5）查验涉爆人员资格证件的有效性；

6）检查《工程爆破设计方案及施工组织设计》的完整性；

7）是否有警戒方案及应急预案；

8）其他有关材料。

（3）第三步：实地考察

评估人员去爆破施工现场踏勘，重点是对爆区周边环境（空中、地面、地下）等设施进行调查、测量、拍照等。

（4）第四步：审核确认

结合爆破施工现场踏勘的情况，对爆破设计方案进行审核，凡不满足施工安全要求的，提请设计或施工单位补充修改。

本阶段重点审核以下内容：

1）确认设计方法和设计参数是否合理；

2）确认起爆网路是否安全准爆；

3）确认对存在的爆破有害效应及可能影响公共安全范围论述是否充分；

4）确认对保证工程环境安全所采取的防范措施是否可靠；

5）确认对可能发生事故的预防对策和抢救措施是否适当；

6）确定本工程的爆破等级；

7）确认爆破施工单位《爆破作业单位许可证》和工程技术人员的《爆破作业人员许可证》是否与确定的工程爆破等级相适应。

（5）第五步：出具报告

根据审核要求，方案经设计和施工单位修改补充并符合要求后，评估单位出具评估报告。

124. 爆破安全评估报告有哪些内容？

爆破评估企业提供的安全评估报告应当内容全面、结论可靠。评估报告主要包括两个方面：

（1）为公安机关的审批提出建议

内容主要包括：

1）工程地点、工程名称、爆破工程量；

2）炸药的需求量，爆破规模及单响最大起爆药量控制；

3）明确爆破工程等级；

4）对评估的各项内容都已进行查验、审核；

5）提出爆破工程是否需要安全监理的建议。

（2）对爆破设计、施工单位的评估意见

内容主要包括：

对涉爆单位及人员资格条件的评审意见；

1）对爆破方案的评审意见；

2）对安全管理及措施可靠性的评估意见；

3）对安全警戒合理性的评估意见；

4）对安全责任落实情况评估意见；

5）其他应注意的安全事项。

125. 如何看待爆破安全评估的权威性及法律责任？

为确保安全评估工作对爆破安全、技术的把关作用，《爆破安全规程》中特别强调了安全评估工作的权威性。

未经安全评估的爆破设计，任何单位不准审批或实施。在城市、风景名胜区和重要工程设施五百米范围内实施爆破作业，爆破设计、施工方案未经安全评估或者未经公安机关批准的要承担法律责任。

《爆破安全规程》（GB 6722-2014）第5.3.6款规定："经安全评估通过的爆破设计，施工时不得任意更改。经安全评估否定的爆破技术设计设计，应重新编写，重新评估。施工中如发现实际情况与评估时提交的资料不符，需修改原设计文件时，对重大修改部分应重新上报评估。"

《安全生产法》的有关规定，明确了从事安全生产中介服务的机构和人员的权利、义务和责任，使其权利和义务对等、义务和责任一致。爆破安全评估企业应对其承担的安全评估工作的合法性、真实性负责；经过安全评估的爆破作业项目发生事故，爆破评估企业应承担由于爆破评估工作失误的连带责任。

第三节　安全监理

126. 爆破安全监理的目的和主要特征有哪些？

爆破安全监理已在我国重点爆破工程中实行，它对提高爆破工程安全性，实现爆破工程目标，维护合同双方的权益，起到重要作用，积累了经验，取得了较好效果。

爆破安全监理是以施工阶段爆破安全为主要目标的单目标监理。

建设监理包含政府监理和社会监理两个方面。政府监理的特点是执法性、全面性、宏观性和强制性。其依据是国家的建设法规、规范和标准；对象是建设单位、设计单位以及施工和监理单位的行为，并包括工程建设项目的主要环节和重要方面。公安部门对爆破工程的安全监督与管理，具有政府监理的特征。

社会监理的特点是微观的，是受委托、服务性的。爆破安全监理具有社会监理的特征。其必要条件是需有人委托，针对某具体爆破工程，爆破安全监理单位以专业技术知识和设计、施工经验，以及经济、管理和法律方面的知识，依据国家的建设法规、规范和标准、批准的设计文件，以及依法成立的监理委托合同，在爆破工程施工阶段，通过对爆破作业程序、爆破作业人员资格、爆破器材使用及爆破施工过程有效的控制，为业主提供专业技术服务。

鉴于爆破工程是作为某单位工程的分部分项工程而存在，因此其监理工作也有其特殊性，即作为分部分项工程的爆破工程，在其质量、工期、成本控制上，监理内容应纳入整个单位工程，在单位工程监理工程师的统一管理与协调下，对爆破工程重点实施爆破安全监理。

127. 爆破安全监理的主要依据有哪些？

（1）工程建设文件

包括批准的可行性研究报告、政府相关部门的批文、施工许可证等。

（2）有关的法律、法规、规章和标准规范

包括：《建筑法》、《安全生产法》、《合同法》、《民用爆炸物品安全管理条例》（国务院令第 466 号）、《爆破安全规程》（GB 6722-2014）、《建设工程监理规范》（GB/T 50319-2013）等以及有关的工程技术标准、规范、规程。

（3）爆破工程委托监理合同、有关的建设工程合同及其他相关资料

包括：依法签订的委托监理合同、爆破施工合同、《监理规划》、《监理实施细则》、《爆破技术设计与施工组织设计》及相关资料、《爆破安全评估报告》、公安机关的批复（文）等。

128. 爆破安全监理的主要工作内容有哪些？

《爆破安全规程》（GB 6722-2014）中规定，爆破安全监理的内容是：

（1）检查施工单位申报爆破作业的程序，对不符合批准程序的爆破工程，有权停止其爆破作业，并向业主和有关部门报告。

（2）监督施工企业按设计施工；审验从事爆破作业人员的资格，制止无证人员从事爆破作业；发现不适合继续从事爆破作业的，督促施工单位收回其《爆破作业人员许可证》。

（3）监督施工单位不得使用过期、变质或未经批准在工程中应用的爆破器材，监督检查爆破器材的使用和领取、清退制度。

（4）监督、检查施工单位执行爆破安全规程的情况，发现违章作业和违章指挥，有权停止其爆破作业，并向业主和有关部门报告。

爆破工程安全监理，应编制爆破工程安全监理方案，并按爆破工程进度和实施要求编制爆破工程安全监理细则，按照细则进行爆破工程安全监理；在爆破工程的各主要阶段竣工完成后，签署爆破工程安全监理意见。

129. 爆破安全监理控制措施有哪些？

建设监理的基本方法就是控制。图 3-1 为控制流程图。爆破安全监理的基本方法也是控制，其主要控制措施有：

（1）审核。对爆破作业单位提交的有关文件、报告和报表等进行审核。

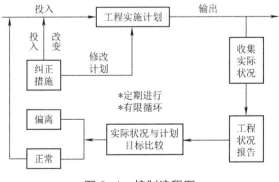

图 3-1 控制流程图

（2）指令文件。是表达监理工程师对爆破作业单位提出指示和要求的书面文件，用以向爆破作业单位指出施工中存在的问题，提请爆破作业单位注意，以及向爆破作业单位提出要求或指示其做什么或不做什么等。

（3）现场监督和检查。其形式多种多样，主要有：

1）旁站：在关键部位或关键工序施工过程中由监理人员在现场进行旁站监督活动，根据工程特点将以下工序列为旁站监理范围：试爆、最小抵抗线的复核、装药、填塞、网路连接、爆破危害控制措施等；

2）巡视：根据工程施工现场实际情况，监理人员对正在施工的部位或工序进行定时或不定时的监督检查活动；

3）平行检验：监理工程师利用一定的检查或检测手段在爆破作业单位自检的基础上，按照一定的比例独立进行检查或检测的活动。

130. 爆破安全监理有哪些基本要求？

（1）爆破安全监理范围及资质要求

《民用爆炸物品安全管理条例》（国务院令第 466 号）第三十五条规定："在城市、风景名胜区和重要工程设施附近实施爆破作业的，应当向爆破作业所在地设区的市级人民政府公安机关提出申请，提交《爆破作业单位许可证》和具有相应资质的安全评估企业出具的爆破设计、施工方案评估报告。

实施前款规定的爆破作业，应当由具有相应资质的安全监理企业进行监理，由爆破作业所在地县级人民政府公安机关负责组织实施安全警戒。"

一般情况下，选择爆破安全监理单位采用两种形式，即由业主招标选择或推荐聘用。可以由工程监理单位承担，也可以由具有与爆破工程分级相一致资质的工程爆破设计施工单位承担，其爆破安全监理人员应持有相应的《爆破作业人员许可证》。无论是中标的还是聘用的爆破安全监理单位，均要与业主签订爆破安全监理合同，双方明确责、权、利。爆破安全监理负责人，一般应由取得高级爆破工程技术人员许可证的人员担任。

（2）爆破监理工程师职业道德守则和岗位职责

1）爆破监理工程师职业道德守则

爆破安全监理作为一个专门的行业，监理工程师应严格遵守如下职业道德守则：

①以"守法、诚信、公正、科学"为执业准则，维护国家的荣誉和利益；

②执行有关的法律、法规、标准、规范、规程和制度，履行监理合同规定的义务和职责；

③努力学习爆破专业技术和监理知识，不断提高业务能力和监理水平；

④不以个人名义承揽监理业务；

⑤不得为本单位或者有利害关系的单位承接的爆破作业项目进行安全监理；不在政府部门和所监理的爆破作业单位以及材料、设备的生产供应单位兼职；不为所监理项目指定设备、材料生产厂家和施工方法；不收受被监理单位的任何礼金；

⑥不泄露所监理工程各方认为需要保密的事项；

⑦独立自主地开展工作。公正的维护建设单位和爆破作业单位的合法权益；

⑧牢记爆破监理工作方针，深刻理解其内涵，恪尽职守，热爱本职工作。

2）各类爆破安全监理人员的岗位职责

①总监理工程师职责

a. 确定项目监理机构人员的分工和岗位职责；b. 主持编写爆破工程监理规划，审批爆破工程监理实施细则，并负责管理项目监理机构的日常工作；c. 检查和监督监理人员的工作，根据工程项目的进展情况进行人员调配，对不称职的人员调换其工作；d. 主持工地例会，签发项目监理机构的文件和指令；e. 审核爆破作业单位提交的开工报告及爆破设计方案；f. 审查和处理工程变更；g. 参与工程安全事故调查；h. 组织编写并签发监理周报和月报、监理工作报告和监理工作总结；i. 主持整理工程项目的监理资料。

②总监代表职责

a. 在总理工程师领导下，按总监理工程师的授权，行使总监理工程师的部分职责和权利，对于重要的决策应先向总监理工程师请示后执行；b. 作为总监理工程师的助手，除认真做好本职工作外，还应协助总监理工程师完成各项日常管理工作；c. 向总监理工程师汇报项目监理部工作情况；d. 每日填写个人监理日记或工程项目监理日志。

③监理工程师职责

a. 负责编制爆破工程监理实施细则；b. 负责爆破监理工作的具体实施；c. 组织、指导、检查和监督监理员的工作，当人员需要调整时，向总监理工程师提出建议；d. 审查爆破作业单位提交的工作计划、方案、申请、变更，并向总监理工程师提出报告；e. 负责对各工序的质量验收；f. 定期向总监理工程师提交监理工作实施情况报告，对重大问题及时向总监理工程师汇报和请示；g. 根据监理工作实施情况记好监理日记；h. 负责监理资料的收集、汇总及整理，参与编写监理月报。

④监理员职责

a. 在监理工程师的指导下开展现场监理工作；b. 检查爆破作业单位投入工程项目的人力、材料、主要设备及其使用、运行状况，并做好检查记录；c. 按设计图纸及有关标准，对爆破作业单位的工艺过程或施工工序进行检查和记录；d. 担任旁站监理工作，发现问题及时指出并向监理工程师报告；e. 记好监理日记和有关的监理记录。

3）监理工程师的法律责任

监理工程师的法律责任与其法律地位密切相关，同样是建立在法律法规和委托监理合同的基础上。

①违法行为

现行法律法规对监理工程师的法律责任专门作了具体规定。《中华人民共和国刑法》第137条规定："建设单位、设计单位、施工单位、工程监理单位违反国家规定，降低工程质量标准，造成重大安全事故的，对直接责任人员，处五年以下有期徒刑或者拘役，并处罚金；后果特别严重的，处五年以上十年以下有期徒刑，并处罚金。"

②违约行为

因监理工程师出现工作过失，违反了合同约定，其行为将被视为监理企业违约，由监理企业承担相应的违约责任。当然，监理企业在承担违约赔偿责任后，有权在企业内部向有相应过失行为的监理工程师追偿部分损失。

③安全生产责任

安全生产责任是法律责任的一部分。如果监理工程师有下列行为之一，则应当与质量、安全事故责任主体承担连带责任。

违章指挥或者发出错误指令，引发安全事故的。

将不合格器材、设备按照合格签字，造成工程质量事故，由此引发安全事故的。

与建设单位或施工企业串通，弄虚作假，降低工程质量，从而引发安全事故的。

131. **爆破安全监理的工作流程有哪些?**

爆破安全监理的工作流程见图 3-2。

（1）工程开工前的监理工作

1）成立爆破项目监理机构

爆破项目监理机构是爆破监理单位派驻工程项目负责履行委托监理合同的组织机构。一般应由一名总监理工程师、若干监理工程师和监理员组成，具体依据爆破工程委托监理合同组建。

爆破项目监理机构应配备相应的监理设施，包括建设单位提供的设施和项目监理机构自配的设施。建设单位应提供委托监理合同约定的满足监理工作需要的办公、交通、通信、生活设施，项目监理机构应妥善保管和使用，并应在完成监理工作后移交建设单位；项目监理机构应根据工程项目类别、规模、技术复杂程度、工程项目所在地的环境条件，按委托监理合同的约定，配备满足监理工作需要的常规工具以及计算机辅助管理。

2）收集、核实与工程相关的资料

收集相关资料与信息，包括爆破安全评估报告、公安机关批文、经评估后的爆破设计方案、爆破安全警戒方案、爆破专项防护方案、爆破安全应急预案等。通过现场踏勘、调查、拍照，核实包括爆破工程周边环境、地形地质条件等现场资料。

3）编写监理规划、监理实施细则

监理规划的主要内容有：①监理工程概况；②监理工作范围；③监理工作内容；④监理工作目标；⑤监理工作依据；⑥监理机构形式；⑦监理人员职责；⑧监理工作程序；⑨监理方法措施；⑩监理工作制度；⑪监理工作设施等。

监理实施细则的主要内容有：①编制依据；②监理依据；③施工人员资格；④变更设计；⑤爆破器材检验；⑥爆破器材保管和发放；⑦爆破试验（网路试验）；⑧钻孔放样、钻孔；⑨验孔、装药；⑩填塞；⑪起爆网路；⑫爆破危害控制；⑬爆破安全警戒；⑭起爆及爆后检查等。

4）审查爆破实施方案、爆破作业单位及爆破作业人员资格

审查爆破实施方案是否与经评估后的爆破设计方案、爆破安全警戒方案、爆破专项防护方案、爆破安全应急预案相符。

审查爆破作业单位营业执照、爆破作业单位许可证等；爆破设计方案的设计、审核人

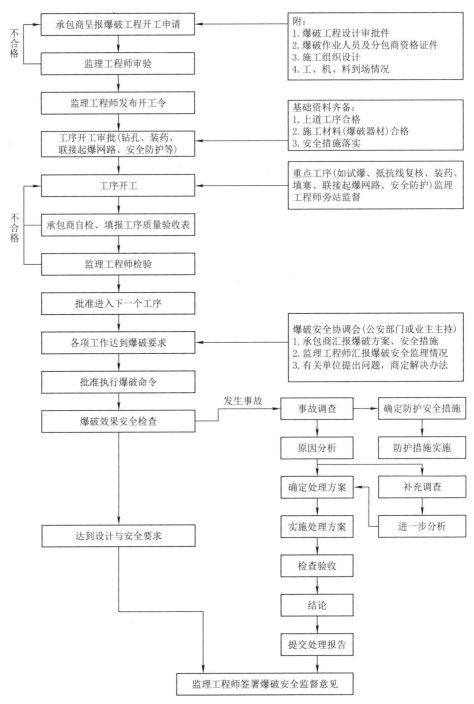

图 3-2　爆破安全监理的工作流程图

员证书；爆破技术人员证书；爆破员、安全员、保管员证书。

5）第一次工地会议

由建设单位在开工前组织召开。这是检查开工条件，并为今后的良好合作创造好的开始，它是决定工程能否开工或何时开工的关键环节。在此次会议上，监理单位提供爆破作业单位填写的相关表格，并在会后编写、分发、存档会议纪要。

第一次工地会议应包括以下主要内容：

①建设单位、爆破作业单位和监理单位分别介绍各自驻现场的组织机构、人员及分工；

②建设单位根据委托监理合同宣布对爆破监理工程师的授权；

③建设单位介绍爆破工程开工准备情况；

④爆破作业单位介绍爆破施工准备情况；

⑤建设单位和爆破监理工程师对爆破施工准备情况提出意见和要求；

⑥爆破监理工程师介绍爆破施工安全监理规划的主要内容；

⑦研究确定各方在施工过程中参加工地例会的主要人员，召开工地例会周期、地点及主要议题。

132. 工程施工过程中的监理工作有哪些内容？

（1）爆破器材试验、使用监督

一般规定和要求主要有：

1）爆破作业必须使用符合现行国家标准或行业标准的爆破器材；

2）爆破器材进场后，爆破作业单位应组织人员对爆破器材的外观、出厂证、合格证进行检验，并应进行随机抽检，并认真填写《爆破器材质量检验表》和《试验记录》；

3）在实施爆破作业前，应对所使用的爆破器材进行外观检查、核实炸药的爆速和殉爆距离（厂方提供数据）。

主要监理工作有：

1）爆破作业必须使用符合现行国家标准或行业标准的爆破器材。监理工程师应对爆破器材的出厂证、合格证进行复检；

2）参与爆破器材的可靠性试验；

3）监督检查爆破器材每次领、用、退的记录；应符合公安部门管理要求，防止爆破器材丢失。

（2）爆破试验

一般规定和要求主要有：

1）施工前必须通过试爆，检验有关爆破参数的设计值，合理调整相关的爆破参数，避免爆破产生的危害造成不必要的破坏和影响，特别是避免对周边建（构）筑物的影响；

2）试爆前，应根据现场情况编制爆破试验实施方案或作业计划书（包括爆破时间、位置、孔网参数、装药参数等），并由爆破作业单位领导人及监理单位审查签字后方能实施；

3）在试爆前3天，爆破作业单位应将《爆破试验方案》和《安全警戒方案》递交监理单位和建设单位；

4）在试爆前24h，爆破作业单位应将试爆的具体时间、地点通知监理工程师；

5）试爆应按照爆破设计中的爆破参数进行爆破作业；

6）试爆工作开始前，必须确定危险区的边界，并设置明显的标志。确认人员、设备全部撤离危险区，具备安全起爆条件时，方准发出起爆信号；

7）爆破员必须按规定的等待时间进入爆破地点，检查有无盲炮等现象。只有确认爆破地点安全后，经指挥长同意，方准人员进入爆破地点；

8）试爆后，爆破工程技术人员应在《试验记录》详细记录试爆参数和试爆结果，对试爆结果进行评估，并及时向监理工程师递交试爆《试验记录》。

主要监理工作有：

1）检查爆破作业单位试爆前组织工作；审核爆破试验方案；

2）确认试爆的时间和地点并在规定的时间到达试爆现场旁站；

3）如试爆过程中存在违规情况，应及时向爆破作业单位发出纠正、整改的指令。

（3）钻孔放样、钻孔、验孔

一般规定和要求主要有：

1）所有钻孔，需由爆破工程技术人员按设计要求在工作面标明炮孔位置、深度、角度及方向，遇有与设计不相符合的，要及时报告爆破技术负责人；

2）在靠近危险地段钻孔时要有必需的安全措施，当发现险情时立即停止作业，排除险情后方可继续施工；

3）严禁在残眼上钻孔；

4）炮孔最小抵抗线方向，应避免朝向周边建（构）筑物；

5）现场爆破工程技术人员应对炮孔逐个测量验收，并保存验收记录。标明位置、数目、深度，对于过深、过浅、过偏等不符合规格的炮孔应按设计要求进行施工纠正，或报告爆破工作领导人进行设计修改；

6）爆破作业单位必须认真填写《爆破工序综合评定表》中钻孔工序部分，并连同必要的文字或图表说明及时向监理单位递交。

主要监理工作有：

①巡视爆破作业单位工程技术人员按设计放样；

②巡视爆破作业单位作业人员按设计钻孔；

③巡视爆破作业单位工程技术人员按设计要求验孔。

（4）现场爆破器材交接、装药

一般规定和要求主要有：

1）装药前应对作业场地、爆破器材堆放场地进行清理，装药人员应对准备装药的全部炮孔进行检查并对钻孔最小抵抗线复核，对形成反坡或有大裂隙的部位应考虑调整药量或间隔填塞。底盘抵抗线过大的部位，应进行清理；

2）装药作业应做好原始记录，记录应包括装药的基本情况、出现的问题及其处理措施；

3）装药前应按装药结构图核对和领取起爆药包；装入炮孔的药包重量、雷管段号必须符合装药结构图；

4）严格按施工图和方案控制爆破边线，切忌多爆或少爆；禁止掏底药壶爆破和裸露爆破；

5）爆破临空面方向应避开周边建（构）筑物，按设计控制爆破最大单段药量和一次爆破总装药量；

6）装药现场严禁烟火，并严格做好装药区域警戒工作，无关人员严禁入内；禁止进行爆破作业的人员穿化纤衣服；

7）在黄昏和夜间等能见度差的条件下，不宜进行装药工作；爆破装药现场不应用明火照明；

8）应使用木质炮棍或竹棒装药，严禁使用铁钎；

9）装药发生卡塞时，若在雷管和起爆药包放入之前，可用非金属杆处理；装入起爆药包之后，不应用任何工具冲击、挤压；

10）装药过程中，不应拔出或硬拉起爆药包中的导爆管；

11）爆破作业单位必须认真填写《爆破工序综合评定表》中装药工序部分，并连同必要的文字或图表说明及时向监理单位递交。

主要监理工作有：

1）审查爆破器材交接手续；查验保管员证件；

2）监督检查现场爆破器材存放处及装药区域的安全警戒；领、用、退记录；

3）查验现场爆破工程技术人员、爆破员、安全员证件；

4）旁站装药前复核最小抵抗线，并监督爆破作业单位根据实测的最小抵抗线调整装药量；

5）监督检查爆破作业单位按设计装药结构、雷管段位施工。

（5）填塞

一般规定和要求主要有：

1）孔内装好设计药量后都应该进行填塞，严禁无填塞爆破，并采取控制飞石和振动等有效措施；

2）必须保证炮孔的填塞质量，严禁使用石块和易燃材料作填塞材料；

3）应使用木质炮棍或竹棒捣鼓填塞材料，严禁使用铁钎；

4）炮孔填塞过程中应保护好起爆网路，禁止捣固直接接触药包的填塞材料或用填塞材料冲击起爆药包，也不得损伤导爆管；

5）爆破作业单位必须认真填写《爆破工序综合评定表》中填塞工序部分，并连同必要的文字或图表说明及时向监理单位递交。

主要监理工作有：

1）监督检查使用合格的填塞物；

2）监督检查按设计保证填塞长度和质量；

3）监督检查填塞过程保护雷管脚线和起爆网路。

（6）网路连接

一般规定和要求主要有：

1）起爆网路均应使用经现场检验合格的起爆器材；严格按设计方案和要求连接；在可

能对起爆网路造成损坏的部位，应采取保护措施；

2）爆破网路的连接必须在工作面的全部炮孔装填完毕和无关人员全部撤至安全地点之后，应由有经验的爆破员和爆破工程技术人员进行，并实行双人作业制，并经现场爆破和设计负责人检查验收；

3）采用雷管激发导爆管网路时，导爆管应均匀地敷设在雷管周围，并用胶布等捆扎牢固。并应有防止雷管的聚能穴炸断导爆管的措施；

4）敷设导爆管网路时，不得将导爆管拉细、对折或打结；

5）在接力复式网路中，雷管与相邻网路之间应相距一定距离，必须保证前一段网路爆破时，不致破坏相邻或后段网路；

6）爆破作业单位必须认真填写《爆破工序综合评定表》中起爆网路工序部分，并连同必要的文字或图表说明及时向监理单位递交。

主要监理工作有：

1）监督检查按设计网路进行连接；

2）监督检查是否按双人制进行爆破网路的连接；防止漏连、错连；

3）监督检查连接线要有一定松弛度，并保持其正常状态。

（7）爆破危害的控制

一般规定和要求主要有：

1）在有可能危及人员安全或使邻近建（构）筑物特别是重要建（构）筑物易受到损伤的场所进行爆破时，必须对爆破体进行防护，以防止飞石危害；

2）切实按方案做好孔口的防护措施。防护材料，应便于固定、不易抛散和折断形成新的危险源并能防止细小碎块的穿透飞出；

3）防护范围，应大于炮孔的分布范围；

4）防护时，必须遵守以下规定：保护起爆网路、仔细检查，严防漏盖、捆扎牢固、防止覆盖物滑落和抛散、分段起爆时，防止防护物受先爆药包影响，提前滑落、抛散；

5）爆破作业单位必须认真填写《爆破工序综合评定表》中爆体防护工序部分，并连同必要的文字或图表说明及时向监理单位递交。

主要监理工作有：

1）爆破个别飞散物的控制：检查防护材料是否符合设计要求；检查防护范围是否符合设计要求；审查防护排架是否由有资质单位搭设；

2）爆破振动的控制：检查减振措施是否符合设计要求；监督检查一次爆破总药量和单响最大起爆药量是否超出设计规定的范围；根据爆破振动监测结果，监督后续爆破是否满足爆破安全规程要求；

3）其他爆破危害（爆破冲击波、噪声、粉尘、涌浪等）的控制是否符合设计。

（8）安全警戒

一般规定和要求主要有：

1）爆破警戒范围由设计确定，在危险区边界应设有明显标志并派出岗哨；

2）成立爆破安全警戒指挥小组，加强爆破警戒工作，在爆破时必须将警戒范围内的所有人员清除出场。爆破前，召开有关单位的协调会议，明确爆破时间。做好安全施工的宣传工作，张贴安民告示：在施工前 3 天发布施工公告，在爆破前 1 天发布爆破公告，并告知爆破警戒信号；

3）根据周边环境具体情况做好对周边道路的警戒，必要时有关部门提前实施临时交通管制；

4）执行警戒任务的人员，应按指令到达指定地点并坚守警戒岗位；

5）严格按信号程序发出预警信号、起爆信号和解除信号，各类信号均应使爆破警戒区域及附近人员能清楚地听到或看到；严格定时爆破，规定爆破时间段；

6）爆破作业单位必须认真填写《爆破工序综合评定表》中安全警戒工序部分，并连同必要的文字或图表说明及时向监理单位递交。

主要监理工作有：

1）参与爆破前安全警戒部署会议；

2）监督检查安全警戒范围是否符合规定、警戒人员职责是否明确、联络方式和手段是否通畅、标记信号是否醒目清晰；

3）检查是否张贴安民告示；

4）巡视警戒人员是否坚守警戒岗位。

（9）起爆及爆后检查

一般规定和要求主要有：

1）爆破工程应设现场指挥部。指挥部应根据工程级别和施工情况，设置爆破技术、安全警戒、人员撤离和应急抢险救护等职能组。职能组的设置及其职责范围由指挥长确定。各职能组应在指挥长的统一领导下工作；

2）爆破作业期间，施工单位必须指派专人收集气象预报资料、宏观观察气象变化。避免在雷电、狂风、暴雨、大雪等恶劣气象条件下实施装药爆破；

3）起爆站必须设立在安全地点；

4）指挥长检查起爆前的各项工作并确认符合要求后，方准下达起爆指令。起爆指令宜采用倒数计数法；

5）爆破后必须等待设计要求规定时间后，检查人员方准进入现场检查；

6）爆破负责人应在爆破后进入现场检查，确认安全后向指挥长提出正式报告。指挥长在收到报告并确认安全后，方可下达解除警戒令。

主要监理工作有：

1）监督检查爆破指挥部是否按规定程序下达起爆命令；

2）监督检查爆后有关人员是否按规定的等待时间进入现场检查；

3）查看和记录爆破效果是否达到设计要求，分析原因。

（10）盲炮、爆破事故

一般规定和要求主要有：

1）发现盲炮或怀疑有盲炮，应立即报告并及时处理。若不能及时处理，应在附近设明显标志，并采取相应的安全措施；

2）电力起爆发生盲炮时，须立即切断电源，及时将爆破网路短路；

3）难处理的盲炮，应请示爆破工作领导人，派有经验的爆破员处理；

4）处理盲炮时，无关人员不准在场，应在危险区边界设警戒，危险区内禁止进行其他作业；

5）禁止拉出或掏出起爆药包；

6）从盲炮中收集的未爆炸药和残留雷管，应收集上缴，集中销毁。并应将每个盲炮的位置、存量及当时的状况逐一记录，并向当地公安机关备案。

主要监理工作有：

1）监督检查是否存在盲炮，如果发现盲炮，监督爆破作业单位及时上报或按规定处理；

2）发生爆破事故，应及时上报各有关单位。应参与事故的调查分析，同时积极配合相关部门制定安全防护措施；

3）参与爆破事故处理方案的确定，监督检查处理方案的实施；

4）参与爆破事故处理方案的验收，参与编写事故处理报告。

（11）清退爆破器材

主要监理工作有：

1）督促做好每次爆破后爆破器材的清退工作；

2）督促做好总结或工程结束后爆破器材的清算工作；

3）督促爆破作业单位和人员落实爆破器材流向登记。

（12）竣工验收

主要监理工作有：

1）收集竣工资料，参与竣工验收；

2）汇报爆破总体情况：爆破次数、爆破器材消耗量、爆破效果、爆破事故及处理情况、爆破振动测试情况。

133. 爆破监理工程师的工作原则和方法有哪些?

监理工程师应坚持按合同与规范办事的原则，监理工程师要争取地方和部门（如公安）有关领导的支持和帮助，除了必要的制约外，还需要更多的协调，做到严格监理和热情服务相结合，指导和培训相结合，贯彻科学、公正、客观、依法的原则，使彼此的风险尽量减少，任何一方的风险都是国家的损失。

监理工程师在爆破安全监理中，要贯彻"一切用事实与数据说话"的原则，在处理施工现场的一些"争端"时，要以文字记录和数据事实为依据。为此，各种监理记录、函件、工地会议记录、监理报表，要分类整理，有签认、核实、时间要求，做到事实清楚确凿，数据真实可靠。

监理工程师还要注意工作方法，在工地一般只和承包商的项目经理或指定代理人"对口"联系，有关情况与数据要在这里核实与认可，只有在情况紧急，危及施工安全，不得已时才直接向作业人员发号施令，但事后需向项目负责人说明情况。

134.爆破安全监理记录与监理表格有哪些?

（1）爆破安全监理记录

爆破安全监理应建立和保存完整的监理记录，这是监理工作的重要基础工作，标志着工程监理的深度和质量。监理记录是监理工程师工作的各项活动、决定、问题以及环境条件等的全面记录，在各阶段监理工作中，应复印、存档相关资料，以用作工程评估判断的重要依据，因此要力求做到记录客观、准确、全面。

爆破安全监理记录大致可以分为两大类：一是书面记录：

1）历史性记录，包括监理日记、爆破工程大事记、会议记录等；

2）安全与质量检查、监测记录，包括爆破器材、试爆、网路试验检查记录，钻孔（药室）验收记录，安全防护检查记录及安全监测（如爆破振动测试）记录等；

3）竣工记录，包括工程验收资料和竣工图；爆破工程效果与安全总结报告，评价报告，爆破事故的调查处理报告等。

二是照片、影像记录等工程影像资料。

不管是哪类记录，都应力求完整、清楚、确切。

监理人员必须每天做好监理日记，监理日记内容包括：

1）日期；

2）天气：温度（最高和最低）、风向、风力；

3）工程部位；

4）工程进度：形象进度、有关进度的要求、进度比较等；

5）爆破作业单位人员动态（数量、工种等）、施工机械情况；

6）工程安全和质量情况：检查情况、存在的安全和质量问题及处理情况、对以往出现问题的复检情况。

（2）爆破安全监理主要表格

根据不同爆破工程的实际需要，设计了基于爆破作业单位和爆破安全监理单位的专用表格，主要有：

1）爆破作业单位用表

①爆破工程开工报审表

附表：主要施工机械设备报审表

主要施工人员报审表

②爆破设计方案核验表

③专项施工方案核验表

④爆破试验报审表

⑤爆破器材质量检验表

⑥爆破试验／爆破器材试验记录表

⑦爆破试验工序综合评定表

⑧第＿＿＿次爆破报审表

⑨工程检查验收表

⑩第____次爆破工序综合评定表

⑪总爆工序综合评定表

⑫工程变更单

⑬工程联系单

⑭监理工程师通知回复单

⑮爆破工程盲炮/安全问题（事故）报告单

⑯爆破工程盲炮/安全问题（事故）技术处理方案报审表

⑰工程竣工报验单

2）爆破安全监理单位用表

①爆破安全监理工程师通知单

②爆破安全监理工作联系单

③监理日记

④旁站监理记录

135. 爆破安全监理经常（专题）性工地会议有哪些内容?

工地会议是围绕施工现场问题而召开的一种会议，除第一次工地会议外，还有经常性工地会议和专题性工地会议。施工监理活动实践证明，工地会议是一种非常有效的管理方式。它不仅使履约各方和监理工程师之间可以形成固定的讨论工作的机会，而且是沟通信息和交流感情的重要场所。工地会议由监理工程师主持和召开，并负责记录和督促各参加方执行工地会议议程与决议。会议记录必须经与会者确认无误，认可有效。

（1）经常性工地会议

经常工地会议也称工地例会，是指在施工过程中总监理工程师定期主持召开的施工现场会议，这是施工阶段工地管理和监督协调的有效方式。会议的宗旨是：讨论施工中存在的实际问题，对问题加以分析并做出决定；会上各方互通重要信息，有助于纠正偏差，消除误会和分歧。应按第一次工地会议确定的时间、地点、参与人员，由监理工程师主持。程序大致如下：

1）参与人员签到；

2）各方汇报上次会议决议执行情况，检查未完事项并分析原因；

3）研讨上阶段爆破实施情况；

4）讨论布置下阶段工作并形成决议；

5）与会者确认会议记录无误。

（2）专题性工地会议

专题工地会议是为解决施工过程中的专门问题而召开的会议，可以由施工单位或建设单位提出建议、由监理工程师视现场情况主持召开，也可由监理工程师决定就某项技术或管理专题召开，还可以邀请有关专家就急需解决的技术或管理问题进行研讨。应事先通知有关各方议题并要求做好准备，程序与经常性工地会议基本相同。

经常性工地会议和专题性工地会议都应形成会议纪要，它是监理工作的重要文件之一，对工程各方都有约束力，并且是发生争议或索赔时的重要证明文件；应按要求编写、打印、与会各方签收、存档。

136. 爆破安全监理资料与总结有哪些内容？

（1）爆破安全监理资料的整理

监理工程师在爆破安全监理过程中，要贯彻"一切以事实和数据说话"的原则，因此应重视监理过程中的各种记录、函件、工地会议记录、监理报表等监理资料的收集和保管，并要分类整理，有签认、核实、日期，做到事实清楚确凿，数据真实可靠。

鉴于监理资料的重要性，监理资料的管理应由总监理工程师负责，并指定专人具体实施。

爆破安全监理资料主要有如下几类：

1）进场前资料：爆破评估报告、公安机关批文、爆破设计总体方案及相关资料、委托监理合同、监理规划、监理实施细则；

2）进场后开工前资料（对照填写表格）：开工审核资料（爆破作业单位资信材料、爆破作业人员证件、钻爆设备；爆破设计方案、警戒方案、应急预案、防护方案；爆破施工承包合同、安全协议）、第一次工地会议纪要（纪要、签到表、签收表）、监理日记；

3）施工中爆破资料（对照填写表格）：每次爆破（总爆）资料（含设计方案、警戒方案、爆破器材领退清单）、旁站记录、往来函件、会议纪要（纪要、签到表、签收表）、监理月（简）报、监理日记；

4）工程结束资料：爆破安全监理总结；

5）按规定装订所有资料、提交建设单位、存档。

（2）爆破安全监理月（简）报

监理月（简）报的主要作用有：

1）可向建设单位汇报工程实施情况和工程实施中存在的困难及尚待解决问题，让建设单位及时并充分地了解和掌握到监理工作状况；

2）向本监理单位汇报工程监理项目情况，通过监理月报，使本监理单位掌握项目监理情况，有效了解工程尚存在问题和经验教训等，便于本监理单位及时指导和总结控制；

3）可作为项目监理部本月工作总结和下阶段监理工作进行计划和部署，通过总结过去，对今后监理工作进行改进和完善。

监理月（简）报编写的基本要求是：

1）按提纲逐项编写，内容实事求是；文字简练、数据可靠；有分析、有总结、有展望；

2）使用国家标准规定的计量单位；数字尽量使用阿拉伯数字；

3）工程建设各方名称统一：建设单位、爆破作业单位、监理单位、爆破设计单位；

4）技术用语与设计、施工技术规范、规程所用术语相同；

5）工程尚未开工、因故暂停施工、竣工验收后的收尾阶段以及工程比较简单、工期很短的工程可采取编写监理简报的形式向建设单位汇报工程的有关情况；

6）按要求编写、打印、各方签收、存档。

监理月（简）报编写的主要内容有：爆破施工阶段安全监理月报可参照以下内容进行编写：

1）月报封面：月报封面包括：监理月报编号、工程名称、月报报告期、总监理工程师签名、项目监理机构名称、编写月报时间；

2）目录：分列正文所述几项内容的标题；

3）工程概述：记述本月开展施工作业的分项分部工程的主要施工内容；

4）爆破安全施工管理；

5）监理工作小结；

6）附件。对监理月（简）报具有证明和验证作用的工程影像资料及有关工程文件作为附件。

总之，施工阶段监理月报所涉及的内容非常广泛，需要项目监理部严格、认真的编写，并在工作中持续改进，不断提高。在施工阶段监理实践中，认真编写监理月报，标准、规范、科学和有效地反映工程进展和监理工作实施情况，很好履行委托监理合同，为建设单位提供专业化的优质服务。

（3）爆破安全监理总结

爆破安全监理总结在监理工作全部结束后编写，总监理工程师审核签字，提交建设单位存档。监理总结内容有：

1）工程概况；

2）监理组织机构、监理人员、投入的监理设施；

3）监理合同履行情况；

4）监理工作成效；

5）施工过程中曾出现的问题及其处理情况和建议；

6）工程照片。

第四章 ▶▶▶

爆破作业

第一节 露天钻孔爆破

137. 什么是浅孔台阶爆破，技术参数有哪些?

浅孔爆破是指孔深不超过 5m，孔径在 50mm 以下的爆破。浅孔爆破法设备简单，方便灵活，工艺简单。浅孔爆破在露天小台阶采矿、沟槽基础开挖、二次破碎、边坡危岩处理、石材开采、地下浅孔崩矿、井巷掘进等工程中得到较广泛的应用。

露天浅孔台阶爆破与露天深孔台阶爆破，两者的基本原理是相同的，工作面都是以台阶的形式向前推进，不同点仅仅是孔径、孔深、爆破规模等比较小。

浅孔台阶爆破与深孔爆破的一个主要区别是，台阶高度不超过 5m，炮孔直径多在50mm 以内。如果台阶底部辅以倾斜炮孔，台阶高度尚可增加。

（1）炮孔排列

浅孔爆破一般采用垂直孔，炮孔布置方式和爆破设计方法与深孔台阶爆破类似，只不过相应的孔网参数较小。浅孔台阶爆破的炮孔排列分为单排孔和多排孔两种，单排孔一次爆破量较小。多排孔排列又可分为平行排列和交错排列，如图 4-1 所示。

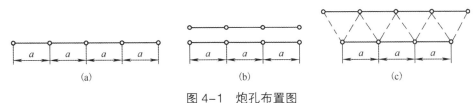

图 4-1　炮孔布置图
（a）单排孔；（b）多排孔平行排列；（c）多排孔交错排列

（2）爆破参数

爆破参数应根据施工现场的具体条件和类似工程的成功经验选取，并通过实践检验修正，以取得最佳参数值。

1）炮孔直径

由于采用浅孔凿岩设备，孔径多为 36~42mm，药卷直径一般为 32~35mm，少数情况下采用 25~30mm 的小直径炸药。

2）炮孔深度和超深

$$L = H + \Delta h$$

式中 L——炮孔深度，m；

H——台阶高度，m；

Δh——超深，m。

浅孔台阶爆破的台阶高度（H）视一次起爆排数而定，一般不超过 5m。超深一般取台阶高度的 10%~15%，即（Δh）

$$\Delta h = (0.10 \sim 0.15)H$$

如果台阶底部辅以倾斜炮孔，台阶高度可适当增加，如图 4-2 所示。

3）炮孔间距

$$a=(1.0\sim2.0)W_1$$
$$或\ a=(0.5\sim1.0)L$$

4）底盘抵抗线

$$W_1=(0.4\sim1.0)H$$

在坚硬难爆的岩石中，或台阶高度较高时，计算时应取较小的系数。

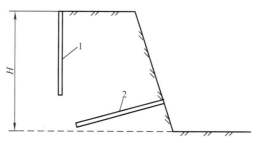

图 4-2　浅孔台阶炮孔图
1- 垂直炮孔；2- 倾斜炮孔

5）单位炸药消耗量

与深孔台阶爆破单位炸药消耗量相比，浅孔台阶爆破的单耗值应大一些，一般 $q=0.2\sim1.2\mathrm{kg/m^3}$。具体数值也可参考表 4-1 选取。

坚硬岩石浅孔台阶爆破主要参数表　　　　　　　　　　　　表 4-1

孔径 /mm	台阶高 /m	孔深 /m	抵抗线 /m	孔间距 /m	堵塞 /m	装药量 /kg	单耗 /kg·m⁻³
26~34	0.2	0.6	0.4	0.5	0.5	0.05	1.25
26~34	0.3	0.6	0.4	0.5	0.5	0.05	0.83
26~34	0.4	0.6	0.4	0.5	0.5	0.05	0.63
26~34	0.6	0.9	0.5	0.65	0.8	0.10	0.51
26~34	0.8	1.1	0.6	0.75	0.9	0.20	0.56

孔径 /mm	台阶高 /m	孔深 /m	抵抗线 /m	孔间距 /m	堵塞 /m	装药量 /kg	单耗 /kg·m⁻³
26~34	1.0	1.4	0.8	1.0	1.0	0.40	0.50
51	1.0	1.4	0.8	1.0	1.1	0.4	0.50
51	1.5	2.0	1.0	1.2	1.2	0.85	0.47
51	2.0	2.6	1.3	1.6	1.3	1.70	0.41
51	2.5	3.2	1.5	1.9	1.5	2.70	0.38
64	1.0	1.4	0.8	1.0	1.1	0.4	0.5
64	2.0	2.7	1.3	1.6	1.5	1.9	0.46
64	3.0	3.8	1.6	2.0	1.6	3.8	0.40
64	4.0	4.9	2.1	2.6	2.0	6.5	0.30
75	1.0	1.6	1.1	1.3	1.2	0.57	0.40
75	2.0	2.6	1.3	1.6	1.3	1.7	0.41
75	3.0	3.8	1.5	1.8	1.5	3.2	0.40
75	4.0	5.0	1.7	2.1	1.7	5.6	0.39
75	5.0	6.2	2.0	2.5	2.0	10.0	0.40
75	6.0	7.4	2.6	3.2	2.6	18.1	0.36

（3）起爆次序

浅孔台阶爆破由外向内顺序开挖，由上向下逐层爆破。一般采用毫秒延期爆破，当孔深较小、环境条件较好时也可采用齐发爆破。

138. 露天浅孔爆破容易出现哪些问题？

（1）爆破飞石。这是岩石浅孔爆破最常出现的问题，也是危及爆破安全的首要问题。就爆破技术而言，主要有三个原因：一是炸药单耗过大，多余能量使岩石整体产生抛散，从而导致大量飞石；二是对岩石临空面情况控制不好或个别炮孔药量过大，导致个别飞石；三是炮孔填塞长度不足或堵塞质量不好，也是个别飞石产生的原因。

（2）冲炮现象。这给二次穿孔带来很大困难，也影响岩石破碎效果，直接关系到爆破施工的进度和成本费用。冲炮现象在浅孔爆破中很容易出现，特别是孔深小于0.5m的浅孔，如果最小抵抗线方向和炮孔口方向一致，再加上填塞不佳（就算是填塞良好，相对于岩石而言，炮孔口也是强度薄弱处），炸药能量就会首先作用于强度薄弱地带，并从炮孔口中散逸，从而形成冲炮。

（3）爆后残留根部。不能一次炸到应有的深度，也即残留有岩石根部，就会给清运工作带来很大麻烦。岩石残根一般不宜再装药破碎，基本上由人工使用风镐凿掉，既费时又费力。岩石越往深处，其夹制性也就越强，如果单孔药量中底部药量所占比例过小，即使炮孔超深，也不足以使底部岩石充分破碎。

139. 露天浅孔爆破的质量保证措施有哪些？

（1）合理的单位炸药消耗量。一般认为岩石浅孔爆破炸药的单耗应在 $0.20\sim1.20kg/m^3$，其实单耗的这一选择范围已把对岩石的抛散药量也包括在内，这比较难掌握，如运用不当，势必产生大量飞石。具体数据可以通过现场试验确定。

对于整体性好的致密岩石可取小值；而对松软或有一定风化的岩石，或者环境条件较好的爆破，可取大值。另外，对于有侧向临空面的前排装药，单耗还可以放小到 $0.15\sim0.18kg/m^3$，这样前排的岩石既通过后排岩石的挤压而进一步破碎，同时又对飞石起阻碍作用。

（2）充分利用临空面。确定单孔药量应考虑临空面的多少和最小抵抗线 W 的大小，只有这样才能避免由于个别炮孔药量过大而导致飞石。通常临空面个数多取小值；反之，取大值。此外，当实施排间秒差或大延期起爆时，有可能由于前排起爆而改变了后排最小抵抗线的大小，出现意想不到的飞石。当一次起爆药量在振动安全许可的范围内，可尽量采用瞬发雷管齐爆或小排间延期（如 100ms 以内）起爆。

（3）避免最小抵抗线与炮孔口在同一方向。浅孔爆破，尤其是孔深小于 0.5m 的岩石爆破，如没有侧向临空面，而又垂直水平临空面钻孔起爆，往往产生飞石或出现冲炮，爆破效果均不理想。较好的方法应是钻倾斜孔，以改变最小抵抗线与炮孔口在同一方向，使炸药能量在岩石中充分起作用，可有效克服冲炮现象，达到应有的爆破效果。钻孔倾斜度（最小抵抗线与炮孔口间的夹角）一般取 45°~75° 为宜。

（4）确保填塞长度。填塞长度通常为炮孔深度的 1/3，而对夹制性较大岩石的爆破需加大单孔药量或需严格控制爆破飞石时，则填塞长度取炮孔深度的 2/5 较为稳妥，这样既能防止飞石又可减少冲炮的发生。

（5）合理分配炮孔底部装药。浅孔爆破对于底部岩石的充分破碎应是整个爆破的重点，一旦残留根底，势必给清运工作带来很大麻烦。只有底部岩石得到充分破碎，则上部岩石即使没有完全破裂，也会随着底岩的松散而塌落或互相错位产生裂缝，清运十分便利。要清除爆破残根，除钻孔上须超深外，还应合理分配炮孔底部药量，即在所计算的单孔药量不变的前提下，底部药量比常规情况应有所增加。据实爆经验，底部药量以占单孔药量的60%~80% 为宜，当数排孔同时起爆时，靠近侧向临空面的炮孔系数取小值，反之取大值。

140. 什么是深孔台阶爆破，技术参数有哪些？

（1）基本概念与台阶爆破术语：

露天深孔爆破是指在露天条件下，采用钻孔设备，对被爆体布置孔径大于 50mm、孔深大于 5m 的炮孔，选择合理的装药结构和起爆顺序，以台阶形式推进的石方爆破方法。

深孔爆破法在石方爆破工程中占有重要地位，它在露天开采工程（如露天矿山的剥离和采矿）、山体场地平整、港口建设、铁路和公路路堑开挖、水电闸坝基础开挖和地下开采工程（如地下深孔采矿、大型硐室开挖、深孔成井）中得到广泛应用。

（2）与其他类型爆破相比，深孔爆破优越性主要有以下四方面：

1）破碎质量好，破碎块度符合工程要求，不合格大块较少，爆堆较为集中，且具有一定的松散性，能满足铲装设备高效率装载的要求；

2）爆破有害效应得到有效控制，减少后冲、后裂、侧裂，爆破地震作用较小；

3）由于改善了岩石破碎质量，钻孔、装载、运输和机械破碎等后续工序发挥效率高，工程的综合成本较低；

4）对于最终岩石边坡、最终底板，既确保平整，又不破坏原始地质条件，既能确保稳定又不产生地质危害；

为了达到良好的深孔爆破效果必须确定合理的布孔方式、孔网参数、装药结构、装填长度、起爆方法、起爆顺序和单位炸药消耗量等参数。图4-3是几幅深孔爆破现场照片：

图4-3 露天钻孔作业现场

（3）主要技术参数：

1）单孔装药量

装药量是工程爆破中一项最重要的指标。装药量正确与否直接关系到爆破效果、经济效益和爆破安全。

一般来说，装药量的确定与岩性、爆破条件、自由面状况、崩落岩石量等因素有关。

在正常的布孔装药条件下，通常采用体积公式来计算装药量，即根据爆下的岩石体积来决定所需要的炸药量大小（Q）。

$$Q=q \cdot V$$

式中　Q——炸药量，kg；

　　　q——比例系数，实际意义是每爆落 $1m^3$ 岩石所需的炸药千克数，通常称为炸药单耗，kg/m^3；

　　　V——爆破岩石体积，m^3。

对于台阶爆破：

$$V=a \times b \times H$$

式中　a——孔距，m；

　　　b——排距，m；

　　　H——台阶高度，m。

2）钻孔形式

深孔爆破钻孔形式一般分为三种：

①垂直钻孔；

②倾斜钻孔；

③水平钻孔（个别情况下采用）。

3）布孔方式

从能量分布的观点看，以等边三角形布孔最为理想，而方形或矩形多用于挖沟爆破。为了增加一次爆破量广泛推广排间或孔间毫秒延时爆破技术，不仅可以改善爆破质量而且可以增大爆破规模以满足大规模开挖的需要，见图 4-4、较 4-5。

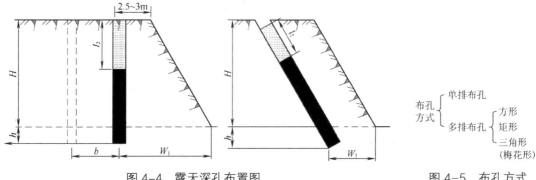

图 4-4　露天深孔布置图　　　　　图 4-5　布孔方式

H- 台阶高度，m；h- 超深，m；W_1- 底盘抵抗线，
m；I_2- 填塞长度，m；b- 排距，m

①布孔方式示意图（图4-6）

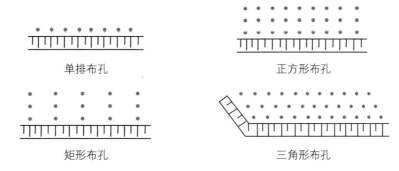

单排布孔　　　　　　　　　　正方形布孔

矩形布孔　　　　　　　　　　三角形布孔

图4-6　布孔方式示意图

②炮孔布置原则

a.炮孔位置要尽量避免布置在岩石松动、节理裂隙发育或岩性变化大的地方；

b.特别注意底盘抵抗线过大的地方，应视情况不同，分别采取加密炮孔、预拉底（即先进行钻孔放炮）、增加孔底装药密度、使用威力较大的炸药等方式来避免产生根底；

c.要特别注意前排炮孔抵抗线变化，防止因抵抗线过小会出现爆破飞石事故、过大会留下根坎；

d.要注意地形标高的变化，适当调整钻孔深度，保证下一个作业平台的标高基本一致。

③炮孔之间距离与留根坎的关系（图4-7）

4）台阶（梯段）高度（H）

总的来说，在保证开挖轮廓平整和开挖边坡稳定的前提下，当钻孔机械条件许可时，施工中采用较大的台阶高度H，随着凿岩机具的发展，台阶高

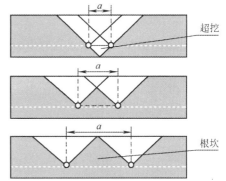

图4-7　炮孔之间距离与留根坎的关系图

度有增大的趋势。台阶高度的增加，可减少循环次数，有利于开挖效率的提高。但当梯段爆破和预裂爆破结合进行时，台阶高度H主要由预裂爆破决定。目前，当爆区周边采用预裂爆破时，台阶高度一般为$H=8\sim12m$；当梯段爆破单独进行时，H可适当加大一些，例如取$H=15\sim20m$或更大。我国有些石灰石矿山爆破，用$\phi90mm$的钻头，台阶高度达到$29\sim32m$，取得了良好效果。

5）钻孔的安全距离（B）

为保证钻机作业时的安全，布设前排炮孔时，炮孔中心至坡顶线的距离$B\geqslant2.5m$。

6）孔径（D）

当采用潜孔钻机时，露天深孔爆破的孔径主要取决于钻机类型、台阶高度和岩石性质。凿岩台车孔径为$50\sim80mm$，潜孔钻的孔径通常为$80\sim200mm$，牙轮钻机为$250\sim310mm$，钢绳冲击钻机为$200\sim250mm$。国内采用的深孔孔径有80、100、115、140、150、170、200、250、310mm等几种。

当周围环境条件较好时，可采用 D=200~310mm 大孔径的钻机；当环境较复杂时，且对爆破振动强度有较大限制时，不宜采用大孔径的钻机，一般 D=80~140mm。

7）装药直径（d）

装药直径与装药结构有关，如采用药卷装药时，其药径要比孔径小 15~20mm；采用粉状炸药装填时，D=d。

8）孔深（L）与超深（h_1）

孔深由台阶高度和超深确定。

超深是指钻孔超出台阶底盘高的那一段孔深，其作用是用来克服台阶底盘岩石的夹制作用，使爆破后不残留根底，而形成平整的底部平盘。

超深选取过大，将造成钻孔和炸药的浪费，增大对下一个台阶顶板的破坏，给下次钻孔造成困难，且增大爆破地震波的强度；超深不足将产生根底或抬高底部平面的标高，而影响装运工作。

根据经验，超深值一般可按底盘抵抗线确定：

$$h_1=（0.15~0.35）W_1$$
$$h_1=（8~15）D$$

式中　W_1——底盘抵抗线。

一般超深在 0.5~3.5m 内比较合适。

141. 深孔台阶爆破的作业程序有哪些?

（1）钻孔与验孔

1）钻孔

①开口，小风压顶着打，不见硬岩不加压；

②泥浆护壁的操作程序：

a. 炮孔钻凿 2~3m；

b. 在孔口堆放一定量的含水黏黄泥；

c. 用钻杆上下移动，将黄泥带入孔内并浸入破碎岩缝内。

2）炮孔验收与保护

炮孔验收主要内容有：

①检查炮孔深度和孔网参数；

②复核前排各炮孔的抵抗线；

③查看孔中含水情况。

3）炮孔深度不能满足设计要求的主要原因有：

①孔壁破碎岩石掉落孔内造成炮孔堵塞；

②炮孔钻凿过程中岩粉吹得不干净；

③孔口封盖不严造成雨水冲垮孔口。

为防止堵孔，应该做到：

a. 每个炮孔钻完后立即将孔口用木塞或塑料塞堵好，防止雨水或其他杂物进入炮孔；

b. 孔口岩石清理干净，防止掉落孔内；

c. 一个爆区钻孔完成后尽快组织实施爆破。

（2）装药作业

1）装药前准备工作

①在爆破技术人员根据炮孔验收情况做出施爆设计后，按要求准备各孔装药的品种和数量；

②根据爆破设计准备所需要的雷管种类、段别和数量；

③检测电雷管，电雷管电阻值过大或不导通时禁止使用，并做销毁处理；

④清理炮孔附近的浮碴、石块及孔口覆盖物；

⑤检查炮棍上的刻度标记是否准确、明显；

⑥炮孔中有水时可采取措施将孔内的水排出。

常用的排水方法：

a. 采用高压风管将孔内的水吹出；

b. 当水量不大时可直接装入乳化炸药或用海绵等物蘸出来；

c. 用炸药将炮孔内的水挤出；

d. 用潜水泵将孔内水排出。

当炮孔通过的岩层比较破碎时不宜吹水，以免堵塞炮孔。

2）起爆药包制作

目前多选用筒状乳化炸药或2号岩石炸药作为起爆药包。起爆药包制作程序为：

①根据爆破设计在每个炮孔孔口附近放置相应段别的雷管；

②将雷管插入筒状乳化炸药内，并用胶布（绷绳）将雷管脚线（导爆管）与乳化炸药绑扎结实，防止脱落；

③根据炮孔深度加长雷管连接线，其长度应保证起爆网路的敷设；

④每孔一般使用两个起爆药包，确保每个炮孔装药均能起爆。

3）装药

①起爆药包位置

a. 正向起爆，起爆药包放在孔内药柱上部，也称上引爆法；

b. 反向起爆，起爆药包放在孔底，且雷管的起爆方向向上，也称下引爆法或孔底起爆法；

c. 多点起爆。起爆药包可放在炮孔中部，也可以放置在总装药长度的1/4和3/4处。

孔内仅有1个起爆药包时，起爆药包放置在距离装药底部1/4处。在工程实践中经常采用第三种形式的起爆药包位置。

②装药操作程序

a. 主装药为散状铵油炸药：

ⓐ爆破员分组，两名爆破员为一组；

ⓑ一名爆破员手持木质炮棍放入炮孔内，另一名爆破员手提铵油炸药包装药；

ⓒ散状铵油炸药顺着炮棍慢慢倒入炮孔内，同时将炮棍上下移动；

ⓓ根据倒入孔内炸药量估计装药位置，达到设计要求放置起爆药包的位置时停止倒药；

ⓔ取出炮棍，采用吊绳等方法将起爆药包轻轻放入孔内；

ⓕ放入炮棍，继续慢慢将铵油炸药倒入孔内；

ⓖ如果炮孔设计两个起爆药包，则重复步骤ⓓ～ⓕ；

ⓗ根据炮棍上刻度确定装药位置，确保填塞长度满足设计要求。

b.主装药为筒状乳化炸药：

ⓐ直接（可用吊绳）将筒状乳化炸药一节一节慢慢放入孔内；

ⓑ根据放入孔内炸药量估计装药位置，达到设计要求放置起爆药包的位置时停止装药；

ⓒ采用吊绳等方法将起爆药包轻轻放入孔内；

ⓓ继续慢慢将筒状乳化炸药一节一节放入孔内；

ⓔ如果炮孔设计两个起爆药包，则重复步骤ⓑ～ⓓ；

ⓕ接近装药量时，先用炮棍上的刻度确定装药位置，然后逐节放入炸药，保证填塞长度满足设计要求。

c.将雷管装入药卷的方法：

通常是用竹锥在药卷中部侧面扎一个直径略大于雷管的小洞，将雷管插进去。如果是电雷管，则利用雷管脚线将雷管和药卷绑紧固定，防止雷管从药卷中脱落。如图4-8所示。

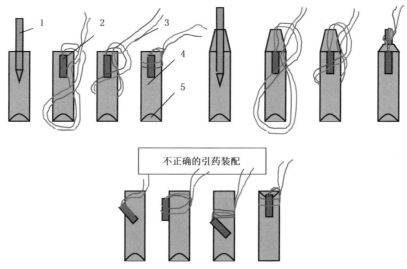

图4-8 装配起爆药卷的操作方法

1—木棍；2—电雷管；3—脚线；4—药卷；5—聚能穴

d.孔内部分有水、主装药为散状铵油炸药：

ⓐ爆破员分组，两个爆破员为一组；

ⓑ直接将筒状乳化炸药一节一节慢慢放入孔内，保证乳化炸药沉入孔底；

ⓒ根据放入孔内炸药量估计装药位置，达到起爆药包的设计位置时停止装药；

ⓓ采用吊绳等方法将起爆药包轻轻放入孔内。孔内水深时，起爆药包可能会放置在乳化炸药装药段；

ⓔ孔内存水范围内全部装乳化炸药，高出水面约 1m 以上开始装散状铵油炸药。散状铵油炸药的装药见前述程序。

e. 装药时的注意事项：

ⓐ结块的铵油炸药必须敲碎后放入孔内，防止堵塞炮孔，破碎药块时只能用木棍、不能用铁器；

ⓑ乳化炸药在装入炮孔前一定要整理顺直，不得有压扁等现象，防止堵塞炮孔；

ⓒ根据装入炮孔内炸药量估计装药位置，发现装药位置偏差很大时立即停止装药，并报爆破技术人员处理。出现该现象的原因一是炮孔堵塞炸药无法装入，二是炮孔内部出现裂缝、裂隙，造成炸药漏到其他地方；

ⓓ装药速度不宜过快，特别是水孔装药速度一定要慢，要保证乳化炸药沉入孔底；

ⓔ放置起爆药包时，雷管脚线要顺直，轻轻拉紧并贴在孔壁一侧，可避免脚线产生死弯而造成芯线折断、导爆管折断等，同时可减少炮棍捣坏脚线的机会；

ⓕ要采取措施，防止起爆线（或导爆管）掉入孔内。

f. 装药过程中发生堵孔时采取的措施

首先了解发生堵孔的原因，以便在装药操作过程中予以注意，采取相应措施尽可能避免造成堵孔。根据以往工程的经验，发生堵孔原因有：

ⓐ在水孔中由于炸药在水中下降慢，装药速度过快而造成堵孔；

ⓑ炸药块度过大，在孔内下不去；

ⓒ装药时将孔口浮石带入孔内或将孔内松石碰到孔中间，造成堵孔；

ⓓ水孔内水面因装药而上升，将孔壁松石冲到孔中间堵孔；

ⓔ起爆药包卡在孔内某一位置，未装到接触炸药处，继续装药就造成堵孔；

（3）填塞作业

计算出药量后可确定深孔的装药长度 L_1，它由每孔装药量除以每米钻孔长度的装药量。每米钻孔装药量的经验数据见表 4-2，所用炸药是 2 号岩石炸药。

$$L=L_1+L_2$$

再核算堵塞长度 $L_2=L-L_1$，这是一个主要参数，L_2 过大，如岩石坚硬，易产生大块；过小产生冲炮，增加岩石的飞散距离。

每米钻孔装药量（参考值）

表 4-2

孔径 d/mm	75	100	150	200	250
q^1/kg · m^{-1}	4.5	8	12	32	50

决定填塞长度 L_2 的因素是：D、L、起爆药包的位置、炸药的猛度、填塞材料的性质。

而另一种观点认为，决定填塞长度的因素首先是炮孔直径，其次是孔深、起爆药包位置、炸药猛度和填塞材料性质。在露天深孔爆破中，采用铵油炸药或乳化炸药，利用岩屑作为填塞材料时，其填塞长度可在下列范围内选择，即：

$$L_2=(20\sim30)D$$

实测资料表明，对于孔径 $D=250mm$ 的炮孔，填塞长度 $L_2=3\sim4m$ 时，炮孔内炸药起爆后，填塞料约以 25m/s 的平均速度运动，冲出孔口约需 150ms 时间。在此期间，岩石已基本解体。若填塞长度 5m，则已相当可靠。

1）填塞前准备工作

①利用炮棍上刻度校核填塞长度是否满足设计要求。填塞长度偏大时补装炸药达到设计要求，填塞长度不足时，应采取前述方法将多余炸药取出炮孔或降低装药高度；

②填塞材料准备。填塞材料一般采用钻屑、黏土、粗沙，并将其堆放在炮孔周围。水平孔填塞时应用报纸等将钻屑、黏土、粗沙等按炮孔直径要求制作成炮泥卷，放在炮孔周围。

2）填塞

①将填塞材料慢慢放入孔内，并用炮棍轻轻压实、堵严；

②炮孔填塞段有水时，采用粗沙等填塞。每填入 30~50cm 后用炮棍检查是否沉到底部，并压实。重复上述作业完成填塞，防止炮泥卷悬空、炮孔填塞不密实；

③水平孔、缓倾斜孔填塞时，采用炮泥卷填塞。炮泥卷每放入一节后，用炮棍将炮泥卷捣烂压实。重复上述作业完成填塞，防止炮孔填塞不密实。

3）填塞作业注意事项

①填塞材料中不得含有碎石块和易燃材料；

②炮孔填塞段有水时，应用粗沙或岩屑填塞，防止在填塞过程中形成泥浆或悬空，使炮孔无法填塞密实；

③填塞过程要防止导线、导爆管被砸断、砸破。

（4）施工时的注意事项

1）施工现场严禁烟火；

2）采用电力起爆法时，在加工起爆药包、装药、填塞、网路敷设等爆破作业现场，均不得使用手机、对讲机等无线电通信设备。

142. 什么是深孔爆破纵向台阶法？

爆破施工形成的台阶坡面走向与线路走向平行时，称为纵向台阶（图 4-9）。采用纵向台阶进行土石方施工的方法称为纵向台阶法。按纵向台阶法进行钻孔爆破时的炮孔布置方法称为纵向台阶布孔法。

纵向台阶布孔法适用于傍山半路堑开挖。对于高边坡的傍山路堑，应分层布孔，按自上而下的顺序进行钻爆施工。施工时应注意将边坡改造成台阶陡坡形式，以便上层开挖后下层边坡能进行光面或预裂爆破（图 4-10）。

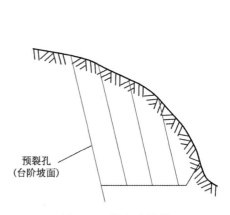

预裂孔
（台阶坡面）

图 4-9　纵向台阶法

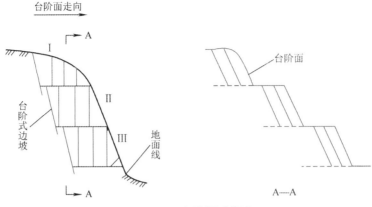

图 4-10 台阶爆破顺序

143. 什么是深孔爆破横向台阶法?

爆破施工形成的台阶坡面走向与线路走向垂直时,称为横向台阶(图 4-11)。采用横向台阶进行土石方施工的方法称为横向台阶法。按横向台阶法进行钻孔爆破时的炮孔布置方法称为横向台阶布孔法。横向台阶布孔法适用于全断面拉槽形式的路堑和站场开挖。

对于全断面拉槽形式的站场开挖,为加快施工进度,可同时从山体两侧向中间进行深孔爆破作业,见图 4-11(b)。单线的深拉槽路堑开挖,由于线路狭窄,开挖工作面小,爆破容易破坏或影响边坡的稳定性,因此在采用横向台阶法时,最好分层布孔,为便于施工和减少岩石的夹制作用,每层的台阶高度不宜过大,以 6~8m 为宜。

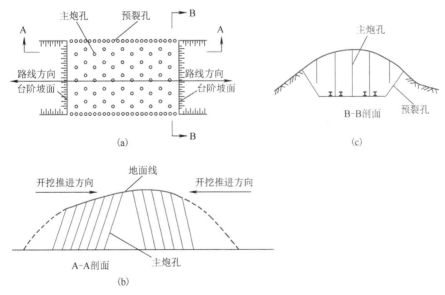

图 4-11 横向台阶法

在布置钻孔时,对于上层边孔可顺着边坡布置倾斜孔进行预裂爆破,而下层因受上部边坡的限制,边孔通常不能顺边坡钻凿倾斜孔。在这种情况下,可布置垂直孔进行松动爆破，但边坡的垂直孔深度不能超过边坡线（图4-12）。如果下层边坡采用预裂爆破，那么边坡需要改造成台阶形式。

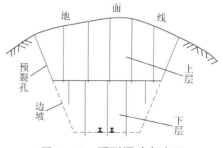

图 4-12　预裂爆破布孔图

布孔时还要注意：

（1）开挖工作面不平整时，选择工作面的凸坡或缓坡处布孔，以防止在这些地方因抵抗线过大而产生大块；

（2）在底盘抵抗线过大处要在坡脚布孔，或加大超深，以防止产生根坎和大块；

（3）地形复杂时，应注意钻孔整个长度上的抵抗线变化，特别要防止因抵抗线过小而出现飞石现象。

144. 什么是毫秒爆破?

毫秒爆破就是将群药包以毫秒级的时间间隔分成若干组，按一定顺序起爆的一种爆破方法，因此毫秒爆破又叫微差爆破。毫秒爆破与普通爆破比较有以下特点：

（1）通过药包间不同时间起爆，使爆炸应力波相互迭加、加强破碎效果。

（2）创造新的动态自由面，减少岩石夹制作用，提高岩石的破碎程度和均匀性，减少了炮孔的前冲和后冲作用。

（3）爆后岩块之间的相互碰撞，产生补充破碎，提高爆堆的集中程度。

（4）由于相应炮孔先后以毫秒间隔起爆，爆破产生的地震波的能量在时间和空间上分散，地震波强度大大降低。在采矿和石方爆破中，常用的间隔时间为25~80ms。毫秒爆破的起爆顺序多种多样，可根据工程所需的爆破效果及工程技术条件选用。主要的起爆顺序有：排间顺序起爆、孔间顺序起爆、波浪式起爆、"V"形起爆、梯形起爆、对角线（或称斜线）起爆。见图4-13。

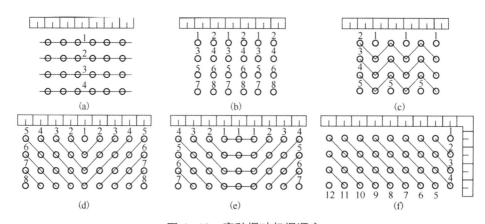

图 4-13　毫秒爆破起爆顺序

（a）排间顺序起爆；（b）孔间顺序起爆；（c）波浪式起爆；（d）"V"形起爆；（e）梯形起爆；（f）对角线起爆。

145. 什么是光面爆破与预裂爆破?

（1）光面爆破

光面爆破就是沿开挖边界布置密集炮孔，采取不耦合装药或装填低威力炸药，在主爆区之后起爆，以形成平整的轮廓面的爆破作业。

光面爆破主要应用在隧道、平硐各种硐室开挖和竖井、桩井等各种井筒开挖。一般情况下，爆破后壁面平整，不平整度在 10~20cm，壁面上留有半个光爆孔。见图 4-14。

图 4-14　光面爆破效果图

采用光面爆破技术时应该注意的几个问题：

1）合理选择爆破参数

根据经验，光面爆破的最小抵抗线一般是正常采掘爆破的 0.6~0.8 倍，炮孔间距是自身抵抗线的 0.7~0.8 倍。光面爆破的钻孔直径一般等于正常钻孔直径，在有条件的情况下，宜取小一些的值。对于光面爆破钻孔直径在 90mm 以上时，其不耦合系数（所谓不耦合系数是指炮孔直径与药卷直径的比值）一般在 2~5 范围内，线装药密度通常为 0.8~2.0kg/m。

2）科学装药与确定起爆时间

药卷尽量固定在钻孔中央，使周围留有环形空隙。在起爆时间上，光爆孔的起爆时间必须迟于主爆孔的起爆时间，通常是滞后 50~75ms。

3）控制好采掘爆区的最后几排的爆破

临近边坡或者需要保护的围岩的最后几排炮孔中的装药量要适当减少，最后几排最好采用缓冲爆破处理。

4）严格施工要求

光面爆破的钻孔要做到"平"、"正"、"齐"。特别是在边界平面的垂直方向上，对于露天采矿爆破，钻孔偏差不允许超过 ±（15~25）cm；对于隧道爆破，钻孔偏差不允许超过 ±（2~5）cm。

（2）预裂爆破

预裂爆破就是沿开挖边界布置密集炮孔，采取不耦合装药或装填低威力炸药，在主爆区之前起爆，从而在爆区与保留区之间形成预裂缝，以减弱主爆孔爆破对保留岩体的破坏并形成平整轮廓面的爆破作业。见图4-15。

图4-15　预裂爆破效果图

由于有这条裂缝与保护边坡或围岩分开，使得采掘区正常爆破的地震波在裂缝面上产生较强的反射，大大地减弱了透过裂缝的地震波强度，从而保护了边坡的稳定。

预裂爆破主要应用在各类边坡保护上，也用于降低爆破地震对保护目标的振动破坏程度。在进行预裂爆破作业中，需要注意以下几个问题：

1）预裂缝

一般情况下，对预裂有以下要求：

①预裂缝要连续且能达到一定的宽度，宽度要求不小于1~2cm；

②预裂面要平整，一般要求预裂面的不平整度不超过±（15~20）cm；

③在预裂面上要留有半个钻孔的孔壁，一般情况下，要求人眼睛能看到的孔痕率大于50%~80%。

2）基本参数

关键是合理地确定孔径、孔距和装药量。

①孔径：对于预裂爆破的孔径要求原则是：在有条件的情况下，尽量取小值，减小炮孔的直径；

②不耦合系数：生产实践表明，不耦合系数大于2，才能获得较好的效果；

③孔距：预裂爆破的孔距一般取钻孔直径的7~12倍，比如：预裂爆破钻孔的孔径是90mm，则孔距一般可以取0.63~1.08m。具体取值主要根据爆区的岩性等参数来确定；

④药量：钻孔的装药量以及装药在炮孔中的分布是影响预裂爆破效果的重要因素。

3）装药与起爆

在预裂爆破孔内装填炸药时，药卷最好是均匀连续地布置在炮孔中心线上，使周围形成均匀的环形空隙，爆破效果才佳。工程中一般做法是：一是在一定直径的硬质塑料管中连续装药，在整个管内贯穿一根导爆索；二是采用间隔装药法，根据线装药密度，将药卷按一定间距固定在一根导爆索上，形成一个断续的炸药串。孔口不装药的部分应用砂子或者岩粉堵塞，堵塞长度一般为0.6~1.5m。

4）施工技术

要保证钻孔的精度，孔底的钻孔偏差不应超过 15~20cm，特别是要控制垂直预裂面方向的偏差，这样才能保证壁面平整。

5）起爆时间的控制

一般有两种做法：一是预裂爆破与采掘爆破（或者主体爆破）分开起爆，预裂爆破先爆破；二是预裂爆破和采掘爆破（或者主体爆破）同时点火，预裂孔至少比主爆孔提前100ms 时间以上起爆。

第二节　隧道掘进爆破

146. 什么是隧道钻爆法?

岩石隧道开挖方法有传统的钻爆法和机械开挖隧道掘进机法。钻爆法又称矿山法，是以钻孔和爆破破碎岩石为主要工序的隧道断面开挖的施工方法，钻爆法对地质条件适应性强，开挖成本低，特别适于坚硬岩石隧道、破碎岩体隧道及大量中短隧道施工，是隧道开挖最常用的施工方法。尽管岩石掘进机已经在国内外很多长大隧道中获得了应用，但在今后相当长的一段时间里，钻爆法仍将是岩石隧道掘进的主要手段，特别是在坚硬岩石隧道、破碎岩石隧道和大量的中、短隧道的掘进施工中。

钻爆法开挖隧道的缺点是劳动强度大、施工环境较差，但随着岩石爆破技术的进步和机械化程度的提高，钻爆法的优势必将得到进一步的发挥。

147. 隧道施工有哪些特点?

铁路、公路交通等隧道爆破与矿山巷道掘进爆破原理基本相同，但其具有以下特点：

（1）隧道断面尺寸大，其高度和跨度一般超过 6.0m，双线铁路和高速公路隧道跨度以大断面和超大断面为主（表 4-3），爆破中应重视对围岩保护。

（2）隧道地质条件复杂，尤其浅埋隧道（埋深小于 2.0 倍隧道跨度）岩石风化破碎，受地表水、裂隙水影响较大，岩石节理、裂隙、软弱夹层、滴漏水直接影响钻孔和爆破效果。

国际隧道协会对隧道断面的划分　　　　　　　　　　　　　　　　　　表 4-3

划　分	断面积 /m²
超小断面	<3.0
小断面	3.0~10.0
中等断面	10.0~50.0
大断面	50.0~100.0
超大断面	>100.0

（3）隧道服务年限长，造价昂贵，在运营中应减少维修，避免中断交通，施工中必须

保证良好的质量。

（4）隧道爆破钻孔质量和精度要求高，孔位、方向和深度要准确，使爆破断面达到设计标准，超、欠挖在允许范围之内，确保隧道方向的准确性。

148. 隧道的常用开挖方法有哪些？

隧道开挖常用方法有全断面法、台阶法、CD法、CRD法、双侧壁导坑法（孔镜法）和中导洞超前预留光爆层法。根据隧道的断面大小、地质情况、围岩性质和施工队伍素质等综合考虑选取开挖方法。一般情况下，在Ⅰ、Ⅱ、Ⅲ级围岩地段采用全断面方法，在Ⅳ、Ⅴ级围岩地段采用台阶法。在比较破碎围岩地段，隧道断面特大地段或超浅埋地段，采用CD法、CRD法或双侧壁导坑法。在Ⅰ、Ⅱ、Ⅲ级围岩地段，隧道断面较大时，采用中导洞超前预留光爆层法。

149. 隧道爆破施工有哪些特点？

隧道爆破是在只有一个临空面的单自由面条件下的爆破，其爆破技术和主要作业工序与巷道爆破大同小异，其特点如下：

（1）掘进断面大，一次爆破量大。

（2）地质条件变化大，隧道的入口段多为破碎的全风化岩石，尤其是浅埋隧道，可能整个隧道均处于风化围岩之中，岩石的节理、软弱夹层、断层破碎带和涌水等对爆破影响大，而且原始地应力变化也较大。

（3）隧道施工大、重型施工设备相对较多，隧道内施工场地相对狭小，作业受到较多的限制。

因此，隧道爆破除了要求循环进尺、炮孔利用率、炸药消耗等指标外，对岩石破碎块度、爆堆形状、抛掷距离、隧道围岩稳定性影响、周边成形和爆破振动控制等具有更高的要求。

150. 如何布置隧道爆破的炮孔？

为了适应大断面隧道爆破施工的要求，隧道爆破各部位的炮孔有比一般巷道更加细致的划分，一般隧道炮孔的名称位置见图4-16。

（1）掏槽孔，即开挖断面中下部，最先起爆、担负掏槽爆破的炮孔。

（2）扩槽孔，即随掏槽孔之后起爆的一部分炮孔。

（3）边墙孔，即直墙部位的炮孔。

（4）拱顶孔，即隧道拱圈部位的炮孔。

（5）周边孔，即周边轮廓线上的炮孔。

（6）底板孔，即隧道最底部的一排炮孔。

（7）二台孔，即底板孔上面的一排炮孔。

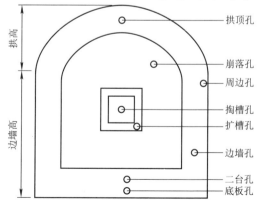

图4-16　隧道爆破各部位炮孔名称

（8）崩落孔，即其他爆破岩石的炮孔，又称掘进孔。

151. 常用掏槽形式有哪些?

（1）楔形掏槽

楔形掏槽是隧道掏槽爆破的主要形式，有单级楔形掏槽和多级复式楔形掏槽，循环进尺较大时宜采用多级复式楔形掏槽，如二级复式楔形掏槽（图 4-17）、三级复式楔形掏槽（图 4-18）和多级复式楔形（图 4-19）。楔形掏槽形式的选取与隧道断面、循环进尺和岩石硬度及炸药有关，根据经验和工程类比确定，也可参考表 4-4 中数据。

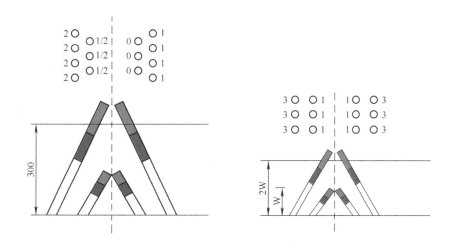

图 4-17　二级复式楔形掏槽

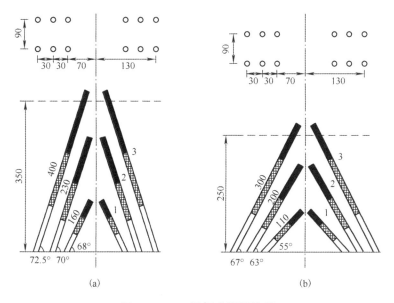

图 4-18　三级复式楔形掏槽

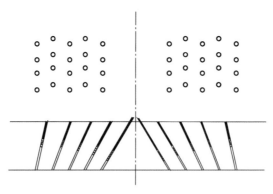

图 4-19 多级复式楔形掏槽

楔形掏槽使用循环进尺参考数值（单位：m）   表 4-4

掏槽形式	单级楔形	二级楔形	三级楔形	多级楔形
中硬岩	1.5~2.0	2.0~3.0	2.5~4.0	>4.0
硬岩	1.2~1.5	1.5~2.5	2.0~3.5	>3.0

楔形掏槽的关键技术：

1）楔形掏槽的掏槽孔倾斜角度（掏槽角）与岩性和隧道断面有关，一般为 60~75℃，上下排距为 40~90cm；

2）大断面隧道采用楔形掏槽时，应尽量加大第一级掏槽孔之间的水平距离，缩小掏槽角；

3）楔形掏槽炮孔深度大于 2.5m 时，底部 1/3 炮孔长度加强装药或装高威力炸药；

4）填塞长度一般为炮孔长度 20%，但不少于 40cm；

5）楔形掏槽应使用毫秒延时爆破，每级掏槽孔尽量同时起爆，各级之间时差以 50ms 为宜。

（2）小直径中空直孔掏槽

直孔掏槽是由彼此距离很近，垂直于开挖面且相互平行的若干炮孔组成，其中布设一个或几个不装药的空孔作为装药孔的临空面，当空孔直径与装药孔相同时称为小直径中空直孔掏槽，或简称直孔掏槽，其形式和参数同巷道爆破，隧道中常用的几种形式见表 4-5。

小直径中空直孔掏槽布置模式   表 4-5

龟裂直孔掏槽	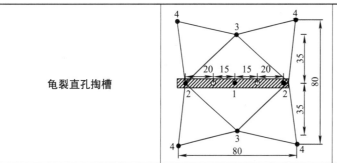	龟裂掏槽装药量不少于炮孔深度 **90%**

续表

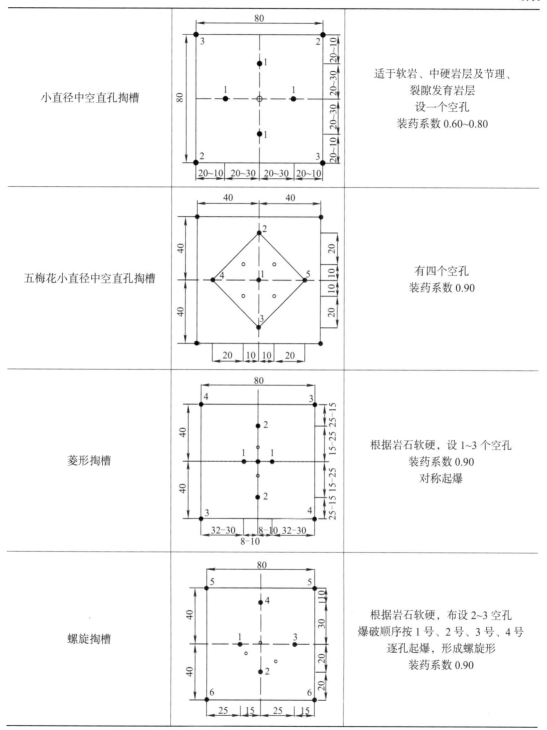

小直径中空直孔掏槽	适于软岩、中硬岩层及节理、裂隙发育岩层 设一个空孔 装药系数 0.60~0.80
五梅花小直径中空直孔掏槽	有四个空孔 装药系数 0.90
菱形掏槽	根据岩石软硬，设 1~3 个空孔 装药系数 0.90 对称起爆
螺旋掏槽	根据岩石软硬，布设 2~3 空孔 爆破顺序按 1 号、2 号、3 号、4 号逐孔起爆，形成螺旋形 装药系数 0.90

（3）大直径中空直孔掏槽

大直径中空直孔掏槽的中心中空直孔直径 75~120mm，一般是 1 个空孔，根据条件也有时采用 2~4 个空孔。深孔大直径中空直孔掏槽基本类型有菱形掏槽、对称掏槽及螺旋掏槽，其典型模式见表 4-6，表 4-7 为双螺旋掏槽布置图及参数。

大直径中空直孔掏槽常用形式 表 4-6

名　称	形　式	参　数	技术要求
菱形掏槽		$L_1=（1～1.5）D$ $L_2=（1.5～1.8）D$	1. 装药系数 0.85～0.95，浅孔堵塞长度 10～20cm，深孔堵塞长度 20～40cm； 2. 使用毫秒雷管，按设计的起爆顺序起爆； 3. 钻孔之间平行，控制掏槽孔之间距离，防止殉爆产生； 4. 控制掏槽孔的药量，防止"压死"现象，避免拒爆产生
对称掏槽		一个空孔： $W=1.2D$ 两个空孔： $W=1.2×2D$ $b=0.7a$	

双螺旋掏槽布置参数（单位：mm） 表 4-7

空孔直径	a	b	c	d	e	f	g	h	i	布置图
75	465	340	160	120	235	245	270	75	110	
85	496	365	175	130	250	270	290	85	120	
100	558	410	190	140	280	300	325	95	130	
110	600	443	205	150	305	330	350	105	140	
125	687	505	235	175	350	375	400	115	160	
150	780	580	280	210	400	430	455	125	190	
200	900	700	385	365	500	540	570	170	250	

（4）直孔掏槽的主要影响因素

掏槽爆破目的是在开挖面上形成槽腔（自由面），使其余炮孔能向槽腔顺利地爆破。槽腔能否形成是掏槽爆破设计和施工的关键，直孔掏槽在设计时应考虑以下影响因素：

1）岩石的特性和岩层结构的影响

岩石的特性主要是指岩石的可爆性，要判定岩石属塑性岩石还是脆性岩石，一般塑性岩石较脆性岩石掏槽困难。岩层结构是指层理、断层、裂隙、软弱夹层等地质构造。岩石的特性及构造是影响掏槽爆破的最主要因素。一般来说，脆性且完整性好的岩石，有利于大直径中空直孔掏槽爆破成功。

2）空孔直径和数量

空孔是掏槽爆破中为装药孔预先设置的自由面，给装药孔爆破后岩石破碎和膨胀岩体提供空间。空孔直径大小和数量空间既要满足岩块移动需要，同时满足岩石膨胀余量的要求。隧道施工空孔直径主要受钻孔设备的限制，一般空孔直径为 75~100mm，空孔个数 2~4 个。

3）掏槽孔与空孔的距离

在考虑碎石完全抛出的条件下，装药孔至空孔距离的计算参考公式：

$$A = a + \frac{\phi + d}{2}$$

$$a = \frac{\pi}{\lambda}\left(\frac{\phi^2 + d^2}{\phi + d}\right)$$

式中　A——空孔中心至装药孔中心的间距，mm；

　　　ϕ——空孔直径，mm；

　　　d——装药孔直径，mm；

　　　a——空孔壁至装药孔孔壁的最小距离，mm；

　　　λ——与岩石种类、岩性、结构有关的系数（中硬以下取 1.4~1.9，中硬以上取 1.9~2.2）。

4）炸药的性能与装药量

炸药的性能直接影响掏槽爆破的效果和抛掷率，原则上应选用炸药性能与岩石阻抗相匹配的炸药，为克服孔底夹制作用，孔底可采取加强装药措施，耦合装药或选用高威力炸药。

在设计和施工中，装药量基本以装药长度来确定，浅孔堵塞长度 10~20cm，深孔堵塞长度 20~40cm，其余全部装药，装药系数 0.90~0.95，炸药单耗（1.4~1.8）kg/m³。

兰格福斯提出的装药量计算公式：

$$q = 1.5 \times 10^{-3} \left(\frac{A}{\phi}\right)^{3/2} \left(A - \frac{\phi}{2}\right)$$

式中　q——线装药密度，kg/m；

　　　A——装药孔与空孔之间距离，mm；

　　　ϕ——空孔直径，mm。

5）钻孔偏差的允许值

直孔掏槽炮孔必须互相平列，钻孔偏差直接影响大直径中空直孔掏槽的成败。

6）起爆顺序与时差

大直径中空直孔掏槽必须采用毫秒延时起爆，起爆顺序按设计，起爆时差 50~100ms，第一段采用正向起爆，其余均应采用反向起爆。

152. 什么是周边孔光面和预裂爆破？

（1）影响光面爆破和预裂爆破的因素

1）地质条件影响

地质条件是影响光面、预裂爆破效应最主要因素。岩石特性、岩石的地质结构、岩石的风化程度，直接影响光面、预裂爆破效果。一般硬岩、中硬岩、岩石完整性较好的岩体，有利于光面、预裂爆破，宜采用中深孔光面、预裂爆破。当地质复杂，裂隙发育和风化程度较严重部位，应适当缩小孔距，减小线装药密度，这样有利于光面形成，即使没有留下半孔，但对围岩扰动也较小。

2）钻孔精度的影响

钻孔精度主要体现两方面内容：

①尽量克服开孔误差、钻孔角度误差、测量放线误差、严格控制钻孔外插角度和外插量，保证轮廓面平整成型；

②确定孔距 E 和光爆层厚度 $W_光$ 的关系以保证光面效果，一般取：$E=0.8W_光$。

3）爆破技术和施工工艺

爆破技术和施工工艺包括：

①选择低密度、低爆速的专用光面爆破炸药；

②采用不耦合装药，不耦合系数取：$1.25 \leq D \leq 2.0$ 范围内；

③线装药密度合理，防止过大或过小；

④不耦合间隔装药采用导爆索连接，防止装药太集中；确保填塞质量；

⑤光面、预裂爆破最好采用齐发爆破，需要控制时，齐发数量不应小于 5 发，延时时间小于 25ms 为宜。

（2）光面、预裂爆破参数

光面爆破主要参数有：炮孔间距 E、光爆层厚度 W、周边孔的密集系数 m、不耦合系数 D 和线装药密度 q，一般取：

$E=（8\sim18）d$ 　　或 $E=（0.5\sim0.7）m$

$W=（10\sim12）d$ 　　或 $W=（0.6\sim0.8）m$

$m=E/W$ 　　或 $m=0.7\sim1.0$

$D=d_孔/d_炸$ 　　或 $D=1.25\sim2.0$

$q=（0.1\sim0.2）kg/m$

预裂爆破主要参数有：炮孔间距 E、不耦合系数 D 和线装药密度 q。一般取：

$E=（8\sim15）D$ 　　或 $E=（0.4\sim0.6）m$

$D=d_孔/d_炸$ 　　或 $D=1.25\sim2.0$

$q=（0.25\sim0.4）kg/m$

光面、预裂爆破参数通常根据工程具体条件，利用类似工程数据，对照综合考虑确定，通过现场试爆，不断调整和完善，以获得较好爆破效果。影响周边孔爆破参数的因素有：①地质条件；②炸药种类；③开挖断面大小及形状；④钻孔机具设备；⑤开挖方法等。

（3）隧道光面、预裂爆破效果评定

评定隧道光面、预裂爆破质量，目前国内尚无统一标准。应根据不同用途（水下隧道，地下铁道，公路、铁路交通隧道等）、不同技术要求，合理拟定质量评定标准，表4-8是地下工程检验标准，可供参考。

隧道光面爆破质量评定标准　　　　表 4-8

序　号	项　　目	硬　岩	中硬岩	软　岩
1	平均线性超挖量 /cm	16~18	18~20	20~25
2	最大线性超挖量 /cm	20	25	25
3	两炮衔接台阶最大尺寸 /cm	15	20	20
4	炮孔痕迹保存率 /%	≥ 80	≥ 70	≥ 50
5	局部欠挖量 /cm	5	5	5
6	炮孔利用率 /%	90	90	95

153. 如何选择与计算炸药单耗与药量?

（1）炸药单耗 q 值的确定

单位炸药消耗量的大小取决于炸药性能、岩石性质、巷道断面、炮孔直径和炮孔深度等因素。在实际工程中，多采用经验公式和参考国家定额标准来确定。

1）修正的普氏公式

修正的普氏公式具有下列简单的形式。

$$q = 1.1 K_0 \sqrt{\frac{f}{S}}$$

式中　q——单位炸药消耗量，kg/m^3；

　　　f——岩石坚固性系数；

　　　S——巷道掘进断面面积，m^2；

　　　K_0——考虑炸药爆力的校正系数，$K_0 = 525/p$，p 为爆力，mL。

2）定额与经验值

在实际应用过程中，应根据国家定额或工程类比法选取单位炸药消耗量数值，通过在工程实践中不断加以调整，确定合理的使用值。

表 4-9 为铁路隧道不同部位炮孔的单位炸药消耗量 q 常用值，表 4-10、表 4-11 为部分隧道实际炸药单耗值。

隧道不同部位炮孔的单位炸药消耗量 q 值　　　　表 4-9

岩石名称	岩体特性	f 值	$q/kg·m^{-3}$		
			掏槽孔、扩槽孔	崩落孔、二台孔	周边孔、拱顶孔与边墙孔
土夹石、页岩、千枚岩	密实的	1~4	1.2~1.4	0.80~1.00	0.4~0.6
	风化破碎	2~4	1.0~1.2	0.70~0.85	0.4~0.5
	完整、风化轻微	4~6	1.2~1.3	0.85~0.95	0.5~0.6
板岩、泥灰岩	泥质、薄层、层面张开、较破碎	3~5	1.1~1.3	0.75~0.95	0.4~0.6
	较完整、层面闭合	5~8	1.2~1.4	0.85~1.05	0.5~0.7

岩石名称	岩体特性	f 值	q/kg·m⁻³		
			掏槽孔、扩槽孔	崩落孔、二台孔	周边孔、拱顶孔与边墙孔
砂岩	泥质胶结、中薄层或风化破碎层	4~6	1.0~1.2	0.70~0.85	0.4~0.5
	钙质胶结，中厚层，中细类结构，裂隙不甚发育	7~8	1.3~1.4	0.90~1.00	0.5~0.6
砾岩	硅质胶结，石英质砂岩，厚层，裂隙不发育，半风化	9~14	1.4~1.7	1.00~1.20	0.6~0.7
	胶结较差，砾石以砂岩或较不坚硬的岩石为主	5~8	1.2~1.4	0.85~1.00	0.5~0.6
	胶结好，以较坚硬的砾石组成赤风化	9~12	1.4~1.6	1.00~1.15	0.6~0.7
白云岩、大理岩	节理发育，较疏松破碎，裂隙频率大于 4 条/m	5~8	1.2~1.4	0.85~1.00	0.5~0.6
	完整、坚实的	9~12	1.5~1.6	1.05~1.15	0.6~0.7
石灰岩	中薄层，或含泥质的，或片状，竹叶状结构的及裂隙较发育的	6~8	1.3~1.4	0.90~1.00	0.5~0.6
	厚层，完整含硅质，致密的	9~15	1.4~1.7	1.00~1.20	0.6~0.7
花岗岩	严重风化，节理裂隙很发育，多组节理交割，裂隙频率大于 5 条/m	4~6	1.1~1.3	0.75~0.95	0.4~0.6
	风化较轻，节理不甚发育或半风化的微晶、粗晶结构的	7~12	1.3~1.6	0.95~1.15	0.6~0.7
流纹岩、粗面岩、蛇纹岩	结晶均质结构，半风化，完整致密岩体	12~20	1.6~1.8	1.15~1.30	0.7~0.8
	较破碎的	6~8	1.2~1.4	0.85~1.05	0.5~0.7
	完整的	9~12	1.5~1.7	1.10~1.25	0.7~0.8
片麻岩	片埋或节埋裂隙发育的	5~8	1.2-1.4	0.83~1.05	0.5~0.7
	完整坚硬的	9~14	1.5~1.7	1.10~1.25	0.7~0.8
正长岩、闪长岩	较风化，整体性较差的	8~12	1.3~1.5	0.90~1.10	0.5~0.7
	半风化，完整致密的	12~18	1.6~1.8	1.15~1.30	0.7~0.8
石英岩	风化破碎，裂隙频率大于 5 条/m	5~7	1.1~1.3	0.80~0.95	0.5~0.6
	中等坚硬，较完整的	8~14	1.4~1.6	1.00~1.15	0.6~0.7
安山岩、玄武岩	根坚硬完整致密的	14~20	1.7~2.0	1.20~1.45	0.7~0.9
	受节理裂隙切割的	7~12	1.3~1.5	0.95~1.10	0.6~0.7
	完整坚硬致密的	17~20	1.6~2.0	1.15~1.45	0.7~0.9
辉长岩、辉绿岩、橄榄岩	受节理裂隙切割的	8~14	1.4~1.7	1.00~1.20	0.6~0.7
	很完整、很坚硬致密的	14~25	1.8~2.1	1.30~1.50	0.8~0.9

几座中硬岩、硬岩隧道实际 q 值表 表 4-10

隧道名	地质条件	开挖方法	开挖面积 /m²	孔深 /m	孔径 /mm	炮孔数 / 个	炸药类型	q/kg·m⁻³
蜜蜂箐 2 号	泥质厚层砂岩 f=4~5	全断面光面爆破	46	2.5	ZC—419 台车	91	硝铵炸药	1.36~1.46
普济	泥砂岩 $R_{压}$=31.8MPa	全断面光面爆破	50	1.8	50	126	硝铵炸药	1.8
栗家湾 2 号	Ⅲ级围岩 （线性布孔）	全断面光面爆破	约90	3.2	48	136	硝铵炸药	约0.87
雷公尖	中厚层隐晶质灰岩 Ⅱ～Ⅲ级	全断面预裂爆破	100.7	5.0	48	200	抗水、硝铵	1.7~1.8
军都山	V级围岩	全断面光面爆破	90	5.0	48	185	抗水、硝铵	1.71~1.99
大瑶山	砂岩、板岩、Ⅱ～Ⅲ级	全断面光面爆破	96.2	5.0	48	180	防水、硝铵	1.63
花果山	花岗岩Ⅳ类已有 3.8×4.0m 导坑	全断面光面爆破	75.72	3.2	48	142	乳胶、硝铵	1.66
大瑶山	砂岩板岩Ⅱ～Ⅲ级	全断面预裂爆破	101.3	5.0	48	198	水胶、防水、硝铵	1.95
花果山	花岗岩Ⅱ级	全断面光面爆破	93.5	5.0	48	198		1.43
白家湾	Ⅱ～Ⅲ级	全断面光面爆破	81~85	4.0	48	100~200		1.80
河南寺	Ⅱ～Ⅲ级	全断面光面爆破	81~85	5.0	48	180~200		1.68

几座软岩隧道实际 q 值及相关参数 表 4-11

隧道名	地质条件	开挖方法	开挖面积 /m²	孔深 /m	孔径 /mm	炮孔数 / 个	炸药类型	q/kg·m⁻³
枫林 1 号	砂质页岩类	拱顶光面	15.3	0.8~1.0	45	66	岩石硝铵	0.3~0.4
南岭	泥质页岩类	半断面微台阶	上 32.06, 下 63.70	1.1	45	上 111 下 120	岩石硝铵	上 0.52 下 0.31
下坑	千枚岩 f=1~1.5	半断面微台阶	上 14.5, 下 30.77	1.0	45	上 65 下 67	岩石硝铵	上 0.61 下 0.42
大瑶山	0 号断层、砂岩类	全断面预裂	101.3	1.1	48	168	乳胶与硝铵	0.73
大瑶山	九号断层板岩类	全断面预裂	72.5	1.3	48	147	乳胶与硝铵	0.75

续表

隧道名	地质条件	开挖方法	开挖面积/m²	孔深/m	孔径/mm	炮孔数/个	炸药类型	q/kg·m^{-3}
花果山	断层破碎带花岗岩类	半断面正台阶	上 44.25,下 53.25	3.0	48	上 116 下 94	水胶与硝铵	上 1.24 下 0.74
韩家河	片麻岩、断层破碎带	半断面正台阶	上 10.88,下 23.24	3.0	42	上 38 下 38	岩石硝铵	上 1.74 下 0.7
重庆人防	砂泥岩互层 f=2.5~6	分部开挖	50	1.6	42	294	岩石硝铵	1.2

（2）药量计算

隧道开挖爆破，不同部位炮孔所起的作用不同，相应地，各部位炮孔的装药量也是不同的。

周边孔采用光面和预裂爆破时，单孔装药量按照线装药密度和孔深计算：

$$Q_i=q_1L$$

掏槽孔和崩落孔的单孔药量一般通过装药系数调整，其计算公式为：

$$Q_i=q_1L\eta$$

式中　Q_i——单孔药量，kg；

　　　q_1——每米炮孔的线装药密度，kg/m。

$$q_1=\frac{1}{4}\pi d_e^2\rho_e$$

　　　d_e——装药直径，m；

　　　ρ_e——炸药密度，kg/m³；

　　　η——装药系数，见表 4-12。

隧道爆破各类炮孔装药系数 η 参考值　　　　表 4-12

炮孔名称	掏槽孔	扩槽孔	掘进孔	内圈孔	二台孔	底板孔	备　注
全断面装药系数	93%	85%	80%	62%	82%	85%	全断面一次成型
有下导坑装药系数		62%	72%	62%	77%	83%	有 4m×3.8m 的超前导坑

铁路隧道爆破中各个部位炮孔的装药量通常按下式来计算：

$$Q_i=qaWL\lambda$$

式中　Q_i——单孔装药量，kg；

　　　q——单耗，kg/m³；

　　　a——炮孔间距，m；

　　　W——最小抵抗线，m；

　　　L——炮孔深度，m；

　　　λ——炮孔所在部位系数，可参阅表 4-13 选取。

炮孔部位系数 λ   表 4-13

炮孔部位	掏槽炮孔	扩槽炮孔	掘进槽下	掘进槽侧	掘进槽上	内圈炮孔	二台炮孔	底板炮孔
软岩	2.0~3.0	1.5~2.0	1.0~1.2	1.0	0.8~1.0	0.8~1.0 预 0.5~0.8 光	1.2·1.5	1.5~2.0
中硬岩、硬岩	1.0~2.0	1.2	1.0	0.95	0.9	0.85	1.05	1.1

隧道爆破一个循环的准确药量应当在炮孔布置完成后统计得出:

$$Q = \sum Q_i = Q_1 + Q_2 + Q_3$$

式中　Q——循环总炸药量,kg;

　　　Q_i——单个炮孔炸药量,kg;

　　　Q_1——掏槽孔总炸药量,kg;

　　　Q_2——崩落孔总炸药量,kg;

　　　Q_3——周边孔总炸药量,kg。

在设计过程中,循环的总药量可以按下式计算:

$$Q = qLS\eta = qL'S$$

式中　q——单位炸药消耗量,kg/m³;

　　　L——钻孔深度,m;

　　　L'——循环进尺,m;

　　　S——掘进断面,m²;

　　　η——炮孔利用率。

154. 如何选择与设计隧道爆破参数?

(1)循环进尺

隧道掘进的循环进尺主要受钻孔设备能力、工程进度要求和岩石特性等的影响,需要综合考虑确定,从经济效益考虑,循环进尺宜取大值,但还要综合考虑钻孔机械的最大钻进深度、钻孔的效率、与之配套装运机械设备的装运能力、岩体所能承受的爆破地震动强度、循环作业能力等因素。

(2)炮孔直径和炮孔数目

隧道全断面深孔爆破,断面较大,只要掏槽设计合理,掏槽爆破成功,其他炮孔的爆破类似于露天深孔爆破,因此可以采用较大炮孔直径,以减少炮孔数目及钻孔工作量。一般炮孔直径越大,钻孔数量越小,岩碴块度也相对大一些。

炮孔数目与掘进断面、岩石性质、炮孔直径、炮孔深度和炸药性能等因素有关。确定炮孔数目的基本原则是在保证爆破效果的前提下,尽可能地减少炮孔数目。通常可按下式估算:

$$N = 3.3\sqrt[3]{fS^2}$$

式中　N——炮孔数目,个;

　　　f——岩石坚固性系数;

　　　S——隧道掘进断面面积,m²。

上式没有考虑炸药性能、药卷直径和炮孔深度等因素对炮孔数目的影响。

（3）炮孔布置

炮孔布置原则见表4-14。

炮孔布置原则 表4-14

序号	炮孔名称	布置位置	布置原则
1	掏槽孔	隧道中心偏下	为了便于装运、爆后找顶及喷混凝土等作业，要求碴堆集中一些、堆得高一些，为此掏槽区应布置在断面的中下方
2	周边孔	沿隧道掘进周边轮廓线布置	隧道光面和预裂爆破，孔距 E 和光爆层厚度 $W_光$ 的关系以保证光面效果，一般取：$E=0.8W_光$
3	扩槽孔、内圈孔	围绕掏槽孔布置	扩槽孔、内圈孔比掘进孔密。为确保爆破效果，为后续炮孔创造良好临空面，扩槽孔应适当加密
4	二台孔、底板孔	底板及底板附近	二台孔、底板孔要克服先爆炮孔产生的岩碴增加的负荷，因此也应适当加密。他们的间距或抵抗线一般为掘进孔的80% 左右
5	崩落孔	掏槽孔与周边孔之间	崩落孔一般均匀布置即可，可采用线性布置形式，也可采用环形布置形式。一般情况下，抵抗线应小于同排（同一环形）炮孔间距，常为炮孔间距的80%~100%。目前国内也有采用大孔距小抵抗线的线性布置形式，炮孔间距为抵抗线的1.5~2 倍

（4）装药结构

隧道爆破炮孔中的炸药有正向和反向起爆，研究表明：掏槽孔的首段应该采用正向装药起爆，其他孔采用反方向装药起爆。

当采用周边预裂爆破时，周边孔应该采用瞬发雷管正向起爆，其他与光面爆破相同。

（5）选择合理的段间隔时间

从减振观点来看，每段起爆间隔时差应大于50ms，但每段起爆间隔时间又不宜过长，间隔时间过长，能量不能互相作用，后段爆破不能起补充前段爆破的破碎作用和抛掷作用。大瑶山隧道的经验：掏槽爆破段间隔时间为50~75ms，后续炮孔逐段安排，段间隔时间大的达到200~300ms。

当爆破对隧道周围设施有影响时，按受影响设施的最大允许振动速度值确定最大一段允许炸药量：

$$Q_m = R^3 \left(\frac{V_m}{k} \right)^{3/\alpha}$$

式中　Q_m——最大一段允许炸药量，kg；

V_m——受影响设施的允许振速，cm/s；

R——受影响设施与爆破点的距离，m；

k、α——与爆破点至保护对象间的地形、地质条件有关的系数和衰减指数。

（6）起爆顺序

为了减小对围岩不必要的破坏，同一段别起爆的总药量要小于计算的最大单段允许用药量；此外，周边孔爆破和底板孔爆破的质点速度最大，有必要将周边孔和底板孔分为几个段位来爆破；正确的爆破顺序应为先掏槽，而后扩槽孔、掘进孔、二台孔、内圈孔、底板孔，最后周边孔光面爆破。

预裂爆破周边孔在掏槽爆破之前起爆，其他炮孔仍按上述顺序进行。

155. 瓦斯隧道如何分类？

瓦斯隧道分为低瓦斯隧道、高瓦斯隧道及瓦斯突出隧道三种，瓦斯隧道的类型按隧道内瓦斯工区的最高级确定。瓦斯隧道工区分为非瓦斯工区、低瓦斯工区、高瓦斯工区、瓦斯突出工区共四类。低瓦斯工区和高瓦斯工区可按绝对瓦斯涌出量进行判定。当全工区的瓦斯涌出量小于 0.5m³/min 时，为低瓦斯工区；大于或等于 0.5m³/min 时，为高瓦斯工区。瓦斯隧道只要有一处有突出危险，该处所在的工区即为瓦斯突出工区。判定瓦斯突出必须同时满足下列 4 个指标：

（1）煤层原始瓦斯压力（相对）$P \geqslant 0.74$MPa；

（2）瓦斯放散初速度 $\Delta P \geqslant 10$；

（3）煤的坚固性系数 $f \leqslant 0.5$；

（4）煤的破坏类型为 III 类及以上。

当全部指标均符合上述条件或打钻过程中发生喷孔、顶钻等突出预兆的，鉴定为瓦斯突出隧道。否则，瓦斯的突出危险性可由鉴定机构结合直接法测定的原始瓦斯含量等实际情况综合分析确定，但当 $f \leqslant 0.3$、$P \geqslant 0.74$MPa，或 $0.3 < f \leqslant 0.5$、$P \geqslant 1.0$MPa，或 $0.5 < f \leqslant 0.8$、$P \geqslant 1.50$MPa，或 $P \geqslant 2.0$MPa 的，一般鉴定为瓦斯突出隧道。

156. 瓦斯隧道工区的钻孔作业应符合哪些主要规定？

（1）开挖工作面附近 20m 风流中瓦斯浓度必须小于 1.5%。

（2）必须采用湿式钻孔。

（3）炮孔深度不应小于 0.6m。

157. 瓦斯隧道的装药、堵塞、联线以及爆后检查有哪些规定？

（1）爆破地点 20m 内，风流中瓦斯浓度必须小于 1%。

（2）爆破地点 20m 内，矿车、碎石、煤碴等物体阻塞开挖断面不得大于 1/3。

（3）通风应风量足，风向稳，局扇无循环风。

（4）炮孔内煤、岩粉应清除干净。

（5）炮孔封泥不足或不严不应进行爆破。

（6）瓦斯工区的爆破作业必须采用煤矿许用炸药，有突出地段采用安全等级不低于三级的煤矿许用含水炸药。

（7）瓦斯工区必须采用电力起爆，并使用煤矿许用电雷管。严禁使用秒或半秒级电雷管。使用煤矿许用毫秒延期电雷管时，最后一段的延期时间不得大于 130ms。

（8）瓦斯工区采用电雷管起爆时，严禁反向装药。采用正向连续装药结构时，雷管以外不得装药卷。

（9）在岩层内爆破，炮孔深度不足 0.9m 时，装药长度不得大于炮孔深度的 1/2；炮孔深度为 0.9m 以上时，装药长度不得大于炮孔深度的 2/3。在煤层中爆破，装药长度不得大于炮孔深度的 1/2。

（10）所有炮孔的剩余部分应用炮泥封堵。炮泥应用黏土或黏土与砂子的混合物，不应用煤粉、块状材料或其他可燃性材料。

（11）爆破网路和连线，必须符合下列要求：

1）必须采用串联连接方式。线路所有连结接头应相互扭紧，明线部分应包覆绝缘层并悬空；

2）母线与电缆、电线、信号线应分别挂在巷道的两侧，若必须在同一侧时，母线必须挂在电缆下方，并应保持 0.3m 以上间距；

3）母线应采用具有良好绝缘性和柔软性的铜芯电缆，并随用随挂，严禁将其固定。母线的长度必须大于规定的爆破安全距离；

4）必须采用绝缘母线单回路爆破；

5）严禁将瞬发电雷管与毫秒电雷管在同一串联网路中使用。

（12）电力起爆必须使用防爆型起爆器作为起爆电源，一个开挖工作面不得同时使用两台及以上起爆器起爆。

（13）在低瓦斯工区和高瓦斯工区进行爆破作业时，爆破 15min 后应巡视爆破地点，检查通风、瓦斯、煤尘、瞎炮、残炮等情况，遇有危险必须立即处理。在瓦斯浓度小于 1.0%，二氧化碳浓度小于 1.5%，解除警戒后，工作人员方可进入开挖工作面工作。

（14）在瓦斯突出工区进行石门揭煤爆破时，应在洞外起爆，洞内必须停电，停止一切作业，人员撤至洞外，在煤层中开挖时，可在洞内远距离爆破。

（15）在瓦斯突出工区进行爆破作业时，揭煤爆破 15min 后，应由救护队员佩戴防毒面具或自救器到开挖工作面对爆破效果、瓦斯浓度等进行检查，确认安全后通知送电、开动局部通风机。通风 30min 后，由瓦检人员检测开挖工作面、回风道瓦斯浓度，当开挖工作面瓦斯浓度小于 1.0%，二氧化碳浓度小于 1.5% 时，方可通知工地负责人允许施工人员进洞。

158. 隧道预测有瓦斯突出危险时，应采取哪些主要的防突措施？

瓦斯隧道由于煤体强度低且开挖围岩受力复杂，容易引发煤与瓦斯突出事故发生，对于大断面瓦斯隧道更容易发生煤与瓦斯突出，因此对存在煤与瓦斯突出危险性的瓦斯隧道施工中，要确保预留安全岩柱的稳定性，在合理的预留安全岩柱的保护下，对有突出危险性煤层采取相应的防突技术措施处理后再继续掘进。煤与瓦斯突出防治是对存在煤与瓦斯突出危险性煤层采取专门的技术措施，使之在一定范围内先行释放煤与瓦斯突出的能量，从而达到消除和减小突出危险性的目的。目前铁路和公路隧道主要应用的防突措施有：震动性放炮、钻孔排放法、管棚支护法、水力冲孔法、超前钻孔法、深孔松动爆破以及平行导洞法等。对于铁路隧道和公路隧道，穿煤段一般不会太长，再加上铁路或公路隧道支护结构属于永久性支护，因此在隧道工程中采用较多的是钻孔排放法、震动性放炮、超前钻孔或管棚支护等措施的综合使用。

（1）震动性放炮法

1）震动性放炮的原理

震动性放炮是公路、铁路隧道揭开突出危险煤层的一种常用措施。当工作面施工至距煤层一定距离时停止掘进，将该厚度的岩层作为震动性放炮的安全岩柱，按震动性放炮的设计要求，在岩柱面上钻凿岩眼并经岩柱钻凿煤眼，装药爆破。震动性放炮消除突出危险性要求一次全断面揭开岩柱，揭开安全岩柱后巷道基本成型，不需要再次刷帮卧底，这样可以避免煤体受二次震动而产生突出。在具体施工中通过多打孔、多装药、一次爆破来实施。如果隧道断面较大，也可以采用半断面揭开安全岩柱。爆破时使煤体及岩层在强大的震动和深揭作用下，人为的为煤与瓦斯突出创造条件，引发高压瓦斯和煤体发生突出。实施爆破是在人员撤到安全地点的条件下进行的，一旦发生突出，不致造成人员的伤亡，实质上这不是一种防止突出的措施，确切地说该方法起人为诱导突出的作用，是在人员不在场的条件下完成突出的一种安全的揭煤方法。但人们把这一诱导突出的措施列为防止突出的揭煤技术措施。

震动性放炮诱导突出后，在工作面前方一定范围的煤体中形成了卸压带，消除了掘进工作面的突出危险性。如果震动性放炮没能按照计划诱导突出，在强大的震动力作用下也使煤体破裂，一定程度上消除围岩应力的不均衡状态，缓解瓦斯突出危险，对于防突措施有利。

2）震动性放炮的适用条件

①顶部煤层封闭性较好，煤质较硬且地应力较大的突出煤层中；

②不同倾角的煤层；

③在突出危险性小，煤层瓦斯压力低于 1.0MPa 或煤层厚度小于 0.3m 时才单独使用，否则必须配合其他防止突出的技术措施综合使用，并需在瓦斯压力降至 1.0MPa 以下后，才能采用震动性放炮消除煤与瓦斯突出危险性。

3）震动性放炮的主要设计参数

①炮孔个数。揭煤震动性放炮较普通爆破所需炮孔数目要多，其值可按以下经验公式估算。

$$N = 5\sqrt{S}\sqrt[3]{f^2}$$

式中　N——炮孔个数；

　　　S——隧道开挖断面面积，m^2；

　　　f——岩石（安全岩柱）坚固性系数。

②装药量计算。

$$Q = 2qV$$

式中　Q——总装药量，kg；

　　　q——岩石单位炸药消耗量，kg/m^3；

　　　V——设计爆破体积，m^3。

③炮孔密度。隧道顶部一般小于底部，周边孔大于中部炮孔。

④炮孔深度。炮孔底距煤层应有 0.1~0.2m 的距离。若钻孔时掌握不好，可在刚钻至煤层后停止钻进，并填塞 0.1~0.2m 孔底炮泥。装药后，全部炮孔必须填满炮泥。

4）震动性放炮应注意的安全事项

①选用符合分级规定的爆破器材，采用铜脚线的煤矿须用毫秒电雷管且不应跳段使用；

②爆破母线应采用专用电缆，并尽可能减少接头，有条件的可采用遥控发爆器；

③爆破前应加强振动爆破地点附近的支护；

④震动性放炮应一次全断面揭穿或揭开煤层；如果未能一次揭穿煤层，掘进剩余部分的第二次爆破作业仍应按震动性放炮的安全要求进行；

⑤震动性放炮的工作面，应具有独立、可靠、畅通的回风系统；爆破时回风系统内应切断电源，且不应有人员作业或通过；

⑥震动性放炮应由爆破技术负责人统一指挥，并有救护队员在指定地点值班，爆破30min 后，检查人员方可进入工作面检查。

（2）钻孔排放法

1）钻孔排放的原理

在揭开突出煤层前穿过安全岩柱打多排钻孔，通过钻孔排放瓦斯使钻孔周围一定范围内煤体预先排出高压瓦斯，进而降低瓦斯突出潜能。瓦斯排放后引起煤体收缩，在一定范围内形成卸压带，使煤体内蓄积的能量降低。由于钻孔不但能引起煤体变形和地应力的释放，还可以促进煤层透气性增强，并降低瓦斯压力梯度，排放瓦斯后的煤体强度增大。在隧道范围内同时布置很多钻孔时，即可在钻孔周围形成一个相当范围的排放瓦斯区和卸压区。在这一区域内，由于有密集的钻孔，可使部分煤体得到松动和强度增大，特别是在打钻过程中出现喷孔，更增加了钻孔周围煤体瓦斯的排放。多排钻孔排放瓦斯能有效地增强煤体强度，达到防突的效果。

2）钻孔排放法的适用条件

①各种厚度的煤层；

②不仅适用于一般突出危险煤层，对煤与瓦斯严重突出危险煤层，瓦斯压力高达7.0MPa 的煤层，也能取得较好的防突效果。

3）钻孔排放法的要求

①钻孔排放法应先进行设计，内容应包括：煤层赋存状况、煤层参数、预测时的各项指标、排放范围、钻孔排放半径、排放时间、排放孔个数、每孔长度和角度、排放孔施工及排放期间的安全措施等；

②排放时间、排放半径及排放孔个数，应根据排放范围及隧道总工期综合分析确定，其排放范围及排放孔角度或参照表 4-15 取值；

钻孔排放参考值 表 4-15

排放范围 /m				排放半径 /m	排放时间 /d	排放孔角度 /°		
左	右	上	下			水平角	仰角	倾角
≥5	≥5	≥5~7	≥3	0.3~1.0	15~30	0~90	0~45	0~20

③钻孔排放位置应设在距煤层垂距不小于 3m 的开挖作业面上，施钻时各孔应穿透煤层，并进入顶（底）板岩层不小于 0.5m；

④钻孔排放布孔时，在煤层厚度 1/2 处的孔距不应大于 2 倍排放半径，一般孔底间距不大于 2m，并以此计算各孔的角度和长度；

⑤当煤层倾角小、煤层厚、一次排放钻孔过长、俯角过大时，可采用分段分部多次排放，但首次排放钻孔的穿煤深度不得小于 1.0m；

⑥瓦斯突出工区，宜采用上下半断面长台阶法开挖，利用上部台阶排放下部台阶的部分瓦斯，其台阶长度应根据通风需要和隧道结构安全性、围岩稳定性综合考虑确定；下部台阶孔距与排距宜为 1.0m，每排排放钻孔连线应与煤层走向平行；

⑦排放孔施工前应加强排放工作面及已开挖段的支护，防止坍塌造成突出；

⑧每钻完一个孔应检测该孔瓦斯浓度，以后每天进行两次，掌握排放效果和修正排放时间；

⑨钻孔过程中应加强工作面风流及回风道风流中瓦斯浓度检测，当排放工作面浓度达到 1.5% 时，应立即撤出人员，切断电源，加强通风。

（3）管棚支护（金属骨架）法

1）管棚支护法防止突出原理

管棚支护之所以能抵抗突出，主要有两个方面的作用：一是在打管棚钻孔的过程中，可排放煤体中的部分瓦斯，降低隧道周围的瓦斯压力，使得隧道周围一定范围内的煤体得到卸压，从而使隧道周边形成一定的卸压排放瓦斯带；二是金属骨架插入煤体后，在隧道周围一定范围内形成一个金属支撑框架，使隧道揭煤处煤体的抗压强度增强，在揭穿煤层的过程中，金属骨架支撑上方煤体，并阻止煤体发生位移，这样就有效地抑制了煤与瓦斯突出，达到了防止突出的目的。所以说管棚支护本质上是一种加固煤体、增加煤体的稳定性来抵抗突出的措施。使用中这种方法一般可与其他防突措施配合使用。

2）管棚支护的适用条件

①适用于煤层较薄且突出危险性较小的煤层，一般用于煤质软、地应力低、瓦斯压力较小的突出煤层；

②对于倾角较小的煤层，由于金属骨架较长，容易产生弯曲变形，使用效果一般较差；

③对地应力高、瓦斯压力大的突出煤层，仅使用管棚支护其效果较差。

（4）水力冲孔法

1）水力冲孔的原理

在钻孔施工时，随着钻冲孔的钻进与水的冲刷，使煤体破坏形成孔道或孔腔，瓦斯解吸和排放，降低煤层瓦斯含量和瓦斯压力。在钻孔钻进的过程中，瓦斯、煤连同水一起向外排出，在排出的同时，煤层向钻孔方向发生位移，部分地应力得到释放，同时增强了煤体强度和湿度，这样不但降低了突出动力，同时增强了承受体的强度，从而起到了防止煤与瓦斯突出的作用。

水力冲孔是借助煤层中的瓦斯压力和瓦斯的迅速解吸形成打钻孔时煤层自喷现象，自喷是冲孔过程中煤、水、瓦斯同时向外喷出的现象。这种现象称为钻孔中诱发出的小型突出，自喷现象越显著，喷出瓦斯和煤量越多，效果越好。对于没有自喷现象煤层的冲孔，称为水力冲刷，以便区别水力冲孔和水力冲刷。

2）水力冲孔法的适用条件

①不同的煤层厚度和倾斜度，从薄煤层到厚煤层，从缓倾斜到急倾斜煤层均可使用；

②适用于煤质较软的高瓦斯突出煤层；

③具有自喷能力，即打钻进入软分层时就能喷孔，喷孔时不致堵塞排煤水管；

④水力冲孔可以冲出更多的瓦斯和煤粉，能较充分的降低瓦斯压力，但是该方法施工工艺较复杂。

3）水力冲孔法的要求

①钻孔应至少控制自揭煤巷道至轮廓线外 3~5m 的煤层；

②冲孔顺序为先冲对角孔后冲边上孔，最后冲中间孔；

③水压视煤层的软硬程度而定；

④石门全断面冲出的总煤量（t）数值不得小于煤层厚度（m）乘以 20。若有钻孔冲出的煤量较少时，应在该孔周围补孔。

（5）超前钻孔法

1）超前钻孔的原理

当隧道通过特厚煤层时，根据煤炭系统施工的经验，目前在突出危险煤层中掘进，广泛应用超前钻孔措施消除突出危险性。超前钻孔是在掘进面前方一定距离的煤体内打较大直径的超前钻孔来防止煤与瓦斯突出的发生。由于超前钻孔能排放一定量的瓦斯，在工作面前方依次形成卸压带、应力集中带和应力正常带。在靠近工作面的卸压带中，瓦斯压力降低促使煤体强度增强，能有效地阻止突出的发生。通常情况下形成的卸压带长度为 3~5m。但是如果煤体强度不均匀，超前钻孔会引起围岩产生不均匀位移，卸压带长度会大大缩短，一般缩短至 1~2m，原来的卸压带转变为应力高、瓦斯压力大的应力集中带。超前钻孔的作用就是通过工作面前方大直径超前钻孔造成较长的卸压带，避免在工作面附近出现应力集中和高压瓦斯的应力集中带，以此来消除煤与瓦斯突出的危险性。

2）超前钻孔的适用条件

超前钻孔作为一种局部防突措施，在我国试验和应用较早。钻孔直径一般较大，通常采用 ϕ300mm 的钻孔，在应用中取得了较好的效果。但深埋隧道由于地应力增大，煤与瓦斯突出的危险程度增大，使大直径钻孔的施工发生困难，不但钻进时遇到顶钻、卡钻，使钻孔难以达到设计深度，而且在钻进过程中也有可能不断发生突出。若改用小直径钻孔，可使上述现象得到明显的改善，但是防突效果受到一定的影响。超前钻孔法一般用于以下情况：

①各种厚度和倾角的一般突出危险煤层或突出危险虽较严重但仍能保持正常钻进的煤层；

②煤层裂隙发育，透气能力强的突出煤层；

③在地质构造和煤层变化地带的适用性比其他措施相对要好些。

（6）深孔松动爆破法

1）深孔松动爆破的原理

在工作面前方钻一组较深的爆破孔，通过爆破作用促使掘进面前方一定范围内岩体产生裂隙或破碎，使岩体发生移动引起应力松弛，降低突出危险性。在爆破松动影响范围内煤层得到卸压、裂隙增多，相应地透气性增大，从而促进了煤体瓦斯解吸和放排，煤的强度也有所提高，既消除或减少了突出的动力，又增强了煤层抵抗突出的能力，消除或减少了突出发生和发展的条件，起到了在掘进过程中防止煤与瓦斯突出的作用。长期实践证明，如果炮孔太短，爆破不能起到防突效果，相反地容易导致煤与瓦斯突出。因此，炮孔需要达到相当深度才能取得较好的防突效果，一般炮孔深度取值在 8m 以上，所以称为深孔松动爆破。

当超前钻孔排放瓦斯的效果不理想时，可采用深孔松动爆破的方法。通过在工作面前方煤体中钻孔的爆破，使钻孔周围形成直径为 50~200mm 的破碎圈和 200~800mm 的松动圈，煤层和岩体产生裂隙并相互贯通，形成瓦斯排放通道，使一定范围的煤体应力释放或向煤体的前方和两侧推移，加速了煤体瓦斯排放和煤层卸压，从而起到防止煤与瓦斯突出的作用。

2）深孔松动爆破的适用条件

①由于爆破孔较深，可用于各种厚度的突出煤层；

②煤质稍硬的煤层，煤的坚固性系数一般在 0.3 以上；

③在煤层中打钻孔时自喷能力小，即打钻时仍能保持孔形不垮孔，可使炸药装到要求的孔位。

3）工艺及参数

①采用直径 42mm 的炮孔，孔深 8~12m。深孔松动爆破应控制到隧道开挖断面外 1.5~2m 的范围，孔数则应根据松动爆破的有效半径确定，孔间距一般为 2~3m；

②深孔松动爆破的装药长度为孔长减去 5.5~6m。每个药卷（特制药卷）长度为 1m，每个药卷装入 1 个雷管。药卷必须装到孔底；

③采用孔内外大串联的联线方式。装药后装入长度不小于 0.4 m 的水炮泥，水炮泥外侧充填不小于 2m 的封口炮泥。

4）安全注意事项

①深孔松动爆破的影响半径应实测确定；

②为使松动爆破达到较好效果，应做到所有炮孔的深度都相同；

③深孔松动爆破时，必须撤人、停电，洞外起爆。

（7）平行导洞法

平行导洞法是为了避免施工中引起坍塌，可在工作面上优先开挖小导坑，再向两边或底部扩展的一种辅助方法。

第三节　桩井爆破

159. 桩井爆破有哪些特点?

（1）桩井周围环境一般比较复杂，许多是在城区施工，有时爆区四周还在同时进行其他建筑项目的施工或准备。

（2）桩井之间一般相隔较近，施工时掘进一段（一般不大于 1m），作一段混凝土护壁，自上而下到底后挖桩脚，再放入钢筋笼，浇筑混凝土，形成桩体。

（3）为了防止和减少对周围岩石和其他构筑物、设施的损害，桩井爆破时应严格控制超挖量；同时不应过量装药，掏槽孔与周边孔不应同时起爆。

（4）井深不足 10m 时，井口应做重点覆盖防护；井深超过 10m 时则作一般防护。

重点防护的方法有：

1）在井口放置土袋，上覆铁板盖住井口，但周边要留有足够的气体扩散孔；

2）在铁板上放置砂袋，使铁板不会被爆炸冲击波掀起。

一般防护则是覆盖井口，防止飞石飞出。

（5）桩井掘进应合理安排工序或采取有效措施，控制爆破对井壁的振动影响，保证相邻井壁和桩体的安全。控制爆破对邻井振动影响的措施主要有：控制最大单响药量，采取分段装药、孔内延期爆破、开挖减振沟等。

（6）爆后应及时清渣修整井壁。每次钻孔施工前，应测量井深，记录进尺。桩脚扩挖时应调整布孔参数，可采用多钻孔、少装药的方法进行爆破，以避免塌方、压帮等。

（7）由于桩径小，爆破夹制作用大，根据经验，对于直径较小的桩井，一次钻孔深度以 0.8~1.0m 之间为宜，炮孔直径 d=40mm 左右，药卷直径为 ϕ32mm。由于大多数桩井都有不同程度的渗水现象，应选用乳化炸药。

160. 如何选取桩井爆破参数？

桩井钻孔一般分为掏槽孔，辅助孔和周边孔，炮孔布置及作用如图 4-20 所示。掏槽孔一般呈锥形布置，孔深比辅助孔和周边孔深 10~20cm；辅助孔为直孔；周边孔向外倾斜，其孔底一般到达开挖边线（软岩）或超过开挖边线 10cm 左右（硬岩）。

炮孔数目（N）的确定步骤是：通常先根据单位炸药消耗量进行初算，再根据实际统计资料用工程类比法初步确定炮孔数目，该数目可作为布置炮孔时的依据，然后再根据炮孔的布置情况，对该数目适当加以调整，最后得到确定的值。

根据单位炸药消耗量对炮孔数目进行估算时，可用下式进行计算：

$$N = \frac{qS\eta m}{\alpha G}$$

式中　q——单位炸药消耗量，kg/m³；

　　　S——井筒的掘进断面面积，m²；

　　　η——炮孔利用率；

　　　m——每个药包的长度，m；

　　　G——每个药包的质量，kg；

　　　α——炮孔平均装药系数，当药包直径为 32mm 时，取 0.6~0.72；当药包直径为 35mm 时，取 0.6~0.65。

循环进尺一般控制在 1m 之内，炮孔利用率按 75%~85% 考虑。

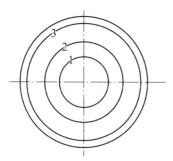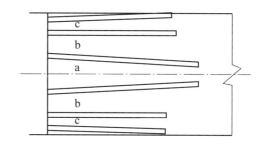

图 4-20　炮孔位置及其作用范围示意图

1- 掏槽孔；2- 辅助孔；3- 周边孔；a- 掏槽；b- 扩槽；c- 形成孔桩规格断面

桩井炮孔内一般都有水，可选用 $\phi32mm$ 乳化炸药；单位炸药消耗量一般在 $1.5\sim3kg/m^3$ 之间，它与桩径大小、岩石可爆性等密切有关，应通过现场试爆确定。

单孔装药量设计：掏槽孔装药最多，辅助孔次之，周边孔最少，其比例一般取 8：6：5；为提高炮孔利用率，掏槽孔多采用耦合装药；为控制爆破振动速度和保证邻桩及本桩上部衬砌的安全，辅助孔和周边孔可采用不耦合装药结构。

桩井底部一般均需要扩挖桩头，扩挖采用浅孔爆破，在井底设计的桩头扩挖区钻 1~3 圈浅孔，圈距与孔深相等，单耗取 $0.5\sim1.0kg/m^3$，爆后用风镐剔成整齐的桩头。

不同直径桩井的爆破设计参数可参考表 4-16 选取。桩井炮孔布置参见图 4-21。

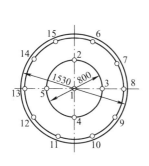

(a) 桩内径 $\phi1200mm$
爆破直径 $\phi1530mm$；

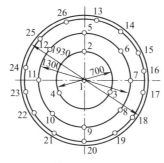

(b) 桩内径 $\phi1600mm$
爆破直径 $\phi1930mm$；

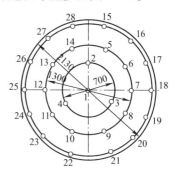

(c) 桩内径 $\phi1800mm$
爆破直径 $\phi2130mm$；

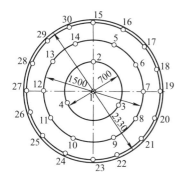

(d) 桩内径 $\phi2000mm$
爆破直径 $\phi2330mm$；

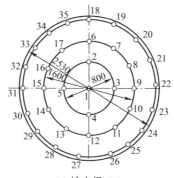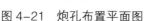

(e) 桩内径 $\phi2200mm$
爆破直径 $\phi2530mm$；

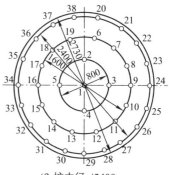

(f) 桩内径 $\phi2400mm$
爆破直径 $\phi2730mm$；

图 4-21　炮孔布置平面图

桩井爆破参数表（参考）　表 4-16

桩径/m	护壁厚度/mm	爆破直径/m	爆破断面/m²	掏槽孔 孔号	单孔药量/kg	雷管段数	辅助孔 孔号	单孔药量/kg	雷管段数	周边孔 孔号	单孔药量/kg	雷管段数	雷管个数/发	总装药量/kg	炸药单耗/kg·m⁻³	炮孔利用率/%	循环进尺/m
1.2	165	1.53	1.84	1~5	0.4	2	5~12	0.3	6~8	6~15	0.25	6~8	15	4.5	3.3	70	0.75
1.6	165	1.93	2.89	1~4	0.4	2	5~14	0.3	6~8	13~36	0.25	10~12	26	7.5	3.2	80	0.80
1.8	165	2.13	3.53	1~4	0.4	2	5~14	0.3	6~8	15~28	0.25	10~12	28	8.1	2.8	80	0.80
2.0	165	2.33	4.23	1~4	0.4	2	5~17	0.3	6~8	15~30	0.25	10~12	30	8.6	2.5	80	0.80
2.2	165	2.53	4.98	1~5	0.4	2	6~19	0.3	6~8	18~35	0.25	10~12	35	10.1	2.5	80	0.80
2.4	165	2.73	5.81	1~5	0.4	2	6~20	0.3	6~8	20~38	0.25	10~12	38	10.95	2.4	80	0.80

161. 如何选取基坑浅孔开挖爆破参数？

深圳市深云村经济适用房住宅区基坑石方浅孔控制爆破工程，爆破施工开挖深度为 0.5~2.0m，工程量约 30000m³。基坑岩石完整性好，大部分为微风化花岗岩。爆破区域环境复杂。使用 7655 钻机炮孔，孔径 42mm。爆破参数见表 4-17。

浅孔整平台控制爆破参数　表 4-17

H/m	W/m	h/m	a/m	b/m	L/m	l/m	l'/m	Q/kg
0.4	0.4	0.3	0.5	0.5	0.7	0.05	0.65	0.05
0.5	0.5	0.3	0.6	0.6	0.8	0.10	0.70	0.10
0.8	0.6	0.3	0.6	0.6	1.1	0.14	0.96	0.14
1.0	0.8	0.4	1.0	0.8	1.4	0.4	1.0	0.40
1.5	1.0	0.4	1.2	1.0	1.9	0.9	1.0	0.90
2.0	1.0	0.5	1.2	1.0	2.5	1.2	1.3	1.2

注：H 为台阶高度；W 为抵抗线；h 为超深；a 为孔距；b 为排距；L 为孔深；l 为装药长度；l' 为填塞长度；Q 为每孔装药量。

爆破时采取了严密的防护措施。在施工区域的北、南、西三面的施工红线内设立双排钢管防护排架，排架高度 6m（爆破施工作业面标高低于周边标高 3~5m），排架宽度 1.5m（根据施工进度分阶段搭设）。在迎爆面挂两层竹笆。

在重点区域的每个孔口封压 1 个砂包，然后采用炮被对爆区表面进行整体覆盖。炮被主要采用汽车轮胎、废旧输送带或铁丝网、钢管等制作。炮被较重，通常需使用吊机等设备布放。炮被的制作方法：每个炮被面积 10.24m²，纵横 4 个轮胎用 8 号铁丝连接组成，轮胎连接好后，上面覆盖一层废旧输送带或铁丝网，也用 8 号铁丝连接，最后纵横各用 4 根钢管连接。其他爆破作业点的每个孔口封压 1 个砂包。然后整个爆区表面覆盖两层竹笆、一层铁丝网，其上再压沙包，每平方米加压沙包 4 个。

爆破施工未对周围交通造成任何影响，周边单位、居民未投诉。

162. 什么是逆作法基坑开挖爆破？

广州市下九路名汇商业大厦地下室的施工采用"逆作法"，基坑开挖面积约 5400m²，开挖最终标高为 −17.15m（局部 −18.90m），土石方总量约 93000m³。爆破时，负二层的楼板已浇灌完成，在负三、负四层的岩土进行爆破。采用小孔距、浅孔小药量的爆破方法进行施工。

炮孔采用垂直梅花形布置，炮孔直径 d=40~42mm、孔深 H=1.2~2.0m、孔距 a=0.7~0.8m、排距 b=0.6~0.7m。

当孔深 H=1.5m 时，q=0.45×0.8×0.7×1.5=0.38kg；当孔深 H=2.0m 时，q=0.45×0.8×0.7×2.0=0.50kg。

采用每孔 1 段进行爆破，这样可以有效地减少爆破振动。施工时，15 个孔为一组，当炮孔数超过 15 个时，采用分组连线分组放炮。

近桩柱爆破时，使炮孔与桩柱距离 $c \geq 0.80$m，爆破时先爆距离桩柱较远的外侧炮孔，最后爆离桩柱近的炮孔，以确保桩柱的安全。爆破施工未对地下建（构）筑物造成影响。

第四节　拆除爆破

163. 什么是拆除爆破？

拆除爆破是根据工程要求和爆破环境、规模、对象的具体条件，通过精心设计、施工与防护等技术措施，严格地控制炸药爆炸能量的释放过程和介质的破碎过程，既要达到预期的爆破效果，又要将爆破有害效应的影响范围和危害作用控制在允许的限度内。这就是说，拆除爆破需要同时控制爆破效果和爆破有害效应。

164. 拆除及控制爆破是什么时候发展起来的？

（1）初期

二次大战后，日、德等国为拆除战争遗留的废弃建筑物和构筑物。采用了一些属于拆除及控制爆破的技术措施。

（2）中期

20 世纪 60 年代，美、日、瑞典、丹麦等国已将拆除及控制爆破应用于城市建物、桥墩、基础的拆除、隧道的开挖和公路的改建等工程中。

（3）成熟期

20 世纪 70 年代，拆除及控制爆破在破碎机理、所用能源、施工技术与实际应用等方面都有很大程度的发展。

近年来，拆除及控制爆破应用范围越来越大，它已被应用到拆除超级高大建筑物和结构复杂的构筑物、开挖隧道、清除近岸礁石百吨级以上的定向抛掷爆破、抢救地震后的受难人员等方面。

我国在拆除及控制爆破的研究和施工方面，居世界先进国家之列。早在抗战时期，利用已控爆技术炸毁敌方工事；新中国成立后，1973 年，北京铁路局采用控爆技术拆除了旧北京饭店 2200m² 的钢筋混凝土结构的地下室，保证了周围建筑物交通和人员的安全；1976 年，解放军工程兵工程学院运用控爆技术拆除了天安门广场两侧总面积达 1.2 万 m² 的三座大楼；80 年代第一个春天，我国将控爆技术应用到疾病治疗——爆破拆除膀胱结石。

165. 拆除及控制爆破类型有哪些？

（1）大型块体的切割爆破：桥梁、墩台、码头船坞、桩基。
（2）钢筋混凝土框架结构的拆除。
（3）建筑物、构筑物的拆除：楼房、烟筒、水塔。
（4）金属结构物拆除：桥梁、船舶、钢柱等。
（5）高温凝结物拆除：炼钢炉。
（6）地坪拆除：混凝土路面、地坪、飞机跑道。
（7）其他工程的拆除爆破。

166. 拆除爆破有哪些特点？

（1）爆破对象和材质是多种多样的。
（2）爆破区（点）周围环境是复杂的。
（3）起爆技术比常规爆破要复杂得多。

167. 拆除爆破的适用范围有哪些？

大型块体的切割解体，如厂房内的设备基础、各种建（构）筑物的基础以及桥梁墩台、码头船坞、桩基等的破碎；钢筋混凝土框架结构、高大建（构）筑物（如楼房、烟囱、水塔等）的拆除；金属结构拆除爆破，如拆除桥梁、船舶、钢架、钢柱、钢板等；高温凝结物拆除爆破，如高炉、平炉及炼焦炉中的凝固熔渣爆破等。

我国已成功地采用定向倒塌、双向折叠、三向折叠等控制爆破技术拆除了近百座高 100m 以上的钢筋混凝土烟囱，还成功完成了数十座高 60m 以上的大型冷却塔的拆除爆破工程。见图 4-22~ 图 4-27。

图 4-22　烟囱爆破拆除

图 4-23　冷却塔爆破拆除

图 4-24　重庆港客运大楼爆破拆除

图 4-25　广东中山市山顶花园爆破拆除

图 4-26　浙江温州中银大厦爆破拆除

图 4-27　沈阳五里河体育馆爆破拆除

168. 墙、柱、梁的拆除爆破是如何钻孔作业的?

（1）按照标注的孔位从一端或上（下）部开始按顺序钻孔，防止漏孔。

（2）开孔约 0.5~1cm 深后及时调整钻机位置，保证钻孔的正确方向。

（3）为了保证设计的钻孔深度，应采取适当的措施控制深度。一般的方法是选择适当长度的钻杆，用油漆或粉笔等在钻杆上做标记。

（4）拆除爆破的对象大部分是钢筋混凝土结构，当钻孔遇到钢筋后难以继续钻进成为废孔时，应在原孔位附近重新开孔，重新钻孔前应观察钢筋的粗细、位置和方向，尽量减少废孔的数量。

（5）在钢筋混凝土结构上钻孔往往由于配筋密集而形成马蜂窝，分不清好孔废孔，所以钻孔后应在好（或废）孔上做标记，以方便验孔和装药作业。

（6）在仅有 15~20cm 厚的薄壳钢筋混凝土结构上钻孔时，应严格控制钻孔的深度，尽量减少穿透现象。当钻孔打穿后应立即将其用炮泥填塞或废掉该孔并在附近进行补钻。

（7）在梁柱上钻孔时应严格控制钻孔方向，尽量减少炮孔底部到两侧的距离偏差。

（8）每个区（片或梁柱等）钻完孔后应进行清点，检查是否有漏掉的情况，发现后应立即补钻。

169. 较厚墙体的拆除爆破是如何钻孔作业的?

对于厚度 0.4m 以上、高度在 1.0~3.0m 的墙体结构，为了减少工程量，往往采用在顶部钻垂直炮孔（或在一端沿墙体钻水平孔）的方法，作业中应注意：

（1）由于钻孔深度一般较大，炮孔微小的倾斜就会在底部造成最小抵抗线发生较大的变化，因此钻孔时应尽量在设计位置开孔，按设计的方向钻进。避免造成炮孔底部药包两侧的抵抗线偏差过大或钻穿。

（2）钻孔深度达到 1cm 时，应立即由另一人在旁边两个互相垂直方向用吊锤检验钻杆是否垂直，指导风钻手摆正钻机位置，保证钻孔按设计要求的方向钻进。

（3）钻孔时一般会使用长短不同的多根钻杆。由于钻头在使用过程中不断磨损，直径略有减小，所以一般开孔用新钻头，最后用旧钻头。这样可以保证钻孔作业的顺利和炮孔的精度。

（4）每次换钻杆时应打开强力吹风阀门，将孔底的碎碴吹扫干净。

（5）每个炮孔钻完后应立即堵塞孔口，防止杂物掉入孔内。

170. 片石砌体的拆除爆破是如何钻孔作业的?

片石砌体属于不均匀结构，介质中除去岩石和水泥砂浆外还有空隙，因此钻孔中容易出现炮孔倾斜、卡钻等问题。在施工中除了按照一般浅孔爆破进行作业外还应注意以下几点：

（1）炮孔开钻时应选择在片石的中间，不能将炮孔设在片石之间的砂浆缝上。

（2）钻孔开始时要防止钻孔穿过砂浆缝时钻头走偏，使炮孔倾斜。

（3）如遇到空洞，钻完孔提钻时容易在空洞处卡住钻头，取不出钻杆，处理方法是用黄泥将空洞填实。

（4）钻孔中遇到空洞应做记录，以便装药时避开，防止装药过量产生危害。

171. 墩、台、基础的拆除爆破是如何钻孔作业的?

在拆除爆破中，墩、台、基础等结构属于大体积混凝土，一般在顶面钻孔，此时可参照浅孔爆破和较厚墙体的钻孔要求进行作业。但由于最小抵抗线一般较小，因此要求钻孔精度高，在施工中要更加小心。

172. 如何选取基坑支撑拆除爆破参数?

（1）支撑拆除爆破的特点

基坑钢筋混凝土支撑系统由灌注桩、围檩（压顶梁）、支撑梁等组成。爆破主要针对混凝土支撑梁、围檩。有时灌注桩、混凝土连续墙及混凝土压顶梁亦需拆除爆破。

支撑拆除爆破有如下特点：

1）支撑从浇筑到拆除时间短，其强度、完整性很好；

2）支撑有完整的图纸，对混凝土强度、布筋等心中有数；

3）支撑位于市区，周边环境复杂，爆破施工安全要求高；有的还对爆破噪声、扬尘等控制提出很高的要求；

4）支撑拆除工期紧，一次爆破量大。支撑爆破与楼房施工交叉进行。

（2）布孔参数

钢筋混凝土支撑系统，按照爆破布孔可分为几种基本形式。

支撑梁。垂直孔，孔深 L 取 2/3~3/5 梁高，可稍深一些使爆破飞石向下飞散。孔距 a 取 0.6~0.9m，W 取 0.25~0.4m，见图 4-28。

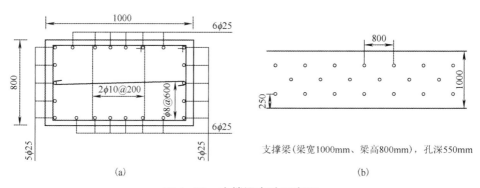

图 4-28　支撑梁布孔示意图
（a）支撑梁配筋图；（b）支撑梁布孔图

围檩。围檩为矩形混凝土梁，三面临空，一面与灌注桩（混凝土连续墙）相连（图 4-29）。靠灌注桩侧，孔边距为 0.15~0.2m，其余布孔方式同支撑梁。

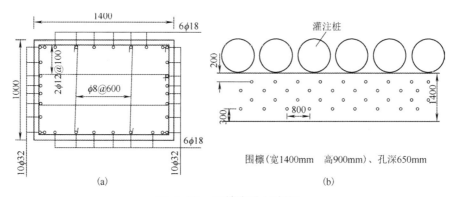

图 4-29　围檩布孔示意图
（a）围檩配筋图；（b）围檩布孔图

圈梁。两面临空，其下底面与灌注桩相连，外侧面为土地面（图 4-30）。孔深应加深至离下底面 10~15cm 处，靠土侧孔边距 0.15~0.25m，其余布孔可同支撑梁。

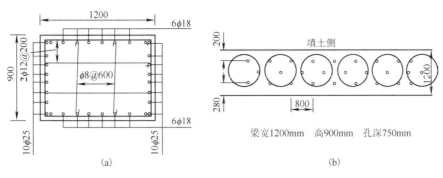

图 4-30　圈梁布孔示意图

（a）圈梁配筋图；（b）圈梁布孔图

梁结点。各梁相交结点处，因主筋相互穿插而过，加之部分内含格构柱，导致钢筋量很高，因此布孔应加密，炸药单耗增加，见图 4-31。孔深 L 一般较同高度的梁体增加 5~10cm，第一排抵抗线 W 取 0.2~0.3m，孔距 a、排距 b 均取 0.4~0.6m。

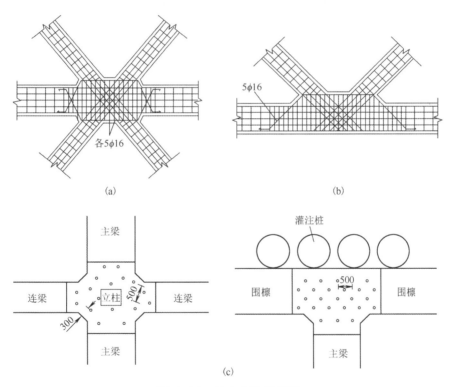

图 4-31　结点布孔示意图

灌注桩和连续墙。灌注桩和连续墙设置在基坑周边承受土体压力。爆破孔由坑内向坑外呈水平向钻凿。按照灌注桩桩直径不同可布置 1~2 排孔，孔距 0.5~0.8m，孔深（2/3~3/5）H。

连续墙沿竖直向均匀布孔，按梅花形布设，孔距 a=0.5~0.6m，排距 b=0.9a，孔深 L=（2/3~3/5）H，当连续墙两侧均临空时取小值。

（3）药量计算

支撑梁爆破的药量计算常用改进的体积公式，即先按平均炸药单耗计算单个梁全部药量，而后依据钢筋分布方式，确定单孔药量。

1）对各类支撑系统构件：

$$Q=qaS/n$$

式中　a——孔距；

　　　S——支撑梁断面积；

　　　n——排数；

　　　q——炸药平均单耗，g/m³，见表4-18。

2）对结点，由于钢筋密度增加，炸药单耗增加20%~30%。定好单个结点的全部药量后，再分配到各个炮孔。

炸药平均单耗 q 值（单位：g/m³）　　　　　　表4-18

项　目	支撑梁	围　檩	冠　梁	灌注桩	连续墙
配筋率为1%	700	900	800	1100	900
配筋率为1.5%	850	1020	900	1300	1000
配筋率为2%	900	1125	1000	—	1200
配筋率为3%	1100	1450	1200	—	1500

（4）起爆网路

因支撑拆除爆破多在市区，且一次爆破量、雷管用量均较大，一般采用半秒孔内延期与毫秒孔外延期相结合的导爆管雷管毫秒延期起爆网路。

考虑到国产MS-3、MS-5毫秒雷管的标称秒量在HS-5、HS-6半秒雷管的上、下规格限内，一些单位在孔内采用高段毫秒雷管，可以改善炮孔间的起爆顺序，更好的控制飞石距离。

（5）爆破防护

由于支撑结构的拆除爆破处于市区，爆破飞石危害较大，因此支撑结构的拆除爆破中飞石控制尤其重要。

无防护状态下，飞石飞散距离。

$$R=70q^{0.58}$$

式中　R——飞石距离，m；

　　　q——炸药单耗，kg/m³。

爆破飞石控制：

1）离体防护。大量实践证明，在被爆支撑周围2m以外搭设主封闭竹笆防护棚，可有效降低飞石飞散距离；其至可保证飞石不飞出防护棚。防护棚见图4-32、图4-33。

2）控制飞石飞散方向。适当加大孔深，使飞石向坑底（下）飞散。调整起爆顺序使飞石向一侧飞散等。

3）减弱装药。对靠近危险地域支撑，可局部减少装药量，控制飞石。

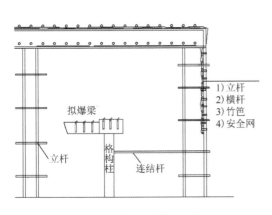

图 4-32　防护棚搭设示意图　　　图 4-33　下部支撑爆破防护棚搭设示意图

4）加强施工管理。确保填塞长度、填塞质量，避免个别孔装药过浅甚至冲炮而造成的超常规爆破飞石，是控制爆破飞石的关键问题之一。

173. 如何选取地坪拆除爆破参数?

（1）概述

地坪指厚度不超过 50cm 的板体，厚度大于 50cm 地坪可参照基础拆除爆破设计。由于材料强度较高，机械破碎困难，厚度大于 20cm 地坪应选择爆破法拆除。

地坪爆破的主要特点：

1）地坪厚度小、面积大，炮孔浅，孔间距小，布孔密，钻孔工作量大，炸药单耗大，雷管用量大；

2）一般只有一个自由面，钻孔方向与最小抵抗线方向一致，再加上孔浅，容易发生冲炮，造成安全事故。

（2）布孔参数

1）钻孔方向。一般钻孔为垂直孔，可用 60° 左右斜孔。

2）孔深 $L=（0.7~0.8）H$，H 为地坪厚度，m；倾斜孔 $L'=L/\sin\alpha$，α 为倾角。

对混凝土路面周边炮孔距施工缝 50~80cm；当基层需保护时，炮孔深度为地坪厚度的 85%。

3）炮孔间距。采取梅花形布孔，$a=（0.8~1）L$，$b=0.87a$。

（3）药量计算

单孔装药量采用体积公式：$Q=qabH$。

q 为单位炸药消耗量，g/m^3；一般对钢筋混凝土取 900~1200g/m^3，对混凝土取 800~900g/m^3，对石质取 900~1000g/m^3，对三合土混凝土取 600~800g/m^3。

（4）起爆与防护

为提高爆破效果，一般应采取齐发起爆网路，为减少振动，可分片分段起爆。

由于炮孔太浅，应保证填塞质量，同时炮孔口堆码沙袋以防止冲炮。

174. 如何选取基础拆除爆破参数?

（1）布孔参数

1）孔径 d

采用小孔径、浅孔爆破方式。$d=\phi 38\sim 44mm$，切割爆破孔径可小至 $\phi 32mm$。

2）孔深 L

孔深 L 一般不大于 2~3m，条件许可时，亦可增大至 4~5m。孔深主要与孔底边界条件有关，亦应考虑钻孔效率。

孔深 $L=KH$，式中 H 为厚度，K 为经验系数，可按表 4-19 选取。

经验系数 K 值 表 4-19

底部边界条件	K 值	备 注
有自由面	0.6~0.7	与飞散方向有关
为土质垫层	0.65~0.75	W 按实际厚度选取
下有施工缝	0.75~0.85	炮孔孔底至施工缝应大于 10cm

3）炮孔方向

垂直孔、水平孔和倾斜孔，尽量采取垂直孔。

4）最小抵抗线 W

钢筋混凝土 $W=0.3\sim 0.5m$，砌石取 0.5~0.8m。

W 的选取考虑装药量、安全、结构尺寸、钢筋布置、清渣方式。

5）炮孔间距 a

炮孔间距 a 常取（1.0~1.5）W。

6）排距 b

方形或梅花形布孔，其排距 b 取（0.8~1.0）W。

若为一次齐发起爆，b 取小值；若为分次起爆，b 可取至 a。每段起爆的排数 N 不宜大于 4 排。

（2）药量计算

单孔装药量 Q

$$Q=qV; \quad Q=qWaH; \quad Q=qabH$$

式中 q——炸药单耗，见表 4-20;

H——爆破体厚度。

人工清渣的室内基础，可选择较大炸药单耗，实施强松动爆破，以便于人工清渣。

单位炸药消耗量 q 值 表 4-20

材质情况	W/cm	$Q/g\cdot m^{-3}$	材质情况	W/cm	$q/g\cdot m^{-3}$
强度较低混凝土	35~60	100~150	普通钢筋混凝土	30~50	280~340
强度较高混凝土	35~60	120~140	布筋较密钢筋混凝土	30~50	360~420

当炮孔深度 $L>2W$ 时，为达到破碎均匀，减少飞石的目的，宜采取分层装药。分层以两层为宜，上层装药 $0.4Q$，下层装药 $0.6Q$，相邻两层装药间距应大于 20cm；当两层尚能满足均匀破坏要求时，可采取相邻炮孔层间错开装药方法。

（3）切割爆破设计

基础切割爆破常用于部分拆除、部分保留的场合及分割大块，其原理同预裂爆破。钢筋混凝土，预裂效果不明显。

对于素混凝土，切割爆破单孔药量：$Q=\lambda aH$

式中　a——孔距；

　　　H——预裂厚度；

　　　λ——单位面积炸药消耗量，g/m^2，见表 4-21。

预裂切割爆破单位面积炸药消耗量 λ 值　　　　　表 4-21

材质情况	a/cm	$\lambda/g \cdot m^{-2}$	材质情况	a/cm	$\lambda/g \cdot m^{-2}$
强度较低的混凝土	40~50	50~60	片石混凝土	40~50	70~80
强度较高的混凝土	40~50	60~70	混凝土地坪	20~50	100~150

175. 围堰如何分类?

围堰是指在工程建设中，为建造永久性工程设施，修建的临时性围护结构。其作用是防止水、土或其他干扰物进入建筑物的修建位置，以便在围堰内进行永久工程施工。一般用于水工建筑、船坞、港口工程以及桥梁基础等施工中，国内的围堰一般以挡水围堰居多。围堰作为一种临时构筑物，在完成其使命后一般都需要拆除。在某些特殊工程中，也有部分拆除，而保留部分作为永久构筑物利用的。

（1）按构筑材料可分为：土围堰、岩石围堰、钢筋混凝土围堰、土袋围堰、套箱围堰、竹或铁丝笼围堰、钢板桩围堰、钢围堰等。

（2）按围堰与水流方向的相对位置分为：横向围堰和纵向围堰。

（3）按围堰是否可以过水来分，则可以分为：过水围堰和不过水围堰。

176. 围堰拆除爆破的特点有哪些?

围堰拆除爆破是一种特殊的临水爆破作业，具有如下特点：

（1）围堰由于具有挡水作用，至少有一面处于有水状态。

（2）要求一次成功，满足泄水、进水等要求。

（3）要确保爆区附近各种已建成的永久建筑物的安全。

（4）满足爆破块度、堆积形状、过流条件及清渣要求等。

177. 围堰拆除爆破设计原则是什么，如何选取爆破参数?

（1）围堰拆除爆破设计原则

1）要因地制宜地制定合理的爆破总体方案。在无需清渣的条件下，可以考虑采用整体倾覆爆破；当需要清渣时，既要考虑充分破碎，也要有合理的爆堆形状；采用冲渣方案时，要考虑水动力学与爆破块度之间的关系，以保证石碴能被水流带走，同时减轻混凝土的磨损；

2）应确保一次爆破成功，必须考虑爆破器材的抗水性，以及施工过程的安全、可靠性，起爆网路的安全可靠性等；

3）应充分论证爆破地震波、水中冲击波、涌浪及动水压力、个别飞石等爆破有害效应对邻近建筑物的影响，制定恰当的爆破安全控制标准，采取必要的防护措施，将爆破有害效应控制在允许范围内；

4）采用"高单耗、低单段"的设计原则。即单位炸药消耗量要高，单段起爆药量要低。

（2）围堰拆除爆破方法

围堰拆除爆破有两种方法：一是炸碎法，使被爆围堰充分破碎；二是倾倒法，使被爆围堰定向倾倒或滑移至水中。

根据炮孔或药室布置情况，可分为垂孔爆破、扇形孔爆破、平孔爆破、垂孔与平孔结合爆破、硐室爆破、硐室与钻孔结合爆破等类型。

围堰拆除爆破总体方案分为：分层（分区或分次）爆破和一次爆破方案；爆后机械清渣、聚渣坑聚渣、水流冲渣等爆破方案；堰内不充水／充水爆破方案；钻孔爆破、药室爆破方案。

（3）围堰拆除爆破参数设计

一般情况下，遵循深孔爆破参数设计原则，考虑到它是一次性爆破工程，故有一定的特殊性。

1）钻孔直径一般选用 80~110mm，遇有水或易塌孔时，增加 PVC 套管。

2）钻孔深度一般较深，国内围堰水平孔最大达到 50m 以上。

一般情况下宜取：垂直孔深小于 20m，水平孔深小于 30m。

3）炸药单耗值与孔网参数选取的原则。

被爆介质得到充分破碎，便于清渣或冲渣；施工过程中因少量孔无法装药或装药深度不够，相邻炮孔爆破仍能将该少量孔负担的岩体破碎，不致留埂或留坎。

国内围堰爆除的 q=1.0~2.0kg/m³，底部大，上部小，硬岩取大值，软岩取小值。当孔深超过 10m 时，q=1.5~2.0kg/m³。特殊部位也有采用 q>2.0kg/m³ 的实例。单耗值增加，可能增大爆破振动量，但可采用减少单段药量予以弥补。孔网参数的选取应以能够装入炸药量为原则。此时，往往满足底部装药量要求，而造成上部钻孔过密。可将上部部分孔不装药进行调整。炮孔填塞长度一般取（0.7~1.2）W，被保护物距爆源较近时取大值，反之取小值。

如果有冲渣要求，必须使堆积体形成最低缺口，以便过流冲渣，最低缺口可在爆破网路中进行安排与调整。

（4）围堰爆破安全设计

围堰爆破单面临水，爆破安全应考虑以下内容：

1）论证爆破地震效应对被保护物的影响，设计减振及防振措施；

2）论证爆破产生的水击波、脉动水压力及涌浪等对邻近爆区的保护物的影响，设计防护措施；

3）论证爆破对与被爆体紧密相连的保留体的影响，设计相应的措施，确保被保留体的安全；

4）论证爆破产生的水石流对保护物的破坏影响，采用冲渣爆破方案时，应考虑水石对保护物的磨损或破坏的可能性，要采取控制爆渣粒径、主动防护等措施，以保证保护物的安全；

5）论证爆破产生的个别飞石对相邻建筑物的影响，采取相应措施防范个别飞石的危害。

（5）起爆网路设计

为了控制对周围已完成建筑物的振动影响，应减小单段起爆药量，使分段数量增多，导致网路较为复杂。

如果仅为炸碎围堰体，网路的基本形式与露天深孔爆破大体相同。若考虑冲渣需要将堰体爆破形成最低缺口，网路设计必须完成这项要求。

178. 高耸建筑物拆除爆破的类型有哪些？

烟囱结构：砖结构、钢筋混凝土结构。

筒体形状：圆形、方形、六角形、八角形。

砖烟囱高：30~80m。

壁厚：37~75cm，坡度 2%~3%，有烟道口、出灰口、内衬等。

钢混凝土烟囱高：60~250m，底部直径在 7~16m，壁厚 60~160mm。

我国控爆拆除烟囱的高度记录为 180~250m。

水塔种类见图 4-34。

图 4-34 水塔种类

179. 高耸建筑物拆除爆破方案的选择依据是什么？

拆除爆破方案选择主要依据：构筑物结构尺寸；构筑物周边环境。

（1）定向倾倒

在烟囱倾倒一侧的底部，将筒体炸开一个大于1/2、小于2/3周长的爆破缺口，从而破坏结构的稳定性，导致整体结构失稳和重心位移，于是在上部筒体自重作用下形成倾覆力矩，迫使烟囱按预定方向倒塌，并使倒塌限制在一定范围内。

烟囱的定向倾倒要求有一定宽度和长度的场地：（1.0~1.2）H，以供其坍塌着地。对于钢筋混凝土烟囱或刚度大的砖砌烟囱，要求的场地长度更大一些，场地的横向宽度不小于爆破部位直径 R 的（3.0~4.0）R。

（2）折叠式倒塌

可分为单向折叠倒塌和双向交替折叠倒塌两种方式，其基本原理是根据周围场地的大小，除在底部炸开一个缺口外，还需要在烟囱中部的适当部位炸开一个或一个以上的缺口，使其朝两个或两个以上的同向或反向分段折叠倒塌。起爆顺序是先爆破上缺口，后爆破下缺口，通常是上缺口起爆后，当倾斜到20°~25°时，再起爆下缺口。

（3）原地坍塌

将烟囱底部的支撑筒壁炸开一个足够高的缺口，然后在其本身自重作用和重心下移过程中借助重力加速度以及在下落触地时的冲击力自行解节，致使烟囱在原地破坏。该方法仅适用于砖结构烟囱的拆除爆破，且周围场地应有大于其高度的1/6开阔的场地。原地坍塌方法技术难度大，在选用时一定要慎重，我国原地坍塌基本上没有应用案例。

实践证明，爆破拆除烟囱是效果最好的方法，尽管它牵涉到许多复杂的技术问题，但从拆除安全、拆除速度和经济效益等方面来分析，它比人工和机械拆除法具有明显的优越性。

爆破拆除法的关键是必须保证准确的定向性，倾倒过程中要确保烟囱上部的稳定性和解体堆渣范围的准确性。

近几年来，我国烟囱拆除爆破技术有了较快的发展，除了拆除爆破方法已经取得了成功的经验外，在施爆方法上也有了新的进步。见图4-35。

180. 烟囱拆除爆破失稳倾倒机理是什么？

烟囱类高耸筒式构筑物爆破倒塌机理为：采用控制爆破在高耸筒式构筑物底部某一高度处爆破形成一定尺寸大小的缺口，上部筒体在重力与支座反力形成的倾覆力矩作用下失稳，沿设计方向偏转并最终倒塌。

当爆破缺口形成后，在缺口对面保留部分的圆环筒体称为预留支撑体。如果上部筒体的重力对预留支撑体的压应力超过了材料的极限抗压强度，则支撑体就会瞬时被压坏而使烟囱下坐，这会造成烟囱爆而不倒或倾倒方向失去控制。如果支撑体有一定的承载能力，则上部筒体在重力和支座反力形成的倾覆力矩作用下，使预留支撑体截面瞬时由全部受压变为偏心受压状态。

倾倒初期，预留支撑体截面一部分受压、一部分受拉。在承压区承受倾覆力矩引起的压应力和重力引起的压应力叠加，压应力呈边缘区最大、中性轴处为零的三角形分布。当

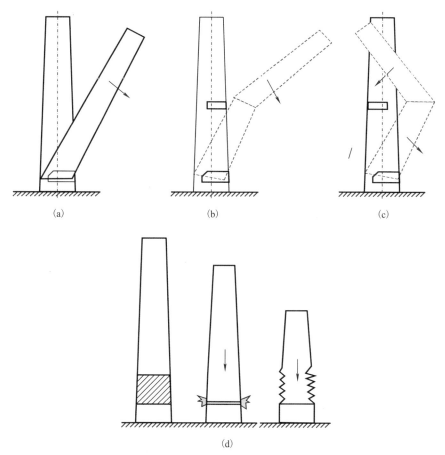

图 4-35　倾倒方式示意图
（a）定向倾倒；（b）单向折叠倾倒；（c）双向折叠倾倒；（d）原地坍塌倾倒

最大压应力大于材料的极限抗压强度时，该处材料被压碎，且承压区扩大。在受拉区承受倾覆力矩引起的拉应力与重力引起的应力叠加，拉应力呈边缘区最大、中性轴处为零的三角形分布。当最大拉应力大于材料的极限抗拉强度时，预留支撑体上出现裂缝。当烟囱为砖结构时，随裂缝的出现，上部筒体将进一步倾倒，倾覆力矩增大，裂缝将贯通整个截面。对钢筋混凝土烟囱，当预留支撑体截面上的混凝土开裂后，钢筋将承担全部拉应力，此后钢筋在烟囱倾覆力矩的作用下受拉屈服，继而颈缩断裂。当爆破缺口闭合后，烟囱绕新的支点旋转并最终倾倒。

　　由烟囱控制爆破倒塌的机理可知，爆破缺口是影响烟囱失稳倾倒的关键因素。烟囱倾倒须满足三个条件，一是烟囱爆破后倾倒初期预留支撑体截面要有一定的强度，使其不致立即受压破坏而使筒体提前下坐；二是缺口形成瞬间，重力引起的倾覆力矩必须足够大，能克服截面本身的塑性抵抗力，促使烟囱定向倾倒；三是缺口闭合后，重力对新支点必须有足够大的倾覆力矩，使其能克服烟囱剩余的塑性抵抗力。对砖结构烟囱，只要其重心出新支点，就能顺利倾倒；而对于钢筋混凝土烟囱，其重心不但要偏出新支点，而且重心相对新支点的力矩必须大于破坏截面内的拉力钢筋所产生的力矩。

（1）爆破缺口形状

爆破缺口参数是影响烟囱失稳倒塌的关键因素。采用定向倒塌方案拆除烟囱时，常见的缺口形状有以下几种，参见图4-36。

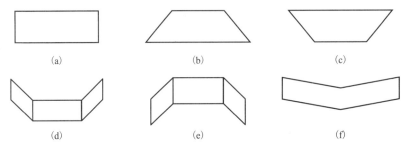

图4-36　切口形状示意图

（a）长方形缺口；（b）梯形缺口；（c）倒梯形缺口；（d）斜形缺口；（e）反斜形缺口；（f）反人字形缺口

一般认为，爆破缺口的形状在烟囱初始倾倒阶段具有辅助支撑、准确定向、防止折断和控制后坐的作用。在实际工程中，梯形缺口和倒梯形缺口的特点是它的三角形部分在烟囱倾倒过程中可起到一定的支撑作用，使其倾倒过程准确、平稳、有效防止后坐。在烟囱拆除爆破工程中大都采用这种缺口。另外，矩形缺口具有施工简便、布孔规整、工作量小的特点，在普通烟囱的拆除爆破工程中也常被采用。此外，人字形缺口、斜形缺口等由于施工复杂的原因，除少数情况使用外，一般很少采用。对于梯形缺口，其底部截面相对薄弱，爆破后首先从缺口的底部截面处破坏；对于倒梯形缺口，其顶部截面相对薄弱，爆破后首先从缺口的顶部截面处破坏；另外，一般认为矩形缺口的上边缘为薄弱面，其倾倒时的规律类似于倒梯形缺口。

（2）确定缺口参数的有关理论

1）基于材料抗拉、压强度的计算方法

在烟囱爆破缺口形成且尚未倾倒时，在其预留支撑体的倾倒方向反侧的最外侧点产生最大拉应力 $\sigma_{t\max}$，而在预留支撑体的最内侧点处产生最大压应力 $\sigma_{c\max}$，烟囱实现定向倾倒的条件是：

$$\sigma_{t\max} > f_t、\ \sigma_{c\max} < f_c$$

式中　f_t、f_c——分别为预留支撑体材料的极限抗拉、抗压强度。

该方法实质上反映了烟囱在爆破缺口形成瞬间可以产生偏转的必要条件，但是它对于烟囱形成偏转趋势的初始阶段分析并不清晰和深入。对于砖或素混凝土结构烟囱，其预留支撑体上倾倒方向反侧一个壁厚的材料近似整体受拉，该处一个壁厚内侧点处的拉应力应达到其材料的极限抗拉强度。对于钢筋混凝土烟囱，即使预留支撑体上的混凝土受拉破坏，钢筋将承担全部拉应力，此时倾覆力矩必须大于预留支撑体的抵抗力矩，烟囱才能实现倾倒。

2）基于材料抗弯曲强度的计算方法

有些文献中虽然在表达式上有所差异，但其基本条件是一致的，均是基于材料抗弯曲强度的计算方法，由重力对预留支撑体偏心引起的倾覆力矩应大于或等于预留支撑体截面的极限抗弯力矩，即：

$$M_G \geqslant M_R$$

式中　M_G——上部筒体自重对预留支撑体偏心引起的倾覆力矩，N·m；

　　　　M_R——预留支撑体的极限抗弯曲力矩，N·m。

该方法实质上也只反映了烟囱在爆破缺口形成瞬间可以产生偏转的必要条件，它对烟囱形成偏转趋势阶段的分析不深入。对于钢筋混凝土烟囱，当预留支撑体截面上部分混凝土受拉开裂后，钢筋将承担全部拉力，并且截面上的中性轴后退，于是 M_G、M_R 变化。另外，该方法也无法从理论上给出相应的确定最佳切角范围的理论依据。

3）应力分析检验法

该方法是根据烟囱在爆破缺口形成瞬间，由于上部筒体自重造成支座部分偏心受压，应力瞬时重新分布的特点，根据结构力学原理计算出爆破缺口角度大小与支座部分应力分布的关系，从而可以判断所选缺口角度下高耸筒式建（构）筑物能否顺利倒塌。该种方法计算思路清晰，机理认识比较深刻。但它并没有像量纲分析方法那样明确提出确定高耸筒式建（构）筑物控制爆破倒塌的判据。

（3）爆破缺口长度的确定

用定向拆除爆破烟囱时，爆破缺口尺寸大小的设计一般采用经验设计方法选取：

$$L = \left(\frac{1}{2} \sim \frac{2}{3}\right)\pi D$$

式中　L——爆破缺口长度，m；

　　　　D——爆破部位处筒壁外直径，m；

式中系数的选取没有统一的标准，往往凭借个人经验和工程类比取值。

（4）缺口高度的确定

$$h = (1.5 \sim 3.0)\delta$$

式中　h——爆破缺口的高度，m；

　　　　δ——爆破部位的筒壁厚，m。

在缺口高度的研究上，除了当前采用的 $h = (1.5 \sim 3.0)\delta$、$h = \left(\frac{1}{6} \sim \frac{1}{4}\right)D$、$h > 50$ 倍钢筋直径等经验设计方法外，许多专家、学者也进行了相当广泛和深入的研究，主要分为以下几类：

1）对于钢筋混凝土结构的烟囱，有些文献提出了按压杆失稳原理计算最小爆破缺口高度。

在爆破缺口形成后，把缺口部分的钢筋视为上端自由、下端固定的压杆。由材料力学原理的钢筋失稳所需最小高度为：

$$H_{\min} = \frac{\pi}{2}\sqrt{\frac{nEI}{P}}$$

式中　$H_{\min}$——爆破缺口最小炸高，m；

　　　　E——钢筋的弹性模量，N/mm²；

　　　　I——钢筋截面的惯性矩，$I = \frac{\pi d^4}{64}$，m⁴；

n——钢筋的数量，根；

P——钢筋骨架的压力荷载，N。

从大量工程实践表明，爆破缺口形成后，其内部的钢筋普遍发生大的变形，达到近似的破坏极限，部分甚至被炸断和掀起，在这种情况下再考虑这部分钢筋的压杆失稳及抗拉强度已经没有多大实际意义。另外，该公式也没有考虑缺口闭合后，重力对新支点的倾覆力矩必须大于烟囱剩余的塑性抵抗力矩。见图4-37。

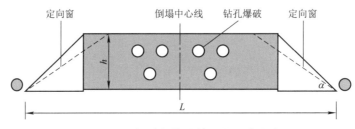

图4-37 爆破部位（缺口）及定向窗

2）重心偏出原理的计算方法。有些文献分析了压杆失稳原理计算爆破缺口高度的不合理性，并进一步分析了缺口闭合时的力学原理，提出了钢筋混凝土烟囱拆除爆破缺口高度的取值原则，一是缺口范围内的混凝土在爆炸作用下被炸离钢筋骨架后，其轴筋在烟囱荷载的作用下应能保证失稳；二是烟囱倾倒至缺口上下边缘闭合时，烟囱重心的偏移距离应大于烟囱的外半径；三是缺口上下边缘闭合时，烟囱在自重作用下对新支点形成的倾覆力矩应大于预留截面的极限抗弯力矩。根据缺口闭合时重心偏移距离大于缺口处烟囱的外半径提出公式：

$$h > \frac{3}{2} R \tan \frac{R}{Z}$$

式中　h——缺口高度，m；

　　　R——缺口处烟囱外半径，m；

　　　Z——烟囱中心高度，m。

181. 如何选取冷却塔拆除爆破参数？

（1）冷却塔爆破失稳倾倒机理

双曲线钢筋混凝土结构冷却塔具有高大壁薄、高宽比较小（1.2~1.4）、重心偏低、圆筒直径上大下小、底部直径较大（30~70m）等特点，拆除爆破时易发生后坐或坐而不倒现象。为此，进行爆破设计时，应首先对比优选爆破方案，并在分析冷却塔爆破失稳倒塌机理的前提下，通过力学计算确定缺口参数，确保施工质量和爆破安全。有关冷却塔爆破失稳倾倒的机理与烟囱定向拆除爆破的机理基本相同，可参考烟囱拆除爆破的参数和方法。

（2）爆破缺口参数设计

目前国内已拆除冷却塔采用的爆破缺口可分为"正梯形"、"倒梯形"和由此发展而来的"复合型"。

1）缺口形状与爆破效果

缺口形状和大小直接影响着冷却塔拆除爆破的质量、效果和安全，是爆破设计的核心。缺口形状和大小在塔体初始倾倒阶段具有辅助支撑、准确定向、防止折断和后坐以及使其倾倒过程准确、平稳的作用。正梯形缺口具有便于施工、易于顺利倒塌、有利于缩小倒塌距离（一般 $L \leqslant 10\mathrm{m}$）的特点，倒梯形缺口有利于顺利倒塌，但倒塌距离稍大（L 约 $10\mathrm{m}$）；复合型缺口易产生后坐或坐而不倒现象。爆破缺口高度应满足 $H \geqslant 6.0\mathrm{m}$ 的要求，适合于原地坍塌，倒塌后破碎效果较好。

2）缺口长度计算

①材料抗弯曲强度法。其原理是上部筒体自身重力对预留支撑体偏心引起的倾覆力矩应大于或等于预留支撑体截面的极限抗弯力矩，即：

$$M_c \geqslant M_r$$

式中　M_c——上部筒体自重对预留支撑体偏心引起的倾覆力矩，kN·m；

　　　M_r——预留支撑体的极限抗弯曲力矩，kN·m。

②应力分析检验法。爆破缺口形成瞬间，上部筒体自重造成支座部分偏心受压，应力瞬时重新分布，根据结构力学原理计算出缺口角度大小与支座部分应力分布的关系，从而可以判断所选缺口角度下高耸筒体能否顺利倒塌。

③实际施工中，缺口的部位所对应的圆心角多为 200° 左右。

3）缺口高度计算

缺口高度的取值原则：一是缺口范围内的混凝土被炸离钢筋骨架后，塔身在自重作用下能保证失稳；二是塔身倾倒至缺口边缘闭合时，冷却塔重心偏距大于外半径；三是缺口闭合时，塔身在自重作用下对新支点形成的倾覆力矩应大于预留截面的极限抗弯力矩。

冷却塔的爆破缺口高度多采用重心偏出原理计算，其基本原理是塔体在倾覆力矩和重力叠加应力共同作用下，促使缺口闭合并确保重心偏移距离大于冷却塔外半径。

根据缺口闭合时重心偏移距离大于缺口处冷却塔外半径

$$H > （3/2）R\tan（R/Z）$$

上式是缺口闭合后塔身继续倾倒的必要条件，要保证倾倒还要同时满足如下条件：

$$P_z L_1 > T（L_2 + L_3）\cos\alpha$$

式中　H——缺口高度，m；

　　　R——缺口处塔体外半径，m；

　　　Z——塔体中心高度，m；

　　　P_z——缺口上部塔身自重，kN；

　　　T——预留截面钢筋能承受的最大拉应力，kN；

　　　L_1——缺口闭合时塔身重心偏出缺口处外半径的距离，m；

　　　L_2——缺口根部到倾倒方向筒壁外侧的距离，m，$L_2 = 1.5R$；

　　　L_3——缺口根部到力 T 的等效作用点的距离，m，$L_3 = R/4$；

　　　α——切口角度。

182. 如何选取联体筒仓拆除爆破参数？

在构筑物拆除爆破工程中，有一种稳定性很高的筒形结构构筑物，它们的高宽比接近1，就单个筒体而言，其拆除爆破难度不大，但若多个筒仓紧密连接在一起，形成单排或者多排整体结构，增大了拆除爆破的难度。

（1）联体筒仓拆除爆破技术特点

拆除筒形构筑物同样是以失稳原理为基础，在承重结构的关键部位布置药包，爆炸后使之失去承载能力，造成结构的整体失稳和定向倒塌。

对于上下均质的混凝土筒体，经常采用在筒体下部筒壁处预先挖洞留柱，最后爆破筒间柱子的方法进行拆除。

对于底部有钢筋混凝土框架、上部布置筒体的单排连体筒仓，在框架的高度满足倒塌要求的情况下，可只采用爆破框架的方法，将筒体定向倾倒；当框架高度还满足不了倾倒要求时，也需在筒体底部挖洞留柱，最后同时或顺序爆破底部框架和预留柱。

当多个筒仓紧密连接在一起，形成多排整体结构时，为了确保爆破效果，宜将联排筒体分离，形成单排或者单个筒体，然后再按上述方法进行拆除爆破。

（2）筒仓爆破设计

1）爆破缺口计算

对于联体筒仓，就单个筒体而言，其上、下通体的直径相同，与烟囱直径上小、下大略有区别，同属高耸建（构）筑物。故联体筒仓应分割成单排或单个筒体后，其拆除爆破失稳倾倒机理与烟囱拆除爆破相似。因此，爆破缺口形状和参数可参考烟囱拆除爆破的参数选取和计算方法。

2）炮孔布置和装药量计算

①炮孔深度 L

一般在筒壁外侧钻水平炮孔时（孔径为 38~42mm），合理的炮孔深度为壁厚的0.65~0.70 倍，具体视材质确定。

②炮孔孔距 a 和排距 b

一般 $a=（0.8~0.85）L$；采取梅花形布孔，$b=0.85a$。对于大型筒体结构，筒体直径、重量一般较大，为减少钻孔工程量，可采取间隔布孔的方式，即沿筒壁每布 5~7 排炮孔后间隔 0.5~0.8m 再布孔。

③单孔装药量

采用浅孔控制爆破法拆除筒体结构时，单孔装药量 Q 通常采用式 $Q=qab\delta$ 计算，其中 q 为炸药单耗（kg/m^3），δ 为筒壁壁厚（m）。最终的装药量尚需通过试炮确定。

183. 拆除爆破如何验孔？

钻孔后装药前应对所有炮孔逐个检查验收，验收的主要内容有：

（1）检查是否在设计要求的所有部位都完成了钻孔作业，既不允许随意加孔也不允许减孔。多钻的炮孔应有明显标注，不再装药，缺孔部位应及时补钻。

（2）检查各部分炮孔的间距和排距是否符合设计要求，而其中的关键是布孔范围和孔数是否符合设计，且范围内炮孔分布位置基本均匀；如有出入，应及时报告技术人员采取补救措施。

（3）检查各个炮孔是否符合设计要求的深度，有无"打穿"、超深或欠深，如超深或打穿应予以填塞，深度不够时应进行补钻或请技术人员提出补救办法。

（4）检查炮孔内是否有影响装药的杂物，发现后应及时清理。

（5）检查预处理工作是否到位，处理不到位的要尽量处理到位，以免影响爆破效果，甚至造成事故。处理范围过大时应报告技术人员采取措施。

（6）对所有炮孔进行标注，注明各区（片）炮孔的数量、使用雷管段别和每孔装药量。

184. 拆除爆破装药作业前的准备工作有哪些？

拆除爆破的特点是每次使用的药包数量大，有时多达上万个；单个药包的质量小，通常是以克为单位计算每个炮孔的装药量。做好施工作业的组织和技术交底工作是保证爆破效果的关键。装药作业前应做好以下工作：

（1）爆破技术人员根据设计和验孔情况编制爆破装药分区作业图，向施工人员按组进行技术交底。爆破装药分区图内容包括施工人员、工作内容、作业范围、药包个数，各种药包的品种、数量和雷管种类及段别，需要的工具材料以及施工注意事项等内容。

（2）清理场地。将施工现场的机械、器具和风水管、电线整理好搬运到安全的地方；将施工场地内有碍作业的物品清除，以便开展装药作业；移走或扑灭施工现场的一切火（热）源。

（3）对参加装药作业的人员进行分工。通常两人一组，一人负责装药和填塞，另一人递送材料和做其他辅助工作。

（4）准备装药所需的炮棍、梯子（或搭脚手架）、小刀、填塞材料等物品。并将所需的梯子和脚手架安放到位。

（5）查看所领用的炸药品种和数量、雷管段别及数量等是否符合设计要求，并将其分门别类地放置在作业地点附近。

（6）对附近有可能因为爆破而损坏的建筑门窗、设施等进行适当的覆盖保护，防止被爆破冲击波和飞散物损坏。

（7）爆破试验。对于重要的爆破工程，为了确保爆破效果，在条件允许时应先选取适当的区域做试验炮，检验设计的参数是否符合现场实际情况，并根据试验结果调整炮孔装药量。

（8）药包制作。采用直径 32mm 乳化炸药，每卷 200g，可以很方便地切割成需要的药量。作业人员按要求进行现场切割、制作药包即可。

（9）各组人员进入作业区熟悉场内情况，对照分区作业图查看本组装药孔的种类和数量、需使用爆破器材的规格和数量、各炮孔中药包个数、分清废孔和合格炮孔等内容，做到心中有数，确保按设计进行施工。

（10）在接入电雷管前应切断通往施工现场的所有电源。

185. 拆除爆破装药操作有什么要求？

准备工作完成后，在技术人员的指导下开始装药作业。装药工作中的操作方法和技术要求如下：

（1）严格按技术交底进行作业，严格按设计的药包装药，不准互相替换，严禁随意增减药量的行为。

（2）装药时应从分区的一端向另一端顺序作业，防止遗漏。每根柱、梁或墙体装药往往是先将所有药包放入各孔口内，清点药包数量是否和设计一致，相符后再将各个药包按顺序推入炮孔，这样可以避免漏装事件的发生。

（3）装药前应分清好孔和废孔，不能将炸药错装入废孔。

（4）为了防止错装漏装，同组作业人员应协同配合，严禁分片包干、各行其是。

（5）雷管安装时注意将雷管的底部放置在药包的中央。在使用乳化炸药时应顺着药卷插入雷管，禁止将雷管的聚能穴外露。雷管安装后应注意不使雷管脱落或在药包中移动，可采用胶布、橡皮筋等物进行固定。禁止用手提雷管脚线或导爆管的方法传送药包。

（6）装药时应该使用炮棍将炸药装到底，同一炮孔装两个以上药包时应记好每次炮棍插入的尺寸；当连续两次的插入尺寸与装药（或者填塞）量有差别时应该及时进行处理。

（7）当采取分段装药时不能随意用炸药代替炮孔中间填塞段，也不能随意改变炮孔中装药的位置。

（8）上下传递炸药雷管时应该手对手进行传递，严禁上下抛掷。

（9）按照施工标记进行装药，如错误地将药包装入已标记不能装药的炮孔，应立即按盲炮处理要求将炸药掏出。

（10）每片区装药完成后应检查是否有漏装，同时将雷管脚线或导爆管理顺，置于不易被踩踏的位置。

186. 拆除爆破如何进行填塞作业？

拆除爆破中由于药包数量大，为了简化施工程序，通常是装药后立即进行填塞。在填塞时应注意：

（1）在装药作业前应按设计要求准备好填塞料（炮泥卷），如提前准备填塞料，要注意填塞料的保湿。

（2）填塞时，每卷炮泥都要用木棍捣实一次，以防止出现捣不实或空洞现象，严禁把炮泥放进去不捣实的做法。

（3）炮泥一定要填至与孔口平齐。

（4）在填塞过程中，应注意保护好雷管脚线或导爆管，不能将炮棍捣在雷管脚线或导爆管上。

187. 如何敷设拆除爆破的爆破网路？

拆除爆破中网路敷设是一项十分细致和重要的工作。在实际爆破工作中常常出现因错接或连接不良造成电力起爆网路不能导通甚至产生拒爆，因此在操作时尤其要严格、认真。

作业人员在敷设网路时应注意：

（1）充分了解设计意图，保证爆破网路连接的正确性。

（2）在敷设前还应先对整个区域进行规划，使网路敷设形式尽量简单有序、走线清晰，有利于检查，防止网路出现交叉、螺旋形连接。

（3）在网路连接前应检查所领取的各种连接材料（包括起爆器材、连接线、胶布等）是否均为符合设计要求的合格产品，工具是否齐全。

（4）敷设网路前应先清理场地，将炸药的包装袋（纸箱）拣干净，防止爆破器材掉入杂物堆，给下道工序留下隐患；并能保证敷设网路的方便，防止漏接、错接，有利于网路检查。

（5）敷设网路时应尽量避开施工干扰，无法避开时应采取妥善的防护措施，防止因其他项目的施工损坏网路。

（6）起爆网路敷设时应由有经验的爆破员或爆破工程技术人员实施双人作业制，一人操作，另一人检查监督。

（7）起爆网路的连接应在全部炮孔装填完毕、无关人员全部撤离后方可实施。连线前应擦净手上的油污、泥土和药粉。连接的方向要由工作面向起爆站逐段进行。

（8）敷设的起爆网路线路不能拉得太紧，应有适当的余量，保证网路有一定的松弛度。

（9）网路敷设完成后应及时进行检查或导通，检查所有线路完好后立即将爆区封闭，禁止无关人员入内，并向爆破负责人报告网路敷设情况。

（10）遇有雷电时应立即停止网路敷设，所有人员立即撤离危险区，并在安全边界上派出警戒人员，防止其他人员误入爆区。

188. 如何做好拆除爆破的安全防护？

（1）安全防护的材料

拆除爆破中常用的安全防护材料有草袋（或草帘）、编织袋、废旧轮胎（或胶管）编制的胶帘、荆笆（竹笆）、铁丝网、竹排、建筑安全网等，不宜使用薄铁板做防护材料。

（2）准备工作

1）按设计要求准备好防护材料，并预先连接成较大块，以简化防护作业；

2）准备好所需的铁丝钩、工具、梯子等用品；

3）在防护需要的位置钻孔、插钢筋棍、拉铁丝，以便能顺利、快速地进行防护作业；

4）将起爆线拢好、固定，避免在防护时破损。

（3）防护的操作要点和注意事项

1）按设计要求，依次将覆盖材料覆盖在爆破物体上；

2）对悬挂、围栏、支挡覆盖材料的设施，要求有一定的承载能力，并使覆盖材料与爆破体之间有 10~20cm 的空隙；

3）防护材料的边缘应超出爆区最外侧炮孔，超出的距离不小于 50cm；

4）不准从下部向上顶送防护材料，这样容易破坏起爆网路和已做好的防护；

5）各层防护材料均应连接紧密、不留缝隙，避免爆破飞散物从缝隙中冲出；

6）在覆盖防护时应特别注意保护起爆网路，不得对起爆网路有任何损害。

（4）高耸建筑物定向倾倒触地的安全防护

高耸建筑物定向倾倒时由于本身携带的能量很大，与地面碰撞解体时会形成大量飞溅物，并产生较强的塌落振动，因此对倒塌范围要进行必要的防护，以免造成不必要的损失。

1）一般防护方法

①在地面堆起数道有一定高度的土埂，该土埂应有一定的承载能力、又不能产生飞溅物，如使用沙包、湿度适当的土等，严禁使用建筑物碎块做土埂；

②将土质地面挖松软，将其中的碎块清除干净；

③将地面的积水、泥土清理干净，防止产生飞溅。

2）施工人员操作时注意事项

①土埂的高度、宽度、长度和数量必须符合设计要求，不得擅自更改；

②严禁使用建筑碎碴等硬块物质做降震和防飞溅物的地面防护材料；

③用沙土、煤灰等做缓冲材料时，需浸水防尘并提高自身承载能力。注水量要控制在使防护材料湿透即可，不可产生渗水。

第五节　水下爆破

189. 什么是水下爆破？水下爆破分为哪些类型？

凡爆源（药包）处于水中或水域制约区内与水体介质相互作用的爆破，统称为水下爆破。按药包在水中的位置和水域条件的差异，水下爆破可分为水下裸露爆破、水下钻孔爆破、水下硐室爆破、水下软基处理爆破、水下岩塞爆破等。

190. 水下钻孔爆破施工特点有哪些？

水下爆破是在水中、水底介质中进行的爆破作业，适用于河道整治、水下管线拉槽爆破（包括开挖沉埋式水底隧道基坑）、水工建筑物地基开挖、爆破压密和桥梁基础开挖等。

水下工程由于能见度较低，加上水的流速、潮汐、水深、地形等复杂因素的影响，钻爆施工难度较陆域大，爆破后的碎石不便于清碴船清碴。实践证明，爆破和清碴是水下开挖工程的两个重要组成部分，要取得较高的综合效率，两者必须密切结合。

水下钻爆应按开挖断面和船位有序地进行。一般是由下向上，由外向内，由深而浅分段进行。除岸上设置纵横断面外，首先应在图上提取坐标，布置船位和孔位，然后在现场用全站仪根据图上坐标跟踪定位布孔。水下钻孔爆破实景见图4-38。

191. 如何选择水下钻孔爆破参数？

水下钻孔爆破的钻爆参数一般是参考一些成功的工程实例的经验参数来选取。正常水下爆破中采用垂直炮孔时各种炮孔直径条件下的钻孔爆破参数，在相同钻爆参数情况下，为了克服水下阻力，炸药单耗应比露天爆破增加30%~50%。

图 4-38　水下钻孔爆破实景图

192. 水下钻孔爆破施工应掌握哪些施工要点？

（1）钻孔船定位

水下钻孔是通过水上作业船（驳）或钻孔平台配以导管穿过水层对岩石进行钻孔，船与平台必须依靠锚绳和桩定位。对于钻孔船，为便于移船和定位，同时确保邻近航道的正常通航，可在其上游抛倒"八字"锚，两侧抛开锚，通航一侧连接锚链下沉，使其有足够的水深过船，以便施工、通航两不误。同时尽量多覆盖钻爆区，做到机动灵活，缩短移船定位爆破周期，提高工效。在钻进过程中因受水流、风浪、潮汐等影响，船体的位移量不宜大于 10cm，以减少钻进中出现导管和钻具倾斜、折断及丢失的现象。

（2）水下钻孔作业

水下钻孔，目前均采用风动钻具，操作省力省工，进度快。钻孔工序分下套管和开机钻进两个工序。

1）下套管

根据施工区炮孔位置和水深情况，配接好套管长度，距水面附近配花格子管，以便钻孔时石碴和水从花格子管中流出，不冲向操作平台。用枇杷头钢绳拴好套管，吊起沉放入水。为使套管垂直不受流速影响而倾斜，在套管脚上 1.0~1.5m 处拴上一根直径 15mm 的白棕绳做提头绳，将绳头拉向上游部位，专人护理，听从作业组长指挥，随套管下沉慢慢松放直至套管正位后，固定在桩上，取下钢绳，固定套管，即可吊钻杆入套管钻进。为便于接卸钻杆，钻杆长度应根据钻架高度选取。

2）开机钻进

当岩层表面有砂卵石覆盖或强风化岩时，可用高压风驱动水流将其冲走，再实施钻孔。达到设计深度后，再来回提钻数次，使炮孔孔壁光滑，最后提出钻杆，检查验收炮孔。

193. 如何加工水下钻孔爆破施工的药包、起爆体?

（1）药包加工

目前国内各类爆破器材生产厂家均可按照用户要求提供相应规格的水下爆破专用药卷，省去了小药卷加工成大药卷及防水处理的工序。用于水下的药包有两种：

1）震源柱药筒

塑料壳制成，筒长 0.5m，直径 90mm，装药 3kg，底部和口部有螺丝口，便于连接。药筒的上部有一盖板，板上有一孔，便于装雷管。

2）牛皮纸浸蜡包装筒

筒长 0.5m，重 3kg，药筒采用竹片绑扎连接，加工成不同长度与重量的药包，或直接采用抗拉性能好、密度大的乳化炸药药卷。

（2）起爆体加工

采用 8 号金属壳雷管（电或导爆管毫秒雷管），每孔至少装两发雷管，并联接在两个起爆网路中。引出的导线松弛地绑扎在一根直径 6~7mm 的尼龙绳上，尼龙绳与药筒绑牢，既当投放起爆药卷的提绳又可保护导线，避免被水流冲散、冲断。

194. 水下钻孔爆破施工如何进行钻孔检测、装药和填塞?

钻孔完毕，装药前应先用送药杆检查钻孔，核实钻孔的深度和孔壁的光洁度，达到设计要求后即可进行装药。装药时用送药杆压住药包顶部，拉住提绳，通过导管缓慢地送入孔内，使药包底部与孔底接触。装药完毕，用送药杆压住药筒顶部，抽出提绳，用粗沙或卵石填塞。拔起送药杆，提起导管，拉出导线，系于钻孔船或浮筒上。

195. 水下钻孔爆破施工起爆方法有哪两种?

水下爆破工程通常采用电起爆和导爆管起爆两种起爆方法。

（1）电爆网路的形式与敷设

1）电爆网路形式

为确保水下钻孔爆破的电爆网路准爆，均采用并串联起爆网路。

2）主线加工及敷设

①主线加工。用直径 17~21mm 的白棕绳、尼龙绳或麻绳做主绳，将电爆网路的主线每隔 40~60cm 松弛地用细绳绑扎在主绳上。

②主线敷设。爆破网路的主线，在有流速的河段，一般在位于爆破安全区上游的定位船上顺流引放；在缓流或沿海地区，当炮孔区域线联结形成整体爆破网路后，随即进行钻船横向位移，到达安全区后即可通电起爆。

（2）导爆管起爆法

导爆管起爆法大多采用簇联方式连接网路并起爆。

196. 什么是水下裸露爆破、有什么特点？

水下裸露装药爆破法就是把装药直接放置在水底，紧靠礁石表面进行爆破的方法，它与陆上裸露爆破法基本相似，但由于水介质的影响，在炸药消耗和施工工艺方面有所不同。

水下裸露爆破法具有施工简单、操作容易和机动灵活等优点，它多用于航道整治工程中的炸礁、沉积障碍物和旧桥墩的清除、过江沟槽的开挖以及胶结沙石层的松动。但水下裸露爆破法炸药单耗大，相对于水下钻孔爆破来说，效率较低，同时又不能开挖较深的岩层，因此在应用上受到限制。

由于水下爆破的影响因素很多而且复杂，因此，目前对于水下爆破参数的计算尚没有准确统一的计算公式，在工程施工中常常采用条件类似的工程施工总结的参数，或者采用一些经验公式估算，然后在工程中通过试爆进行修正。

197. 水下裸露爆破施工方法有哪些？

水下裸露爆破施工方法的成败关键是如何在指定的施工地点正确无误地投放药包并起爆。水下投放敷设药包应根据水深、流速、流态、工程量大小及通航条件等情况，采用不同的投药敷设方法。

（1）岸边直接敷设法

当水较浅、爆破区靠近岸边、能从水面看清待爆目标时，可从岸边通过斜坡平台滑放，或用钎杆插送。

（2）潜水敷设法

水深 3m 以内，流速小于 0.5m/s 时，对于零星分布的少量块石或孤石，可采用潜水员入水敷设药包的方法，在此条件下，潜水效率与作业条件关系密切。

（3）沉排法

水较深、水底较平坦的岩石开挖工程，可在设有斜坡平台的工作船上，或在岸边架设滑道，将药包按设计间距排列在木排、竹排或尼龙框上，形成网状，然后推滑下水，用木船拖至爆区，配上重物将排架沉至待爆目标。

（4）船投法

大面积或大量水下裸露爆破工程，宜用船投法。大型山区河流，河道较宽可用机动船投药；中小型河流，因航道条件较差，大多采用非机动船投药。

非机动船投药，能在任何急流险滩或滑坡河流段施工。作业时配备一艘 25~30t 的非机动船作为定位船，船上装有小型柴油机作为定位抛锚和施绞投药船用，安装有扬声器、对讲机等通信工具和爆破仪表。

投药船选用 8~15t 的船，中舱两舷设翻板，板长 5~6m、宽 0.3m、厚度 0.04m，用铰链与船体连接，船上配有测深仪、对讲机等仪器和通信设备。另配有功率为 110kW 的机动船负责交通和送药包。定位时，由机动船拖带定位船在爆区上游锚泊定位，一般用主绳和左右边绳锚泊在施爆区上游 70~120m 处。定位船根据投药船炸礁的需要，负责上、下、左、右移位，使定位船与投药船始终固定在被炸礁石的同一流线和断面上。投药船每投放完一船（次）药包，由定位船将其绞拖至定位船附近，然后起爆。

（5）绳递法

绳递法又称空中吊炮法，通过跨河缆投放药包。其方法主要是在陡崖狭窄的急流河段，船只无法到炸点投药时，可在离炸点 20~30m 的上游河面上，用直径 14~17mm 钢绳横架一根跨河绳，绷紧后套上铁环，铁环上系一根拉绳至两岸，便于牵引铁环左右移动。

用尼龙绳或钢丝绳穿过铁环拉吊药包，称药包主绳。在药包的捆绑绳上，拴几根拉绳至两岸，用来提高投药的准确性和使药包紧贴礁石，称药包脚绳。1994 年乌江白马至涪陵河段的鸡公岭发生滑坡，堵塞河段，后经两年吊绳水下疏炸，疏通了河道，恢复了通航。

198. 如何加工水下裸露爆破药包？

一般来说，水下裸露爆破应采用乳化炸药，在制作药包时可将经检查的两发雷管直接插入药包中。根据炸深要求，可加工成 9kg、12kg、15kg、18kg、21kg、24kg 的药包。

目前广泛采用 500mm×800mm 塑料袋，将装药做成扁平形状的药包，其长宽厚之比为 3:1.5:1 较为合适，可增大药包与岩石的接触面积。为防止塑料袋在激流暗礁上划破，通常在塑料袋外用长 0.8m、宽 0.28m 的竹笆或纸箱包装做保护层，并在药包的两端加配重，配重可就地取材，采用块石或沙石。

199. 在水深不大于 30m 的水域内进行水下爆破时，水中冲击波对水中人员的安全允许距离与哪些因素有关？有何规定？

（1）水中爆炸冲击波对水中人员和水面船只的安全允许距离与炸药量大小、装药方式及人员状况有关。

（2）水中裸露爆破较水下钻孔或药室装药爆破的水中冲击波更为强烈，因此要求对人员的安全允许距离更大。

（3）无论何种水中装药爆破，水中冲击波对潜水人员的安全允许距离比对游泳人员都要大。

（4）对水上客船的安全允许距离规定为 1500m。

（5）对施工船舶，无论是水下裸露爆破、钻孔还是碉室装药爆破，对木船的安全允许距离都要求比铁船更大。

第五章 ▶▶▶

岩石非爆破开挖技术

第一节 二氧化碳致裂

200. 二氧化碳致裂的工作原理是什么?

将一定质量液态 CO_2 充入致裂器主管,激发时将起爆装置连接到致裂器装置上,通过电激励致裂器内的启动器使化学热反应器迅速放热给液态 CO_2,利用 CO_2 温度超过 31℃时,无论压力多大液态 CO_2 将在 40ms 内气化的物理特性和 CO_2 从液态变成气态时体积增加到原体积的 600 倍的这一特性,当瞬间膨胀压力达到定压泄能片的屈服压力时,泄能片破断,高压气体作用到钻孔壁,使周围材料破断,整个过程在 1s 内完成。见图 5-1、图 5-2。

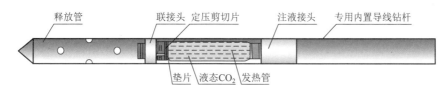

图 5-1 二氧化碳致裂器内部结构图

致裂器主管

致裂器充气头

致裂器热源体

致裂器充气头   致裂器释放头

图 5-2 二氧化碳致裂器主要器件

201. 二氧化碳致裂的技术优势是什么？

二氧化碳致裂器成套装置是一种新型低温爆破器材，该装置采用特殊化学工艺，实现爆破过程中无明火，从源头上切断了爆破作业事故的发生，能够完全避免因爆破作业产生高温高压而引发的事故。

CO_2 致裂与火药爆破有明显的技术优势：

（1）液态 CO_2 气化高压释放具有降温作用，且 CO_2 又是惰性气体，完全可以避免因放炮产生明火而引起瓦斯事故（瓦斯爆炸或瓦斯燃烧），特别适用于高瓦斯及煤与瓦斯突出矿井使用；CO_2 气体爆破是一种气体的体积膨胀，且是低温状态，对瓦斯具有稀释作用。

（2）处理深孔 CO_2 致裂器"哑炮"时，不存在爆炸危险性。

（3）CO_2 致裂是高压气体渗入煤层孔隙致裂，爆破震动小，不会引发瓦斯突出等灾害。

（4）用于破岩的液态 CO_2 吸热生成高压的 CO_2 气体，经泄能口排出，其排出是吸热过程，产生低温 CO_2 气体（零度以下）作功于煤体，使用过程为本质安全的；爆破装置配套耗材的核心是热反应材料，热反应材料只用于为致裂器中的液态 CO_2 加热，瞬间加热，形不成"爆炸"；热反应材料中不含炸药成份，它与黑火药相比性能缓和、安全性好。

（5）CO_2 气体致裂过程是可控压力致裂，根据需要选定不同规格的致裂片，致裂安全管理简单。不必考虑多装药问题，也不用考虑炮孔封堵长度、压力要求，可根据煤层致裂需求，适当调节爆破压力，达到理想的预裂效果。

（6）致裂震动比火药爆破小，不会产生破坏性震动，对上下巷和工作面支护不会产生破坏，爆破时诱发煤与瓦斯突出可能性小，也不易破坏煤层引起突水事故。

（7）抛煤距离短，不会崩倒支柱，有利于工作面顶板管理。

（8）致裂器储存及运输过程中没有任何危险，管理容易，不会对社会造成危害。

（9）不产生任何有毒气体（如火药爆破产生的对人体极其有害的 CO、NO、NO_2 等气体）。

（10）致裂过程产生粉尘少，不会造成粉尘飞扬；对井下作业人员的职业病防治、降低工人发病率有积极作用，在安全高效的同时具有较高的环保效益。

（11）躲炮距离短，致裂后可立即返回工作面。

（12）在相同效果下比传统爆破布置炮孔少，可以减少爆破作业时间。

（13）机理与火药爆破不同，从而使产炭块率提高 30%~40%。在保护煤炭资源、提高资源利用价值的同时，煤矿企业经济效益大幅增长。

（14）使用成本低：操作简单，操作人员少，低耗材、充填迅速、生产效率高。

（15）利用 CO_2 相较于 CH_4 亲煤特性，在致裂的过程置换出一定数量的吸附 CH_4，更好地降低煤体瓦斯赋存量。

202. 二氧化碳致裂时间—压力曲线是怎样的？

理论及实践证明二氧化碳致裂深孔松动预裂技术既有深孔松动爆破施工的简易性，又有水力压裂的造缝效果，是集水力压裂、深孔松动爆破的优点于一身的一种低成本、切实有效的技术措施。三种技术的 P—t 曲线（时间—压力曲线）及试验效果照片便是很好的诠释。

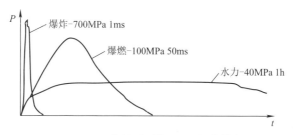

图 5-3　P-t 曲线（时间—压力曲线）图

203. 二氧化碳致裂与同类技术的对比优势有哪些？

技术种类	最高峰值压力	作用时间	裂缝形态及优缺点	作用半径	安全状况
松动爆破技术	100~700MPa	微秒级	钻孔周围形成粉碎压实带（渗透率降低），粉碎区之外的裂隙区作用范围有限	2~3m	炸药爆轰高温与冲击波的危险
水力压裂技术	20~50 MPa	小时级	沿老裂缝延伸或垂直于最小地应力方向的一条裂缝，不能在煤层中产生预设的均匀性的多条裂缝	上百米	高压管线
水力割缝技术	20~30 MPa	小时级	在钻孔煤层内形成新的切割面，作用范围有限	1~2m	
CO_2 致裂技术	60~250MPa 可调	毫秒级	在钻孔煤层内形成不受地应力约束的大量随机裂缝，在煤层内形成主动脉－支动脉－毛细血管的树根状裂缝系统，裂缝系统在煤层内能够均匀分布，煤层渗透率大幅度提高	5~8m	CO_2 致裂器无明火产生，无冲击波产生，只形成应力波，无有害气体发生

204. 二氧化碳致裂的优缺点有哪些？

（1）优点

1）气体比炸药更有安全性，不属于民爆产品，运输、储存和使用目前不需要审批；

2）无需炸药审批的繁琐程序和公安部门的严格监管；

3）爆破过程中无破坏性震动，扬尘比例降低，对周围环境影响不大；

4）复杂的作业环境均可使用，包括煤矿及矿山领域；

5）二氧化碳气易采购，部分装置可重复使用；

6）多个爆破筒可同时并联，爆破威力大，爆破后岩石个体大。

（2）缺点

1）效率低：步骤过于繁琐，每天炸不了几次，环节多了出问题的机率就多，如灌装、接线、封孔等环节；

2）临空面要求：利用临空面才有效果，深基坑或临空面不好的作业面不适合；

3）产量低：无法实现多排爆破，就造成单次爆破的爆破筒数量不宜超过两排，超过一排就容易卡住或炸坏爆破筒；

4）成本高：其使用的活化器是专用的，一次性用品，产量不高时也造成爆破成本高；

5）要求高：爆破筒装填工艺和现场施工均较复杂，对炮孔质量要求较高；

6）噪声及安全：爆破震动力虽不大，毕竟声响比较明显，若要在周边有居民楼及建筑物的场所使用，应尽量先征求当地应急管理及环保是否允许。

第二节　液压及风动破碎

205. 什么是液压破碎机？

移动式液压破碎机俗称油炮或油锤，一般均由液压挖掘机的反铲改造而成。当现场需要时，只须将液压铲的铲斗卸下，换上破碎冲击器即组成了一台移动式液压破碎机；不用破碎机时，将破碎冲击器换成铲斗，则又可恢复成液压挖掘机。见图5-4。

206. 国产液压破碎冲击器有哪些？其性能有哪些？

国产液压破碎冲击器及其可配套使用的挖掘机列入表5-1。

图5-4　液压破碎机现场作业

国产破碎器的主要技术性能指标　　　　　　　　　表5-1

型　号	PCY80	PCYS200	PCY300	PCY500	PC50	PC100	PC200	PC300	PCY60	PCY180
工作压力 /MPa	9.8~12	9.8~12	9.8~12	9.8~12	0.63	0.63	0.63	0.63	12	9.8~12
冲击能量 /J	800	2000	3000	5000	500	1000	2000	3000	800	800
冲击频率 /Hz	6~8	6.7~8.3	6~8	6~8	8	5	4.5	4	6~8	6~8
耗气量 /L·s⁻¹						100	150	235	335	
油流量 / L·min⁻¹	55~70	80~120	115~140	170~220					55~70	55~70
钎杆直径 /mm	95	100	130	140	75	100	114	120	95	95
钎杆长度 /mm	360	500	460	600	120	160	235	235	360	360
外型尺寸　长 /mm	1970	1810	2345	2915	1750	1920	2330	2170	1970	1970

型　号		PCY80	PCYS200	PCY300	PCY500	PC50	PC100	PC200	PC300	PCY60	PCY180
外形尺寸	宽/mm	580	570	585	600	372	372	472	472	580	580
	高/mm	430	420	570	650	750	800	612	655	430	430
配套挖掘机型号		WY40/60	WY60/100	WY60/100	WY100/600	WY40	WY40	WY40/60	WY40/60	DZJ 系列拆炉打渣机	
重量/kg		435	750	1230	1680	276	762	1200	1280	435	435
生产厂		通化风动工具厂								沈阳风动工具厂	

207. 进口液压破碎冲击器有哪些？其性能有哪些？

国内广泛使用的进口液压破碎冲击器有德国产克虏伯系列产品和韩国工兵系列产品。德国产品有轻型、中型和重型三类，分别列入表 5-2、表 5-3、表 5-4，其适用范围列入表 5-5，其破碎效率列入表 5-6，韩国工兵系列产品列入表 5-7，其配套钢钎类型及适用范围列入表 5-8。

克虏伯液压破碎锤轻型系列型号及规格　　　　　　　　表 5-2

型　号	HM60	HM90	HM140	HM170	HM230
承载机械重量等级 /t	1~3，1.2~3	1.5~4，1.9~4.4	2.5~9	5~12	6~13
工作重量 /kg	75，102	128，164	212，243	243，300	380
油流量 /L·min⁻¹	15~35	25~45	35~45	50~75	60~90
工作压力 /10⁵Pa	90~120	90~130	120~140	120~140	120~150
冲击频率 / 次·min⁻¹	570~1700	500~1150	500~1150	500~1000	520~1000
钎杆直径 /mm	48	62	65	75	80
钎杆工作长度 /mm	340，300	435，395	495，450	500，455	415

克虏伯液压破碎锤中型系列型号及规格　　　　　　　　表 5-3

型　号	HM350	HM580	HM720	HM780
承载机械重量等级 /t	8~15	12~18	15~24	15~26
工作重量 /kg	535	900	1180	1200
油流量 /L·min⁻¹	60~100	70~120	90~120HP，140~170LP	100~140
工作压力 /10⁵Pa	130~160	120~180	140~170HP，90~120LP	160~180
冲击频率 / 次·min⁻¹	440~1000	370~820	350~600HP，700~1200LP	340~680
冲程控制（频率转换）			手动	自动
钎杆直径 /mm	90	100	115	120
钎杆工作长度 /mm	450	560	615	605，580

克虏伯液压破碎锤重型系列型号及规格   表 5-4

型　　号	HM960	HM1000	HM1500	HM2300	HM2600	HM4000
承载机械重量等级 /t	18~24	18~30	26~40	32~50	42~75	65~120
工作重量 /kg	1600	1700	2150	3000	4120	6900
油流量 /L·min⁻¹	130~170LP	130~160	140~180	240~300	250~320	400~480
工作压力 /10⁵Pa	160~180HP, 120~140LP	160~180	160~180	160~180	160~180	155~190
冲击频率 / 次·min⁻¹	360~540HP, 720~960LP	320~600	280~550	320~600	270~530	300~460
冲程控制（频率转换）	手动	自动	自动	自动	自动	自动
钎杆直径 /mm	135	140	150	165	180	210
钎杆工作长度 /mm	615	650, 625	650, 605	795, 750	820, 775	885

克虏伯液压破碎锤型号和适用范围   表 5-5

使用场所	应用种类	液压锤型号	使用场所	应用种类	液压锤型号
一般施工	破碎混凝土及沥青路面	HM60~HM780	拆除	石料及混凝土	HM60~HM780
	整修花园，园林施工	HM60~HM350		钢筋混凝土	HM90~HM780
	公共设施开沟，基础破碎	HM60~HM4000		高强度钢筋混凝土，拆除大型电厂及桥梁	HM960~HM4000
岩石破碎	采石	HM960~HM4000	矿山隧道	清理顶面	HM90~HM780
	二次破碎，凿面修整，开沟			修整基面	HM90~HM4000
	基础开挖	HM720~HM4000		开凿路面	HM780、HM1000~HM4000
高温作业	拆除结壳	HM140~HM780	水下作业	拆除，航道加深	HM960~HM4000
	拆除（铁）水包衬	HM90~HM780			
	破碎钢渣	HM960~HM4000			

克虏伯液压破碎锤破碎效率   表 5-6

型　　号	混凝土	钢筋混凝土	大岩石
HM60	6~15		
HM90	10~40	5~10	
HM140	15~50	5~15	
HM170	40~90	10~30	
HM230	55~110	15~45	
HM350	75~150	30~80	

型　号	混凝土	钢筋混凝土	大岩石
HM580	125~240	50~130	
HM720	170~340	80~230	225~450
HM780	200~380	125~275	250~525
HM960	275~575	175~400	350~750
HM1000	300~650	200~425	400~825
HM1500	375~800	225~500	475~1000
HM2300	500~1100	300~700	625~1250
HM2600	625~1425	375~800	800~1600
HM4000	975~2325	525~1300	1300~2400

工兵破碎机的型号和规格　　　　　　　　表 5-7

型　号	CB2T	CB4T	CB5T	CB170E	CB220E	CB290E
总重量 /kg	280	470	785	1100	1620	2220
驱动油压 /10^5Pa	95~130	95~130	150~170	150~170	160~180	160~180
驱动油量 /L·min^{-1}	34~60	45~85	85~110	90~120	125~150	150~190
冲击频率 / 次·min^{-1}	450~1000	480~850	450~780	400~750	350~700	300~650
全长 /mm	1401	1750	1944	2110	2300	2500
钎杆直径 /mm	70	90	100	120	135	150
钎杆长度 /mm	700	850	1055	1110	1200	1310
配用车重 /t	2.5~7.5	6~10	9~17	9~17	18~25	25~35
配用斗容 /m^3	0.15~1.25	0.25~0.35	0.4~0.6	0.4~0.6	0.7~0.9	0.9~1.2

工兵破碎机钢钎类型和适用范围　　　　　　　　表 5-8

钢钎类型	适用范围	钢钎类型	适用范围
角锥型	混凝土，非凝结性岩石的破碎，软质或较硬的矿岩	楔子型	适用于松软凝结性岩石的破碎，挖掘及开沟
钝　型	粉碎，切割岩石	圆锥型	普通类型工具
打桩锤	适于打桩，挤压等作业		

208. 什么是手持式破碎机?

手持式破碎机是以压缩空气或液体传递压力为动力的手持式冲击破碎工具。主要用于水泥基础、水泥构件、炉衬、软岩石及各种路面的破碎工作，也可用于破碎冻土层和破冰等。其机动灵活，对破碎场地要求不严格，但工人劳动强度大。见图 5-5、图 5-6。

图 5-5 手持式破碎机现场作业

图 5-6 手持式破碎机

国产手持式破碎机主要性能指标见表 5-9。

国产手持式破碎机主要性能指标　表 5-9

型号	工作压力/MPa	冲击能量/J	冲击频率/Hz	耗气量/L·s⁻¹	油流量/L·min⁻¹	气管内径/mm	全长/mm	钎杆尺寸（直径×长度）/mm×mm	配套动力车	质量/kg	生产厂
PPSY6A	8~10	58	21		25		714	25×108	CYD25D/N	25	沈阳风动工具厂
B37C	0.63	26	29	26		16	550	25.6×109		17	
B67C	0.63	37	24	42		19	615	28.5×152		30	
B87C	0.63	100	18	55		19	686	28.5×152		39	
PPSY8	0.49	80	14		33		700	32×150		30	通化电动工具厂
QP45	0.63						745			45	戚墅堰机车工具厂

209. 什么是气镐？主要技术性能指标有哪些？

气镐是以压缩空气为动力的手持式冲击破碎工具。气镐装有镐钎，用于以冲击方式破碎煤层、混凝土、路面及修整巷道等。国产气镐主要技术性能指标见表 5-10，外形见图 5-7。

图 5-7 气镐

国产气镐主要技术性能指标　　　　表 5-10

型　号	活塞			工作压力 /MPa	冲击能量 /J	冲击频率 /Hz	耗气量 /L·s⁻¹
	直径 /mm	行程 /mm	质量 /kg				
G8	34	110	0.57	0.49	30	18	14
G10	38	155	0.9	0.49	43	18.4	20

型号	钎杆尺寸（直径 × 长度）/mm × mm	气管内径 /mm	全长 /mm	质量 /kg	产地及生产厂
G8	22	16	460	8.5	宜春风动工具厂，通化风动工具厂
G10	24 × 42	16	570	10.6	南京华瑞工程机械公司，通化、宜春、沈阳、徐州、丹徒风动工具厂，上海船厂工具处，龙口航天工具股份公司，上海气动工具厂

第三节　无声静态破碎

210. 什么是无声破碎剂?

高效无声破碎剂是中国建筑材料科学研究总院于 1982 年发明研制成功的。无声破碎剂采用回转窑高温（1400℃以上）煅烧的特殊熟料与少量添加剂配制而成，无声破碎剂是一种高效安全的破碎材料。无声破碎剂用以安全拆除混凝土建筑和开采切割大理石、花岗岩等。用水将无声破碎剂调成浆体灌入岩石或混凝土钻孔中，经 3~24h 即在无振动、无噪声、无飞石、无有害气体的状态下，进行破碎或切割作业。无声破碎剂多年来已得到广泛的应用并销往国外。

211. 无声破碎剂技术指标有哪些?

无声破碎剂，执行建材行业标准《无声破碎剂》（JC 506-2008），性能指标见表 5-11：

各龄期的膨胀压（单位：MPa）　　　　表 5-11

型　号	试验温度 /℃	等　级	膨胀压		
			8h	24h	48h
SCA—Ⅰ	35 ± 1	优等品	≥ 30.0	≥ 55.0	—
		合格品	≥ 23.0	≥ 48.0	
SCA—Ⅱ	25 ± 1	优等品	≥ 20.0	≥ 45.0	—
		合格品	≥ 16.0	≥ 38.0	
SCA—Ⅲ	10 ± 1	优等品	—	≥ 25.0	≥ 35.0
		合格品	—	≥ 15.0	≥ 25.0

212. 无声静态破碎的适用范围与特点有哪些？

用于混凝土或钢筋混凝土构筑物的拆除，各种岩石（如大理石、花岗岩、玉石）的开采和切割，成材率提高 2~3 倍。可与控爆或油压炮相结合，拆除混凝土建筑或破碎岩石。特别适用在不宜采用炸药爆破的场合，进行破碎或拆除作业。使用安全，效率高，不中断交通，不停工停产。

213. 影响无声破碎剂膨胀压的因素有哪些？

（1）无声破碎剂的膨胀压与时间的关系。膨胀压随时间增加而增大，一般来说夏季型膨胀压 3 天后仍然在增长，春秋和冬季型膨胀压 7 天后也有增长。因此，破碎时间越长裂缝越大。

（2）无声破碎剂的膨胀压与加水量的关系。膨胀压随加水量的增加而降低。因此，在实际使用时，在满足施工需求时，水加得越少越好。

（3）无声破碎剂的膨胀压与孔径的关系。膨胀压随孔径的增大而增加。因此，在实际使用时，在保证不喷孔的条件下，孔径越大越好。

（4）无声破碎剂的膨胀压与温度的关系。膨胀压随温度的增大而增加。因此，在实际使用时，在保证不喷孔的条件下，使用温度越低的型号产品效果越好。

214. 无声破碎剂使用方法及注意事项有哪些？

（1）准备：根据被破碎物的材质、结构、形状和破碎要求等因素，设计孔径、孔距、孔深等，表 5-12 是一般破碎设计参数。

一般破碎设计参数   表 5-12

被破碎物体	钻孔参数			使用量 /$kg \cdot m^{-3}$
	孔径 /mm	孔距 /cm	孔深	
轻质岩破碎	30~50	30~50	H	8~10
中硬质岩破碎	30~50	30~50	105%H	10~15
岩石切割	30~40	20~50	90% H	一面切割 5~8 二面切割 15~16
无筋混凝土破碎	30~50	30~50	80% H	3~10
钢筋混凝土破碎		15~30	H	15~25

注：H—物体的破碎高度。

（2）选型：须按施工环境温度选择合适的无声破碎剂型号，不得随意互用。

（3）搅拌：按重量比为 25%~30% 的水倒入容器中，然后加入无声破碎剂，用机械或戴橡胶手套的手搅拌成具有流动性的均匀浆体。5℃以下施工可用 30℃左右的水拌和。

（4）充填：用于破碎钢筋混凝土时，应预先切断部分外围钢筋。填孔之前必须将孔清理干净，不得有水和杂物。充填作业可以采用直接灌入或用机械压入孔内，灌孔必须密实，不必堵塞孔口，水平或倾斜要用干稠的胶泥状无声破碎剂搓成条塞入孔中并捣实。搅拌后的浆体必须在 10min 内充填在孔内，否则浆体的流动性及破碎效果会降低。

（5）安全防护：灌浆到裂纹发生前，施工员必须戴防护眼镜并不得对孔直视，以防万一发生喷浆伤害眼睛，若碰到皮肤或眼睛，要立即用水冲洗，并到医院就医，并告知被强碱性物质（pH=14）接触。

（6）养护：春、夏、秋季不必养护；冬季采用草席等物覆盖保温。

215. 如何设计无声静态破碎工程?

（1）混凝土构造物破碎工程设计

1）最小抵抗线 W

①少钢筋或无钢筋混凝土：W=30~40cm；

②钢筋混凝土：W=20~30cm。

2）孔距 a 与排距 b

块度大：孔距和排距可大些；块度小：孔距和排距要小些。

①孔距 a

可按工程经验选取：a.无钢筋混凝土：15~20cm；b.机械设备基础：20~30cm；c.柱、梁：20~30cm；d.墙、板：10~20cm。

也可按经验公式：$a=K \times D$

式中　a——孔距；

　　　D——孔直径；

　　　K——破碎系数。

K 值：无钢筋混凝土（或钢筋量小于 $30kg/m^3$），K=10~12；

钢筋混凝土：钢筋量在 $30~60kg/m^3$，K=6~10；

钢筋量在 $60~100kg/m^3$，K=6~8；

钢筋量在 $100kg/m^3$ 以上，K=5~7。

材料强度大时，a 取低值，材料强度低时，a 取高值；抵抗线大，a 取低值，抵抗线小，a 取高值；需要保留部分时，在破碎面以上 2~3cm 处钻排孔，a 值减半。

②排距 b

与物体自由面有关。自由面小，排距 b 取小值；自由面大，排距 b 取大值。

要求多排孔分次破碎时，排距一般小于孔距。b=（0.6~0.9）a；多排布孔时，钻孔布置应采用梅花形。

3）孔径 D

目前我国生产的破碎剂，要求孔直径在 3~5cm，一般情况下取 3.8~4.2cm 为宜。在冬期施工时孔径可以大些。

4）孔深

无钢筋混凝土：孔深 H 为破碎物体的 75%~80%；

钢筋混凝土：孔深 H 为破碎物体的 95%~100%。

（2）岩石破碎工程设计

1）最小抵抗线 W

破碎软质岩石：W=30~40cm；

破碎中、硬岩石：W=20~30cm；

切割岩石荒料：W=50~100cm。

2）孔距 a 与排距 b

破碎软质岩石：a=30~40cm；

破碎中、硬岩石：a=20~30cm；

切割岩石荒料：a=20~40cm。

b=（0.6~0.9）a，根据自由面多少决定大小值，自由面多取小值，自由面少取大值。一般情况下，b 小于 a。

3）孔径 D，D=30~65mm。

4）孔深 L

L=（95%~105%）×H。开渠、挖沟 L=105%H，破碎孤石、四面临空物 L=80%H。

5）钻孔方向

钻孔方向与破碎物的节理方向相互垂直，破碎效果最好。如节理不清楚，则先在破碎面上打水平孔或斜孔、再打垂直孔，分段切割或破碎。

6）钻孔布置

孤石：D=40~50；a=40~60；L=80%。

切割部分岩石：D=38~44；a=30~60；双向向下成一定角度布孔。

护坡工程破碎：D=40~50；a=40~60；L=（1~1.05）×H；θ=80°~90°。

岩石切割：有节理的垂直节理布孔，无节理的先在底部打水平孔，再打垂直孔。先打外排，裂开后，再往里布。D=30~40；a=20~40；L=（1~1.05）×H；θ=80°~90°。

挖沟：先在中心部位挖出 V 形自由面，再在中心两边成角度向下布孔。D=40~50；a=30~60；L=（1~1.05）×H；θ=45°~60°。

（3）冬季破碎工程设计

选用冬季型破碎剂，在破碎剂中加入 3%~5% 的 $CaCl_2$（早强剂），用 40°~60° 的水拌和，水灰比为 25%~30%。提高破碎物的温度：用篷布覆盖并通入蒸汽或在四周撒上木屑点火加热。

第六章 ▶▶▶

爆破安全技术

第一节　爆破振动

216. 爆破有害效应主要有哪些?

主要有爆破振动、冲击波、个别飞散物、有害气体、噪声、粉尘六类。

217. 什么是爆破振动?

爆破振动是指爆破引起传播介质沿其平衡位置作直线或曲线往复运动的过程,是衡量爆破地震强度大小的可测量的物理量。

218. 什么是爆破质点振动速度?

质点振动速度是在地震波作用下,介质质点往复运动的速度,也是衡量爆破振动强度的一个通用指标。《爆破安全规程》就将质点振动速度作为爆破振动安全允许标准的重要指标。

219. 什么是爆破主振频率?

介质质点的振动频率就是质点每秒振动的次数,而介质质点的最大振幅所对应的频率就是主振频率。《爆破安全规程》要求在选取被保护对象爆破振动安全允许标准时要考虑主振频率的影响。

220. 爆破振动的产生有哪些特征?

装药在岩石介质中爆炸时,大部分能量将岩体破碎、移动或抛掷,另一部分能量对周围的介质引起扰动,并以波动形式向外传播,爆破振动的产生具有如下特征。

(1)持续时间很短。
(2)振动频率较高。
(3)主振频率受爆破类型影响大。
(4)主振频率还与传播介质特性有关。

（5）在分段延时爆破中，爆破振动持续时间较单次齐发爆破长。

221. 爆破振动有哪些危害？

（1）硐室爆破或深孔爆破对地面和地下建（构）筑物、保留岩体、设备等影响。

（2）城市、人口等稠密区进行的明挖、地下工程爆破以及拆除爆破对工业及民用建筑物、重要精密设施等的危害。

（3）坝肩、深基坑、船闸、渠道等高边坡开挖爆破对边坡稳定及喷层、锚杆、锚索等的影响。

（4）地下硐室群爆破对相邻隧道、廊道、厂房等稳定性的影响。

222. 爆破振动强度是如何计算的？

《爆破安全规程》推荐采用的经验计算公式：

$$V=K(Q^{1/3}/R)^{\alpha}$$

式中　V——爆破振动速度，cm/s；

Q——炸药量，齐发爆破取总炸药量，延期爆破时取最大一段起爆药量，kg；

R——从建（构）筑物到爆破中心的距离，m；

K——与地震波传播地段岩土特性等有关的系数；

α——地震波衰减指数。

α 值可参照《爆破安全规程》（GB 6722）或类似工程进行选取，也可进行小型试验炮对爆破振动进行测量，计算符合实际的 K、α 值。见表 6-1。

K 值和 α 值与岩性的关系　　表 6-1

岩　性	K	α
坚硬岩石	50~150	1.3~1.5
中硬岩石	150~250	1.5~1.8
软岩石	250~350	1.8~2.0

223. 爆破振动安全允许的国家标准是什么？

爆破振动安全允许标准（GB 6722-2014）　　表 6-2

序号	保护对象类别	安全允许质点振动速度 $V/\text{cm·s}^{-1}$		
		$f \leqslant 10\text{Hz}$	$10\text{Hz}<f \leqslant 50\text{Hz}$	$f>50\text{Hz}$
1	土窑洞、土坯房、毛石房屋	0.15~0.45	0.45~0.9	0.9~1.5
2	一般民用建筑物	1.5~2.0	2.0~2.5	2.5~3.0
3	工业和商业建筑物	2.5~3.5	3.5~4.5	4.2~5.0
4	一般古建筑与古迹	0.1~0.2	0.2~0.3	0.3~0.5
5	运行中的水电站及发电厂中心控制室设备	0.5~0.6	0.6~0.7	0.7~0.9

序号	保护对象类别	安全允许质点振动速度 $V/\text{cm}\cdot\text{s}^{-1}$		
		$f \leqslant 10\text{Hz}$	$10\text{Hz}<f \leqslant 50\text{Hz}$	$f>50\text{Hz}$
6	水工隧洞	7~8	8~10	10~15
7	交通隧道	10~12	12~15	15~20
8	矿山巷道	15~18	18~25	20~30
9	永久性岩石高边坡	5~9	8~12	10~15
10	新浇大体积混凝土 (C20)： 龄期：初凝~3 天 龄期：3~7 天 龄期：7~28 天	1.5~2.0 3.0~4.0 7.0~8.0	2.0~2.5 4.0~5.0 8.0~10.0	2.5~3.0 5.0~7.0 10.0~12.0

爆破振动监测应同时测定质点振动相互垂直的三个分量。

注：1. 表中质点振动速度为三个分量中的最大值，振动频率为主振频率；

2. 频率范围根据现场实测波形确定或按如下数据选取：硐室爆破 f 小于 20Hz，露天深孔爆破 f 在 10~60Hz 之间，露天浅孔爆破 f 在 40~100Hz 之间；地下深孔爆破 f 在 30~100Hz 之间，地下浅孔爆破 f 在 60~300Hz 之间。

224. 降低爆破振动的技术措施有哪些?

（1）采用延时爆破。

（2）采用预裂爆破或开挖减振沟槽。

（3）限制一次齐爆药量。

（4）采用不耦合装药和缓冲爆破。

（5）在建（构）筑物倒塌部位铺设减振垫层或者构筑减振土堤。

（6）适当加大预拆除部位。

（7）降低塌落振动强度。

第二节 冲击波与爆破噪声

225. 什么是爆破空气冲击波?

炸药在空气介质中爆炸，爆炸产物在瞬间高速膨胀，使周围空气猛烈震荡而形成的波动。

226. 爆破空气冲击波产生的原因有哪些?

（1）裸露在地面上的炸药、导爆索等爆炸。

（2）炮孔堵塞长度不够，堵塞质量不好，爆炸高温高压气体从孔口冲出。

（3）局部抵抗线太小，沿该方向冲出高温高压气体。

（4）多孔起爆时，由于起爆顺序控制不合理，导致部分炮孔的抵抗线变小。

（5）在断层、夹层、破碎带等弱面部位高温高压气体冲出。

（6）硐室抛掷爆破时，鼓包破裂后冲出的气浪，以及在河谷地区大爆破气浪形成"活塞状"压缩空气。

227. 什么是爆破空气冲击波超压？

如果空气冲击波超压低于保护物的强度极限，即使有较大冲量也不会对保护物产生严重破坏作用；同理，如果冲击波正压区作用时间不超过保护物由弹性变形转变为塑性变形所需的时间，即使有较大超压也不会导致保护物的严重破坏。当保护物与爆区中心有一定距离时，冲击波对其破坏的程度，由保护物本身的自振周期 T 与正压区作用时间 t_+ 决定。当 $t_+ \ll T$ 时，对保护物的破坏作用主要取决于冲量 I；反之，当 $t_+ \gg T$ 时，保护物的破坏则主要取决于冲击波超压峰值 ΔP_m。见图 6-1、表 6-3~ 表 6-5。

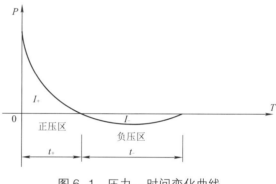

图 6-1　压力 – 时间变化曲线

空气冲击波超压对人体的杀伤作用　　表 6-3

ΔP/kPa	杀伤程度
19.208~28.812	轻微（轻度挫伤）
28.812~48.020	中等（听觉器官损伤、中等挫伤、骨折等）
48.020~96.040	严重（内脏严重挫伤，可能引起死亡）
>96.040	极严重（大部分死亡）

作用时间为 3ms 时的超压与人伤亡情况　　表 6-4

序　号	超压值 /10^5Pa	致伤情况
1	0.352	个别人耳鼓膜破坏
2	0.352~1.056	50% 的人耳鼓膜破裂
3	2.113~3.521	个别人肺损伤
4	5.633~7.042	50% 的人肺严重损伤
5	7.042	个别人死亡
6	9.155~12.676	50% 的人死亡
7	>14.084	人全部死亡

表 6-5

建筑物的破坏程度与超压关系

	破坏等级	1	2	3	4	5	6	7
	破坏等级名称	基本无破坏	次轻度破坏	轻度破坏	中等破坏	次严重破坏	严重破坏	完全破坏
	超压 $\triangle P/10^5$Pa	<0.02	0.02~0.09	0.09~0.25	0.25~0.40	0.40~0.55	0.55~0.76	>0.76
建筑物破坏程度	玻璃	偶然破坏	少部分破成大块，大部分破成小块	大部分破成小块到粉碎	粉碎	—	—	—
	木门窗	无损坏	窗扇少量破坏	窗扇大量破坏，门扇、窗框倾斜	窗扇掉落、内倒，门扇、门框大量破坏	门、窗摧毁，窗框掉落	—	—
	砖外墙	无损坏	无损坏	出现小裂缝，宽度小于5mm，稍有倾斜	出现较大裂缝，缝宽5~50mm，明显倾斜，砖坏出现小裂缝	出现大于50mm的大裂缝，严重倾斜，砖坏出现较大裂缝	部分倒塌	大部分至全部倒塌
	木屋盖	无损坏	无损坏	木屋面板变形，偶见开裂	木屋面板、木檩条折裂，木屋架支座松动	木檩条折断，木屋架杆件折断，支座错位	部分倒塌	全部倒塌
	瓦屋面	无损坏	少量移动	大量移动	大量移动到全部掀动	—	—	—
	钢筋混凝土屋盖	无损坏	无损坏	无损坏	出现小于1mm的小裂缝	出现1~2mm宽的裂缝，修复后可继续使用	出现大于2mm的裂缝	承重砖墙全部倒塌，钢筋混凝土承重柱严重破坏
	顶棚	无损坏	抹灰少量掉落	抹灰大量掉落	木龙骨部分破坏下垂	塌落	—	—
	内墙	无损坏	板条墙抹少量掉落	板条墙抹灰大量掉落	砖内墙出现小裂缝	砖内墙出现大裂缝	砖内墙出现严重裂缝至部分倒塌	砖内墙大部分倒塌
	钢筋混凝土柱	无损坏	无损坏	无损坏	无损坏	无破坏	有倾斜	有较大倾斜

228. 爆破空气冲击波如何计算？

露天地表爆破（炸药量小于 25kg）时，空气冲击波对掩体内避炮人员安全距离计算：

$$R_k = 25Q^{1/3}$$

平坦地形爆破时，冲击波超压的计算：

$$\Delta p = 14Q/R^3 + 4.3Q^{2/3}/R^2 + 1.1Q^{1/3}/R$$

式中　R_k——空气冲击波对掩体内避炮人员最小允许距离，m；

　　　Q——一次爆破梯恩梯炸药当量，kg；

　　　Δp——空气冲击波超压，10^5Pa；

　　　R——爆源至保护对象的距离，m。

229. 地下巷道中的爆破空气冲击波是如何传播的？

（1）冲击波超压在爆区附近巷道衰减最快；当距离稍远时，衰减要比在空气中的衰减慢；巷道断面一定时，冲击波超压衰减率主要取决于巷道表面的粗糙率，粗糙率越高，则衰减越快。

（2）冲击波超压通过巷道分岔与转弯变向时的衰减率高于沿直线巷道传播时的衰减率。

（3）巷道断面的缩小和扩大均对冲击波超压带来明显影响。

（4）冲击波冲量随巷道粗糙率，断面尺寸的变化而变化。

230. 怎样计算水下爆破冲击波的安全距离？

（1）水下裸露爆破，当覆盖水厚度小于 3 倍药包半径时，对水面以上人员或其他保护对象的空气冲击波安全距离计算与地面爆破相同。

（2）在水深不大于 30m 的水域进行水下爆破，水中冲击波的最小安全距离不小于600m，对客船不小于 1500m，根据装药形式和药量的不同，最小安全距离还应适当增加。

（3）一次起爆药量大于 1000kg 时，最小安全距离可按以下经验公式计算：

$$R = K_o \sqrt[3]{Q}$$

式中　R——水中冲击波最小安全距离，m；

　　　K_o——系数（裸露装药：游泳 250，潜水 320，木船 50，铁船 25；钻孔或药室装药：游泳 130，潜水 160，木船 25，铁船 15）；

　　　Q——一次起爆的炸药量，kg。

（4）在水深大于 30m 的水域进行水下爆破，水中冲击波的最小安全距离应通过实测和试验研究确定。

231. 如何保护水下爆破水中生物？

（1）水下爆破前应详细了解爆破影响范围内水生物及水产养殖的基本情况，并评估水中冲击波、涌浪及爆渣落水对水生物的影响。

（2）水下爆破施工应尽量避开水生物的主要洄游、产卵季节，避开产卵区域或水生物幼苗生长区域，并选用无污染或污染小的爆破器材。

（3）受影响水域内有重点保护生物时，应与生物保护管理单位协商制定保护措施。

另外，还可采取以下措施减少爆破有害效应对水生物的影响：

（1）优先采用水下钻孔爆破并保证孔口填塞长度与质量，避免采用水中裸露爆破。

（2）采用毫秒延时起爆技术并控制单段起爆药量。

（3）采用气泡帷幕等防护技术。

（4）减少爆破岩石向水域中的抛掷量。

232. 如何对爆破空气冲击波进行安全防护?

工程爆破产生的空气冲击波，对工程是毫无用处的。当空气冲击波与爆破地震波、飞石、有害气体等混杂在一起时，它不仅消耗掉大量有用能量，而且还对保护物、人员造成诸多危害，因此必须采取切实有效的防护措施。

（1）爆破空气冲击波的安全防护措施

1）采用毫秒微差爆破技术来削弱空气冲击波的强度；

2）严格按设计抵抗线施工可防止强烈冲击波的产生。实践证明，精确钻孔可以保持设计抵抗线均匀，防止因钻孔位偏斜使爆炸物从钻孔薄弱部位过早泄漏而产生较强冲击波；

3）对裸露地面的导爆索用砂、土掩盖。对孔口段加强堵塞及保证填塞质量，能降低冲击波的强度影响。实践证明，掩盖物或填塞物用砂（沙）比用致密的岩土好；填塞用水比用固体好；固体中又以粗粒料比细粒料为好，也可用钻孔岩屑填塞；

4）对岩体的地质弱面给以补强来扼制冲击波的产生渠道。如钻孔装药遇到岩体弱面，诸如节理、裂隙和夹层等，有可能沿其弱面产生漏气滋生空气冲击波，为此，应当给上述弱面作补强处理，或者减少这些部位的装药量；

5）控制爆破方向及合理选择爆破时间。高处放炮，当其前沿自由面存有建筑群时，应设计背离建筑群方向的爆破朝向，或者降低自由面高度，使冲击波尽量少影响建筑群。通常应避开人流大、活动频繁的时段，而且爆破次数也不宜太频繁；

6）注意爆破作业时的气候、天气条件；当大风直吹建筑群情况下，爆破会增大空气冲击波的影响，也应予以注意；

7）露天或地下爆破时，可利用一个或多个反向布置的辅助药包与主药包同时起爆，以削弱主药包爆破产生的空气冲击波强度；

8）预设阻波墙。实践证明，在地下爆破区附近的巷道中，构筑不同形式和不同材料诸如混凝土、岩石、金属或其他材料的阻波墙，可在空气冲击波产生后立刻削减其98%以上的强度，这样有利于附近的施工机械、管线等设施的安全。常见的阻波墙如下：

①水力阻波墙

水力阻波墙在结构上是在两层不透水的墙之间充满水。这种水力阻波墙多用于保护通风构筑物、人行天井。目前有些国家使用高强度的人造织品和薄膜制成水包代替这种水波墙，取得了较好的效果。

②沙袋阻波墙

沙袋阻波墙是用沙袋、土袋等堆砌成的，地面爆破和地下爆破均可使用。其高度、长度和厚度视被保护对象尺寸、重要程度和冲击波强度而定。

③防波排柱

防波排柱是由直径和间距均 200~250mm 的圆木沿巷道长度方向成棋盘式布置而组成的。为提高立柱的稳定性，应把立柱从冲击波来的方向推进柱窝，且圆木长度比巷道高度要长 200mm 左右。防波排柱的长度一般为 10~20m，个别可达 50m。

④木垛阻波墙

木垛阻波墙是由直径为 100~300mm 的圆木或枕木构成。为了提高阻波墙的强度，构件之间或端面上要用扒钉固定，并与巷道两旁楔紧。当冲击波太强时，可沿巷道构筑两层或三层这样的阻波墙。

⑤防护排架

在控制爆破中，还可采用木柱或竹竿作支架，草帘、荆笆等作覆盖物架设成的防护排架，它对冲击波具有反射、导向和缓冲作用，因此可以较好地起到削弱空气冲击波的作用，一般单排就可降低冲击波强度 30%~50%。防护排架的尺寸依据被保护对象而定，而其强度则由冲击波强度、被保护对象的抗冲击波能力及其重要性而定。

除上述空气冲击波控制措施外，还可在爆源上加覆盖物，如盖装砂袋或草袋，或盖胶管帘、废轮胎帘、胶皮帘等覆盖物。对建筑物而言，还应打开窗户并设法固定，或摘掉窗户。如要保护室内设备，可用厚木板或砂袋等密封门、窗。

（2）在居民区爆破时必须遵循的原则

1）应当避免采用裸露药包爆破；

2）严格控制爆破装药量，如果炮孔的瞬时药量保持在表 6-6 中所规定的数值，则空气冲击波保持在一定范围内，不会造成门窗及建筑物的破坏。

在居民区爆破时最大装药量   表 6-6

距离 /m	装药量 /kg	
	在所设想的 5MPa 空气压力下	在所设想的 0.03m/s 振动量级下
50	6.8	11.0
100	33.0	33.0
200	90.0	90.0
300	180.0	160.0
400	440.0	240.0
500	850.0	340.0
600	1480.0	440.0
800	3500.0	680.0
1000	6800.0	950.0

（3）为了减少或避免井下空气冲击波对巷道的破坏，必须采取有效措施。如合理确定爆破参数，选择合理的微差起爆方案和微差间隔时间，保证炮孔填塞质量等；采用各种材料（混凝土、木材、石块、金属、砂袋等）砌筑成各种阻波墙或阻波排柱，从而削弱产生的空气冲击波；或采用锚杆加固、喷射混凝土、喷锚网联合支护、外锚内注支护等措施，提高围岩的强度和整体性。

233. 什么是爆破噪声?

炸药在介质中爆炸，高温高压爆炸产物向空气中扩散，除产生空气冲击波外，还会发出声响形成噪声。爆破噪声属于空气动力性噪声，其实质是炸药在介质中爆炸所产生的能量向四周传播时形成的爆炸声。

234. 爆破噪声的影响因素有哪些?

爆炸的声压大小，随爆源与观测点之间的地形和建筑物种类、性质、规模等相对关系的变化而变化，这些因素的影响程度取决于现场条件。气象条件对声压的大小和传播距离也有很大影响，这是由于声速本身是随气象条件而变化的，各种气象条件中影响声速的因素有气温、风速、风向和湿度，其中影响最大的是风速和风向。声音的传播方向和风向一致时，声速等于静止空气中的声速加风速，声音的传播方向和风向相反时，声速等于静止空气中的声速减风速。关于气温的影响，一般气温的垂直分布是越往上部气温越低，由于声音要向上扩散，所以不会传到很远的地方。相反，若声音传播途径中有逆温层，越往上气温越高，则声音会一直传到远方。此外，还有湿度对声速的影响程度，一般认为，几乎可以忽略，但也有人认为，声压及其持续时间在高气压下比低气压时低。

235. 国家标准对爆破噪声是如何规定的?

在工程爆破作业中，目前国际上尚无统一的爆破噪声的规范，我国针对不同的保护对象，制定了爆破作业噪声的控制标准。在《爆破安全规程》（GB 6722-2014）中规定，爆破噪声应控制在 120dB 以下，复杂环境下，噪声控制由安全评估确定。

（1）爆破噪声产生的原因

噪声是一类引起人烦躁、甚至危害人体健康的声音。

爆破噪声的产生，主要是由于炸药在介质中爆炸，除破坏介质外，还有部分剩余能量以冲击波的形式在空气中传播并衰减而成。在工程爆破作业中，人们听到的爆炸声实质上就是爆破噪声。

（2）爆破噪声的危害

爆破噪声会危害人体健康，使人产生不愉快的感觉，并使听力减弱；频繁的噪声更使人的交感神经紧张，心脏跳动加快，血压升高，并引起大脑皮层负面变化，影响睡眠和激素分泌。当爆破脉冲噪声峰压等级较高时，会使耳膜破裂，甚至造成爆振性耳聋。

（3）爆破噪声的计量

随着爆破在生产中的广泛应用，对爆破噪声的监测、控制也逐渐受到人们的重视。根据时间变化特性噪声可分为 4 种情况：

1）噪声的强度随时间变化不显著的称为稳定噪声，如电机、织布机的噪声；

2）噪声的强度随时间有规律性起伏的称为周期性变化噪声，如蒸汽机车的噪声；

3）噪声随时间无一定规律变化的称为无规噪声，如街道交通噪声；

4）如果噪声突然爆发又很快消失，持续时间不超过 1s，并且 2 个连续爆发声之间间隔大于 1s 的，则称为脉冲噪声，如枪、炮噪声等。

显然，爆破噪声是一种脉冲噪声。用来衡量噪声的物理量有声压和声压级、声强和声强级、声功率和声功率级，而应用最多的是声压级。所谓声压，是指某点上各瞬间的压力与大气压力之差值，单位为 Pa。

测量爆破噪声常用的办法是用扩音器与噪声计组合测量，测量结果用电子示波器记录；或先用磁带录音机和数据记录器录音，然后重新播放录音进行测定。测定的仪器系统主要有声级计和爆破振动（噪声）自动记录系统。

声级计：声级计是测量声压的主要仪器。它是用一定频率和时间计权来测量噪声的一套仪器。声级计的工作原理是：声波被传声器转换成电压信号，该电压信号经衰减器、放大器以及相应的计权网络、滤波器，或者输入记录仪器，或者经过均方根值检波器直接推动指示表头。

爆破振动/噪声自动记录系统：在目前的爆破噪声监测中，经常使用爆破振动/噪声自动记录系统。在此类系统中，一般是让声传感器传来的信号经过衰减器、放大器，然后进行数字化采样，并将采样数据储存起来。这样，既可即时读出爆破噪声的峰值，也可以将采样数据传输到计算机上进行频谱分析，方便灵活。

（4）爆破噪声的传播特征

爆破噪声是由强度和频率都不相同的声音组合而成，在各个频率段上的能量分布是不相同的。因此，爆破噪声的频率分析是研究噪声特性的重要手段之一。爆破噪声的峰值频率在 7~59Hz 之间，其主要能量集中在低频范围内，危害主要由其低频部分引起。此外，爆破噪声频谱中各峰值对应某一频率范围，可以据此进行声学设计解决噪声控制问题。

炸药在空气中爆炸时，在离爆源极近的地方将产生冲击波，在离开爆源一定距离的地方，冲击波变成声波继续传播。

声波的强弱常用声压等级 S，用下式表示：

$$S = 20 \ln \left(\frac{P}{P_0} \right)$$

式中　P——爆炸声的声压；

　　P_0——声压有效值，为 $2 \times 10^{-4} \mu bar$（微巴）。

因此，声压等级 S 的单位是分贝（dB）。

236. 爆破噪声的控制方法有哪些？

（1）爆破噪声的安全控制标准

在工程爆破作业中，我国《爆破安全规程》（GB 6722-2014）规定：爆破噪声应控制在 120dB 以下。复杂环境下，噪声控制由安全评估确定。

（2）城镇拆除及岩土爆破，宜采取以下措施控制噪声：

1）不用导爆索起爆网路，在地表空间不应有裸露导爆索；

2）不用裸露爆破；

3）严格控制单位耗药量、单孔药量和一次起药量；

4）实施毫秒爆破；

5）保证填塞质量和长度；

6）加强覆盖。

爆区周围有学校、医院、居民点时，应与各有关单位协商，实施定点、准时爆破。

（3）在其他爆破区域爆破噪声控制，必须考虑声源、传播途径和接受者三个基本环节。具体方法如下：

1）从声源上控制

降低声源是控制噪声最有效和最直接的措施。采用多分段的装药爆破方式，尽量减小一次爆破药量，从而降低爆破噪声的初始能量，达到从声源上控制爆破噪声的目的。

①应尽量避免在地面敷设雷管、导爆索，当不能避免时，应采取覆盖土或水袋的措施。

②采用毫秒延时爆破。不仅能降低爆破的地震效应，还能降低爆破噪声。

③采用水封爆破。爆破时，在覆盖物上面再覆盖水袋，不仅可以降噪，还可以防尘，是一种比较理想的方法。

④避免炮孔间的延期时间过长，以防出现无负载炮孔。

⑤尽量选择在有利的气候条件下爆破。

⑥安排合理的爆破时间：首先把爆破安排在爆区附近居民上班或地方安全部门批准的时间进行，然后避免在早晨或下午较晚时进行爆破，以减少因大气效应而引起的噪声增加。

⑦严格堵塞炮孔和加强覆盖，也可大大减弱爆破噪声。

2）从传播途径上加以控制

①采取在装药上方放置降噪箱的方法。降噪箱由罩板、阻尼材料和吸声材料层构成。罩板采用密度较大的木质纤维板，各点连结方式为胶结，降噪箱内部装填吸声材料。

②建筑物或凸出地面的有利地形条件会对噪声产生阻隔作用，实际工程中若情况允许应加以利用。

③设置遮蔽物或充分利用地形地貌。在爆源与测点之间设置遮蔽物，如防护排架等，可阻碍和扰乱声波的正常传播，并改变传播的方向，从而可较大地降低声波直达点的噪声级。

④注意方向效应。当大量炮孔以很短的延迟时间相继起爆时，各单孔爆破产生的噪声可能在某一特定的方向上叠加，从而形成强大的爆破噪声。

⑤通过绿化降低噪声。采用绿化的方法降低噪声，要求绿化林带有一定的宽度，树木要有一定的密度，绿化对 1000Hz 以下的噪声作用不大，但当噪声频率较高时，林木树叶的周长接近或大于声波的波长，则有明显的降噪效果。

3）在噪声接受点进行防护

控制爆破噪声的最后一环是在接受点进行防护。由于噪声对人体危害的主要侵袭途径是人耳，可以对人员发放预模式耳塞来阻挡噪声传入人耳。预模式耳塞具有隔声性能好、佩戴舒适方便、无毒性、不影响通话和经济耐用等特点。

第三节　个别飞散物

237. 什么是爆破个别飞散物（飞石）？

爆破个别飞散物（俗称爆破飞石）是指爆破时个别或少量脱离爆堆、飞得较远的石块或碎块（混凝土块、砖块等），其主要是在爆炸气体作用下，介质碎块自填塞不良的炮孔及介质裂隙、裂缝中加速抛射所造成的。

238. 产生爆破个别飞散物的主要原因有哪些？

（1）地下岩石结构复杂，既有整体性较好的脆性岩石，也有风化程度各异的岩石，还有土夹层。由于岩石结构的不均匀性，会导致最小抵抗线的大小、方向发生变化，出现爆破个别飞散物，在断层、裂缝、层理面、软弱夹层等薄弱面，受爆破产生的高压气体集中冲击作用也会产生飞石。

（2）在装药过程中，装入过多炸药，势必使得该孔的最小抵抗线相对减少，必然在该方向出现飞石。

（3）由于单位炸药消耗量偏大，当岩石破碎后剩余的爆炸能量就会使破碎的介质获得动能产生抛掷，出现飞石，剩余的能量越多，飞散就越严重。

（4）填塞长度偏小、填塞质量不好或填塞材料中夹有硬物，易沿炮孔方向产生飞石。

（5）设计的孔网参数与具体条件不符，不按要求施工，炮孔偏斜等人为因素造成。

（6）防护措施不当，在拆除爆破、城镇石方爆破或重要建筑物附近爆破时，因防护力度不够或措施不当，就难以避免个别飞石的飞出。

（7）炮孔起爆延期不合理，先爆药包改变后爆药包抵抗线大小而造成飞石。

239. 如何控制爆破个别飞散物？

（1）精心设计和精心施工。特别注意选择合理的最小抵抗线和爆破作用指数，对药室、炮孔位置严格测量验收，装药前认真校核各药包的最小抵抗线，若有变化必须修正，不准超量装药。

（2）避免使药包处于岩石软弱夹层或基础的交界面，慎重对待断层、软弱带、张开裂隙、成组发育的节理、覆盖层等地质构造，必要时采取间隔填塞、调整药量等措施。

（3）保证填塞质量。不但要保证填塞长度，而且要保证填塞密实，填塞物中要避免夹带碎石。

（4）采用低爆速炸药、不耦合装药、挤压爆破及延时爆破等方法。在多排炮孔爆破时要选择合理的延迟时间，防止在前排爆破后造成后排最小抵抗线大小和方向改变。

（5）在控制爆破施工中，应对爆破体采取覆盖和对被保护对象采取防护措施。对爆破区域采用砂土袋、草袋、篷布、铁丝网、胶帘等进行覆盖防护；在被保护对象与飞散物抛出主要方向之间设立木板、竹笆、铁丝网等立面屏障；对高耸建筑物定向拆除爆破，必须做好地面缓冲垫层，加大人员安全允许距离，在被保护对象与飞散物抛出主要方向之间设立立面屏障。

240. 怎样计算露天石方爆破个别飞散物的安全距离？

露天石方爆破中，通常以爆破飞石对人员的安全距离来划定爆破安全警戒范围。

（1）台阶深孔爆破，可用以下经验公式计算：

$$R_f=(15\sim16)d$$

式中　R_f——个别飞石的安全距离，m；

　　　d——炮孔直径，cm。

（2）《爆破安全规程》规定，露天岩土爆破个别飞散物对人员的安全距离为，浅孔爆破法破大块：>300m，浅孔台阶爆破：>200m，深孔台阶爆破：>200m，硐室爆破：>300m，参见表6-7。

（3）硐室爆破，一般按以下经验公式计算：

$$R_f=20K_fn^2W$$

式中　R_f——个别飞石的安全距离，m；

　　　K_f——安全系数，一般取 1.0~1.5；

　　　n——最大一个药包的爆破作用指数；

　　　W——最大一个药包的最小抵抗线，m。

根据有关规定，现在露天石方爆破，一般很少采用硐室爆破。

爆破个别飞散物对人员的安全允许距离　　表 6-7

爆破类型和方法		个别飞散物的最小安全允许距离 /m
露天岩土爆破	浅孔爆破法破大块	300
	浅孔台阶爆破	200（复杂地质条件下或未形成台阶工作面时不小于 300）
	深孔台阶爆破	按设计，但不小于 200
	硐室爆破	按设计，但不小于 300
水下爆破	水深小于 1.5m	与露天岩土爆破相同
	水深大于 1.5m	由设计确定
破冰工程	爆破薄冰凌	50
	爆破覆冰	100
	爆破阻塞的流冰	200
	爆破厚度 >2m 的冰层或爆破阻塞流冰一次用药量超过 300kg	300

爆破类型和方法		个别飞散物的最小安全允许距离 /m
金属物爆破	在露天爆破场	1500
	在装甲爆破坑中	150
	在厂区内的空场中	由设计确定
	爆破热凝结物和爆破压接	按设计，但不小于 30
	爆破加工	由设计确定
拆除爆破、城镇浅孔爆破及复杂环境深孔爆破		由设计确定
地震勘探爆破	浅井或地表爆破	按设计，但不小于 100
	在深孔中爆破	按设计，但不小于 30
用爆破器扩大钻井		按设计，但不小于 50
沿山坡爆破时，下坡方向的个别飞散物安全允许距离应增大 50%。		

注：参见《爆破安全规程》(GB 6722-2014) 表 10。

第四节　有害气体

241. 什么是爆破有害气体？

在爆破作业中，由于炸药成分不能完成完全的零氧平衡反应，爆炸后在爆区环境范围内产生氮氧化物（如二氧化氮、五氧化二氮）、一氧化碳、硫化氢等，人吸入一定量后会发生中毒或死亡。

242. 怎样检测爆破有害气体？

（1）仪器法：利用各种气体快速测定仪器，对易燃、易爆、有毒气体进行快速测定，主要有热学式气体测定仪、光电式气体测定仪、电导式气体测定仪。

（2）气体传感器法：用于气体检测的传感器主要有半导体气体传感器、固体电解质气体传感器、接触燃烧式气体传感器、高分子气体传感器等。

（3）化学检测法：利用化学试剂制成的指示剂与被检测气体发生化学反应，使指示剂的颜色发生变化，根据指示剂颜色的变化检测气体的种类和浓度。

243. 怎样计算爆破有害气体扩散的安全距离？

爆破有毒气体产生及其浓度主要与炸药及其氧平衡、起爆能量及介质条件、通风效率等因素有关。有毒气体扩散的安全距离，可按以下经验公式计算：

硐室爆破：

$$R_Q = K_Q Q^{1/3}$$

式中　R_Q——有毒气体扩散的安全距离，m；

K_Q——有毒气体扩散系数，平均值为 160，下风方向时增大一倍；

Q——总装药量，t。

井下深孔爆破：

$$R = \frac{0.833niQb\sum V}{S}$$

式中　R——有毒气体扩散的安全距离，m；

n——考虑通风情况时的系数，自然通风时 $n=1.0$，机械通风时 $n=0.84$；

i——爆区与崩落区接触面数目的影响系数，无触面 $i=1.2$，1 个触面 $i=1.0$，2 个触面 $i=0.95$，3 个触面 $i=0.9$，4 个触面 $i=0.85$；

Q——总装药量，kg；

b——每千克炸药产生的有毒气体，按 $0.9 m^3/kg$ 算；

$\sum V$——炮烟通过爆区邻近巷道的总体积，m^3；

S——巷道断面面积，m^2。

244. 爆破有害气体的控制措施有哪些？

（1）使用合格炸药，禁止使用过期、变质炸药。

（2）做好爆破器材的防水处理，确保装药和填塞质量，避免炸药的部分爆炸和爆燃；装药前尽可能将炮孔内的水和岩粉吹干净。

（3）保证足够的起爆能量，使炸药达到稳定爆轰状态。

（4）地下爆破前后加强通风，应采取措施向死角盲区引入风流。

（5）对封闭矿井应作监管，防止盗采和人员误入造成中毒事故。

第五节　爆破粉尘

245. 爆破粉尘的产生与特点？

露天爆破粉尘主要来源于穿孔爆破、装运和已沉降在爆区地面的粉尘。

爆破粉尘的特点：浓度高；扩散速度快、分布范围广；滞留时间长；爆破粉尘具有颗粒小、质量轻的特点；吸湿性一般较好。

246. 降低露天爆破粉尘的主要技术措施有哪些？

（1）均匀布孔，控制单耗药量、单孔药量与一次起爆药量，提高炸药能量有效利用。

（2）采用毫秒延期起爆技术。

（3）根据岩石性质选择相应炸药品种，努力做到波阻抗匹配。

（4）爆破前采用水封爆破进行填塞，即以装水的塑料袋代替炮泥，爆破瞬间水袋破裂，化为微细水滴捕尘集尘，装药量与水袋重量之比常取 2:1。

（5）爆前喷雾洒水，即在距工作面 15~20m 处安装除尘喷雾器，在爆前 2~3min 打开喷水装置，爆破后 30min 左右关闭。

247. 如何预防粉尘爆炸?

（1）在有煤尘、硫尘、硫化物粉尘的矿井中进行爆破作业，应遵守有关粉尘防爆的规定。

（2）在面粉厂、亚麻厂等有粉尘爆炸危险的地点进行爆破时，应先通风除尘，离爆区 10m 范围内的空间和表面应作喷水降尘处理。

第六节　其他爆破安全事故预防与处理

248. 如何加强隧道内瓦斯检测?

随着工程的进展和隧道不断向前延伸，工作面必然愈来愈接近煤层，相应的，隧道里瓦斯含量也将从无到有，由小到大呈递增趋势。但不同的施工工序和隧道的不同部位瓦斯含量有着明显差异，因此，必须加强对瓦斯的检测。瓦斯检测要从以下重点进行:

（1）加强关键工序的瓦斯检测

在一个施工循环中，瓦斯含量增加幅度最大的工序，是在钻孔过程中和放炮之后。因为炮孔可能成为与前方瓦斯层的连接通道，瓦斯沿炮孔很容易泄露到工作面乃至整座隧道；而放炮之后，由于突然揭露出大面积的新鲜岩层，有可能使封闭的含瓦斯地层逐渐解放乃至完全暴露，致使瓦斯沿围岩裂隙缓慢渗漏乃至大量涌出。因此，加强钻孔过程中及装药前和放炮后的瓦斯检测至关重要。及时检测和掌握掘进工作面的瓦斯浓度，使我们能随时做到:当工作面风流中瓦斯浓度达到 1% 时，严禁放炮；工作面风流中瓦斯浓度达到 1.5% 时，停止工作，撤出人员，切断电源，进行处理。

（2）加强重点部位的瓦斯检测

由于瓦斯比空气轻，而且有很强的扩散性，当隧道风速小到一定程度（通常认为风速小于 0.25m/s 时），瓦斯将游离出来，并在隧道顶层和死角处聚积，局部有可能达到爆炸浓度。因此，隧道顶部及顶部超挖的空洞、盲巷、避车洞和断面变化大等处（此处风速变小），是检测的重点，抓住了这些重点部位，就能及时发现"死角"。

（3）检测仪器的选择

目前，瓦斯检测仪器种类很多。按测量原理有热催化、热导、光干涉、气敏、红外线等类型，各型仪器都有其优缺点。按产地有进口和国产之分，进口仪器固然先进，但价格昂贵；国产仪器结构简单，性能稳定操作方便，声光报警信号清晰可靠，检测过程中仪器处于良好状态，完全可以与进口仪器相媲美。

每条瓦斯进出口各配备 3 台甲烷测定报警器，该仪器携带方便，主要用于洞内巡回检测，其瓦斯浓度报警误差 0.1%。另配备干涉型甲烷测定器，该装置不但能测甲烷，还能测出二氧化碳浓度，误差 0.02%，精度较高。该仪器由专人操作，作为隧道监控瓦斯浓度的主要仪器，隧道施工中所采取的安全措施、工艺方法，均按该仪器测得的数据指导施工。

（4）瓦斯检查制度

严格执行《煤矿安全规程》瓦斯检查的有关条款规定。

1）瓦斯检查人员要早进班，晚出班，实行掌子面交接班制，瓦斯检查人员有事必须提前两小时向工地负责人请假，未经容许不得擅离工作岗位，造成空班漏检；

2）瓦斯检查人员必须跟班检查，作业前、作业时、下班前都必须检查到位；

3）瓦斯检查人员必须坚持"一炮三检"制度。掌子面拱顶必须安装一台瓦斯自动检测报警仪，并设专人管理，定期校正，做到准确使用；

4）瓦斯检查人员必须经常检查和校正手持瓦检器，保证瓦检数据的真实性；

5）建立瓦斯检查登记制度、定期汇报制度。

当掌子面瓦斯浓度大于或等于1%时，瓦检人员有权命令作业人员停止施工，并组织人员撤离掌子面至安全地点避险。

249. 如何防止隧道内瓦斯爆炸?

瓦斯爆炸必须同时具备三个条件：一是要有足够的氧气（氧气浓度在12%以上）；二是要有一定的瓦斯（5%~16%，以9.5%时爆炸最为猛烈）；三是要有高温火源，如明火、放炮火花、电气设备火花等。

隧道中氧气含量按体积不小于20%，这是施工人员生存的基本条件。因此，隧道在施工过程中氧气能达到瓦斯爆炸所需浓度，这是无法避免的；至于隧道里的瓦斯浓度，则主要取决于煤层和围岩中的瓦斯含量，我们只能利用通风和其他排放措施尽量使其降低到爆炸界限以下。相比之下，杜绝高温火源则是防止引燃、引爆瓦斯的一条根本措施。所以，瓦斯隧道施工必须采取以下安全措施：

（1）使用毫秒电雷管和安全炸药

瓦斯爆炸需要一定的反应时间，达到爆炸浓度的瓦斯遇到火源时不会立即爆炸，而会延迟一段时间，这种现象称为引火延迟现象，其引火延迟时间称为感应期。使用毫秒电雷管，并只用5段，不跳段使用，使总延期时间不超过130ms。由于延期时间小于感应期，因此不会引燃、引爆瓦斯。煤矿安全炸药加入了适当的食盐作消焰剂，能吸收热量，降低爆炸气体的温度，削弱瓦斯与氧气的连续反应。

（2）为防止炸药爆破时产生火焰，必须用炮泥封堵好炮孔，避免漏气。

（3）防止瓦斯燃烧的措施

瓦斯燃烧引火源有明火、放炮和电火花、摩擦火花、冲击火花等，防止引起瓦斯燃烧导致爆炸必须做到：

1）禁止携带烟草及点火工具进洞；

2）洞内禁止使用电炉，不准从事电焊、气焊和使用喷灯接焊等工作。如果必须使用，则须制定安全措施，并报上级批准；

3）对电弧、火花也要进行严格的管理，在瓦斯隧道施工中应严格选用电气设备。在使用中应保持良好的防爆、防火花性能。电缆接头不准有"羊尾巴"、"鸡爪子"、明接头、要注意金属支柱在围岩压力作用下产生的摩擦火花。对电气设备的防爆措施，除广泛采用的防爆外壳外，采用低电流、低电压技术来限制火花强度。掘进工作面采用局部通风机与其他电气设备间的闭锁装置；

4）停电、停风时，要通知瓦斯检查人员检查瓦斯；恢复送电时，要经过瓦斯检查人员检查后，才准许恢复送电工作；

5）严格执行"一炮三检"制度。同时还必须加强对放炮工作的管理，封泥量一定要达到《煤矿安全规程》规定的要求，决不允许在炮泥充填不够或混有可燃物及炸药变质的情况下放炮；

6）为防止机电设备防爆性能失效或工作时出现火花以及放炮产生火焰等引燃瓦斯，《煤矿安全规程》还就以下几种情况作了瓦斯浓度界限的规定：

①采掘工作面风流中瓦斯浓度达到 1% 时，必须停止用电钻打眼；达到 1.5% 时，必须停止工作，切断电源，进行处理；采掘工作面个别地点积聚瓦斯浓度达到 2% 时，要立即进行处理，附近 20m 内，必须停止机器运转，并切断电源。只有在瓦斯浓度降到 1% 以下，才允许开动机器。

②放炮地点附近 20m 以内风流中的瓦斯浓度达到 1.0% 时，禁止放炮。

③隧道回风巷、开挖工作面回风巷风流中瓦斯浓度超过 1% 时，必须停止作业，采取有效措施，进行处理。

④隧道总回风或一翼回风流中瓦斯浓度超过 0.75% 时，工地技术负责人必须查明原因，进行处理，并报告项目部总工程师。

（4）对引燃、引爆瓦斯的综合防治

除了采取上述两条防止引燃、引爆瓦斯的措施外，对施工中容易引发瓦斯事故的许多环节还需采取综合防治措施。

1）防静电：人体极易带静电，有时所带静电高达 5kV 以上。这样高的电压，很容易起爆电雷管。因此，禁止穿化纤衣物进洞，给所有施工人员配发纯棉工作服，临时进洞人员必须换上纯棉工作服。

塑料管容易聚集静电荷。当风流或压缩空气通过塑料管时，能产生许多快速间断火花或接近连续放电火花。当放电能量达到 0.28MJ 时，能引燃、引爆瓦斯。故必须使用双抗（抗燃、抗静电）塑料管作通风管，并且不使用塑料管材作喷浆管和高压风管。

2）防撞击火花：铁器之间、铁石之间的撞击火花在施工中随处可见，必须有相应的防范措施：一是运输车两端设置橡胶碰头，避免车辆直接碰撞；二是装碴前先把石碴洒水润湿，防止装料斗与石碴相互撞击产生火花；三是拆卸钢模板和铺设轨道时，均使用木槌。

3）防放炮火花：使用水炮泥或黏土炮泥封孔密实不漏气，严禁使用煤粉、块状材料、水泥袋纸和其他可燃性材料堵炮孔。

4）禁止使用电焊、气割等设备。

250. 瓦斯隧道施工安全管理措施有哪些？

瓦斯隧道施工管理，要坚决贯彻"安全第一，预防为主，依靠科学，综合管理"的方针，施工中的各项管理工作必须在此方针的基础上做到科学、简便、严密、系统。牢固树立"安全第一"的思想，提高安全意识，做到不安全不施工。建设和完善安全管理体系，落实各项安全管理措施和安全施工责任制，建立健全各项规章制度，落实"一岗双责"制度，做到管生产必须管安全。

（1）对所有现场作业管理人员进行防治瓦斯及防突专业知识和安全知识的培训，掌握煤与瓦斯突出预兆、预防突出的基本知识。

（2）隧道掌子面坚持先探后掘，掌握煤层及瓦斯赋存情况，进行突出危险性预测预报。

（3）严格放炮管理，使用 3 号煤矿安全炸药，使用煤矿许可毫秒延期电雷管，总延期不超过 130ms，炮孔封泥符合规程要求。放炮前将所有人员全部撤出隧道，起爆点设在隧道口处两侧不小于 30m 处。

（4）严格电器管理，隧道内所有电器设备、机械设备的选用必须是矿用防爆型，且有安全标志。

（5）严禁隧道内明火作业，严禁携带烟草及点火物品进入隧道。洞口 20m 范围内严禁明火。

（6）严禁穿化纤衣服进入隧道。

（7）配备相应的安全防护用具及应急救援物资。

（8）加强顶板管理，坚持敲帮问顶，及时清除浮渣，对松散体及时进行注浆固结，以防突出造成垮帮垮顶。

（9）加强洞内外联系，安装防爆电话。

（10）建立以项目经理为首的瓦斯煤系地层地段施工管理领导小组，全面指挥该地段的安全施工和施工管理工作。

（11）工作人员进入隧道前，必须进行登记和接受洞口值班人员的检查，不准将火柴、打火机、损坏的烊灯及其他易燃物品带入洞内。

（12）进洞实习或参观人员，应先进行有关防治瓦斯劳动保护安全常识的学习，并遵守有关防爆知识。

（13）建立安全施工的各项作业管理制度，细化到每个工序、每一作业程序，做到全过程标准化，使作业人员有章可循，不给违章者留下一点空隙。

251. 怎么减少爆破对周边岩体的破坏？

（1）爆破前要重视对爆区的地质条件的调查，避免在不利于爆破的地质环境下采用不恰当的爆破设计与施工方案。

（2）爆破设计要精心，严格按照开挖轮廓范围布置药包，计算药量，必要时，应控制一次爆破的总规模，或采取毫秒延期爆破，控制邻近开挖轮廓药室（炮孔）的药量。

（3）沿开挖轮廓采用预裂爆破、光面爆破，或设计防震孔，均可有效地保护开挖轮廓以外的岩体，周围孔采用低爆速炸药或不耦合装药，对减轻爆破对岩体的破坏也有明显的效果。

（4）爆破后应及时调查爆破对岩体的破坏情况及引起的其他工程地质问题，提出处理意见。

252. 什么是早爆、迟爆与盲炮？

早爆：是指爆炸材料（或炸药包）比预期时间提前发生爆炸。

迟爆：是指爆炸材料（或炸药包）比预定时间滞后爆炸。

盲炮：是指装药未能按设计要求起爆，全部装药或部分装药拒爆。

253. 如何防止感应电流造成的早爆事故？

输电线路、变压器和电器开关附近存在一定强度电磁场，磁场变化就可能在起爆网路中产生感应电流，在电磁场附近进行爆破作业时应采取以下措施：

（1）尽量采用非电起爆系统。

（2）当电爆网路平行于输电线路时，两者距离应尽可能加大。

（3）使两条母线、连接线等尽量靠近，以减少线路圈定的面积。

（4）作业人员撤离爆区前不要连接起爆网路。

254. 如何防止静电感应引起的早爆事故？

（1）用装药器装药时，在压气装药系统中要采用半导体输药管，并对装药工艺系统采用良好的接地装置。

（2）易产生静电的机械、设备等应与大地连接以疏导静电。

（3）在炮孔中采用导电套管或导线，通过孔壁将静电导入大地，然后再装入电雷管。

（4）采用抗静电雷管。

（5）施工人员穿不产生静电的工作服。

255. 如何防止射频电流引起的早爆事故？

（1）调查爆区附近有无广播、电视、微波中继站等发射源，有无高压线路或射频电源，在危险范围内应采用非电起爆方法。

（2）爆破现场进行联络的无线对讲机，宜选用超高频的发射频率。

（3）不得将手持式或其他移动式通信设备带入普通电雷管爆区。

256. 如何防止雷电引起的早爆事故？

（1）采用非电系统。

（2）采用电起爆系统时，在爆区要设置避雷或预报系统。

（3）装药、连线过程中遇有雷电来临征兆或预报时，应立即拆开电爆网路的主线与支线，裸露芯线用胶布捆扎并对地绝缘，迅速撤离危险区域内的一切人员。

257. 如何防止迟爆事故？

（1）不使用已过期的爆炸材料，并在使用前检测爆炸材料性能，特别是起爆药包和起爆材料应经过检验合格后方可使用。

（2）发现起爆后炮未响时，不要急于当盲炮处理，应留有足够的等待时间，以防发生迟爆。

（3）积极预防拒爆（盲炮）的发生，也会在很大程度上消除迟爆的发生。

258. 造成盲炮的原因有哪些?

（1）炸药未被引爆或传爆中断造成盲炮

1）使用过期、变质、受潮、硬化的炸药;

2）在有水的炮孔或药室中装入不抗水的炸药，且防水处理不当;

3）装药直径小于临界直径;

4）装药密度过大或过小;

5）药卷之间被岩粉阻隔而接触不好;

6）药卷与孔壁之间的间隙不当而引起间隙效应;

7）起爆能量过小。

（2）起爆方法或起爆网路引起的盲炮

1）导爆索起爆网路问题;

2）导爆管起爆网路问题;

3）电力起爆网路问题。

259. 怎样判断盲炮?

爆破后，发现有下列现象之一者，可以判断出现了盲炮:

（1）有残留的炮孔或药室。

（2）大部分或局部地表无松动，或抛掷爆破时无抛掷现象。

（3）两药包之间有显著的间隔，土石方爆落范围较其他地段或原设计有显著差异。

260. 处理盲炮的措施有哪些?

（1）处理盲炮前应由爆破技术负责人定出警戒范围，并在该区域边界设置警戒，处理盲炮时无关人员不许进入警戒区。

（2）应派有经验的爆破员处理盲炮，硐室爆破的盲炮处理应由爆破工程技术人员提出方案并经单位技术负责人批准。

（3）电力起爆网路发生盲炮时，应立即切断电源，及时将盲炮电路短路。

（4）导爆索和导爆管起爆网路发生盲炮时，应首先检查导爆索和导爆管是否有破损或断裂，发现有破损或断裂的可修复后重新起爆。

（5）严禁强行拉出炮孔中的起爆药包和雷管。

（6）盲炮处理后，应再次仔细检查爆堆，将残余的爆破器材收集起来统一销毁;在不能确认爆堆无残留的爆破器材之前，应采取预防措施并派专人监督爆堆挖运作业。

（7）盲炮处理后应由处理者填写登记卡片或提交报告，说明产生盲炮的原因、处理的方法、效果和预防措施。

261. 如何处理浅孔爆破盲炮?

（1）经检查确认起爆网路完好时，可重新起爆。

（2）可钻平行孔装药爆破，平行孔距盲炮孔不应小于 0.3m。

（3）可用木、竹或其他不产生火花的材料制成的工具，轻轻地将炮孔内填塞物掏出，用药包诱爆。

（4）可在安全地点外用远距离操纵的风水喷管吹出盲炮填塞物及炸药，但应采取措施回收雷管。

（5）处理非抗水类炸药的盲炮，可将填塞物掏出，再向孔内注水，使其失效，但应回收雷管。

（6）盲炮应在当班处理，当班不能处理或未处理完毕，应将盲炮情况（盲炮数目、炮孔方向、装药数量和起爆药包位置，处理方法和处理意见）在现场交接清楚，由下一班继续处理。

262. 如何处理深孔爆破盲炮?

（1）爆破网路未受破坏，且最小抵抗线无变化者，可重新连接起爆；最小抵抗线有变化者，应验算安全距离，并加大警戒范围后，再连接起爆。

（2）可在距盲炮孔口不少于 10 倍炮孔直径处另打平行孔装药起爆，爆破参数由爆破工程技术人员确定并经爆破技术负责人批准。

（3）所用炸药为非抗水炸药，且孔壁完好时，可取出部分填塞物向孔内灌水使之失效，然后作进一步处理，但应回收雷管。

263. 如何处理水下炮孔爆破盲炮?

（1）因起爆网路绝缘不好或连接错误造成的盲炮，可重新联网起爆。

（2）因填塞长度小于炸药的殉爆距离或全部用水填塞而造成的盲炮，可另装入起爆药包诱爆。

（3）可在盲炮附近投入裸露药包诱爆。

264. 如何处理特种爆破盲炮?

（1）地震勘探爆破发生盲炮时，应从炮孔中取出拒爆药包销毁；不能从炮孔中取出药包者，可装填新起爆药包进行诱爆。

（2）处理金属结构物爆破盲炮，应掏出或吹出填塞物，重新装起爆药包诱爆。

（3）处理热凝物爆破的盲炮时，应待炮孔温度冷却到 40℃以下，才准掏出或吹出填塞物，重新装药起爆。

265. 爆破器材和起爆网路容易出现的安全问题有哪些?

（1）在爆破器材加工、储存、运输、装卸过程中，由于违规作业或器材质量问题，造成炸药或起爆材料爆炸。

（2）由于爆破器材质量问题，造成药包拒爆、半爆、残爆，影响爆破效果。

（3）在爆破网路设计敷设过程中，没有考虑电干扰等外界因素对安全的影响，引起药包早爆事故，起爆网路设计敷设有误，导致部分药包发生拒爆事故。

（4）由于爆破安全管理失误，造成爆破器材丢失等。

266. 爆破设计错误造成的爆破安全问题有哪些？

（1）在露天爆破中，由于对地质条件缺乏调查了解，致使设计有误，造成爆破过量装药，引发爆破个别飞散物、爆破冲击波事故；引起保留岩体破损、边坡坍滑，乃至日后引发地质灾害；或堆积体超出设计范围，也可能引起交通阻断，设施损坏。

（2）在地下爆破中，对于地质条件了解不够及设计不当，或违规作业，造成围岩不稳定、冒顶和坍塌事故；由于违规作业或监测防范不力，引发有害气体中毒，乃至造成瓦斯、煤尘爆炸及透水事故。

（3）在水下和临水爆破中，由于设计不当或安全措施考虑不周，造成水中爆破冲击波对临近水域设施、水中生物的安全影响，乃至引发涌浪，造成次生灾害。

（4）在建（构）筑物拆除爆破中，由于设计不当，出现建（构）筑物未炸先倒、解体倒塌不完全，甚至爆而不倒等意外；以及在建（构）筑物倒塌过程中引发的对邻近设施的次生灾害等。

267. 爆破施工作业违规引起的安全问题有哪些？

（1）爆破作业单位无爆破作业资质或超范围经营，缺少爆破工程技术人员现场指导，施工管理不善引起的安全隐患和安全事故。

（2）在爆破实施中，不按设计要求作业，擅自改变爆破设计参数，造成爆破安全失控，引发爆破产生的空气或水中冲击波、个别飞散物超出安全范围，造成人员伤亡，附近建（构）筑物、通信、电力或其他设施损坏。

（3）爆破工程施工装药和起爆网路敷设过程中违反安全操作规程，引起药包早爆、误爆事故。

（4）降低炮孔（药室）填塞质量，降低安全防护标准，造成爆破个别飞散物或冲击波事故。

（5）安全警戒不严，不遵守《爆破安全规程》关于爆破实施程序的各项规定，引发人身伤亡事故。

（6）处理盲炮作业时，由于违反操作规程造成拒爆药包爆炸而引发的人身事故等。

268. 爆破安全设计不当，防范措施不力出现的事故有哪些？

（1）由于爆破安全设计不当或采取的安全防范措施不力，引发爆破产生的空气或水中冲击波、个别飞散物、爆破地震效应失控造成附近建（构）筑物、通信、电力或其他设施损坏，甚至引起人员伤亡。

（2）在复杂环境中进行爆破作业，由于采取的安全防范措施不力，爆破产生的地震效应或其他外部影响引起民事纠纷，造成阻工，甚至影响社会和谐。

（3）城镇地区的爆破设计中，对环境安全影响考虑不足，造成爆破噪声、粉尘对环境的影响，引发民事纠纷；也有可能因爆破不当造成对生态环境的影响或破坏。

（4）由于爆破事故应对预案不周或不落实，造成爆破事故次生灾害或事故扩大化。

269. 如何处理爆破伤人事故？

（1）将受伤人员进行初步包扎后尽快送往附近医院救治。

（2）搬动伤员时应轻抬、轻放，避免触动受伤部位。

（3）当飞散物砸穿或砸断附近供水、供电、供气（煤气、天然气或蒸汽）和通信等管道、线路时，应立即将有关阀门关住，拉开电路开关并紧急通知有关部门前来抢修。

（4）如发生火灾，除了用水和灭火器灭火外，还应立即拨打"119"火警电话求助。

（5）派出岗哨封锁事故现场，防止闲杂人员入内并保护好事故现场原状（让肇事的石块等物、被损物维持原样不动），同时告知政府有关部门前来调查处理并如实报告情况。

270. 民用爆炸物品仓库发生爆炸事故应采取哪些措施？

（1）发生伤人及毁坏供水、电、气等管道、线路事故时，可按照"第269问"的方式处置。

（2）立即通知并动员库区周围300~500m（视库存量大小而定）范围内的人员撤离危险区，并设法让车辆、牲畜及能移动的机械设备迅速撤离危险区，在危险区边界设置岗哨，以防止人员牲畜误入危险区，发生次生安全事故。

271. 爆破毒气中毒事故应采取哪些抢救措施？

（1）抢救人员佩戴防毒面具进入事故地点，将中毒者尽快移至空气新鲜处。

（2）将中毒者口里有可能妨碍呼吸的假牙、黏液、泥土等物除去，松开其领带、纽扣及腰带。

（3）具备抢救条件时，对中毒者进行如下处置：

1）给中毒者输氧，促使其体内毒物的排除；

2）当发生硫化氢中毒时，用浸有氯水的棉花或手帕，放在中毒者的嘴或鼻旁；或给中毒者喝稀氯水溶液，利用药物解毒；

3）不具备抢救条件时，在对中毒者进行上述的1）、2）抢救步骤后，立即送到附近医院救治；

4）在地下爆破作业中发现有中毒现象时，应对中毒区域加强通风并洒水，尽快稀释毒气；

5）在对中毒人员进行抢救的同时，应立即封锁中毒区域，并在其外围派出岗哨，防止他人误入有毒区域。

第七章 ▶▶▶

工程爆破相关法律、法规、条例及法律责任

272. 为什么要严格管理民用爆炸物品？

工程爆破为我国的国民经济建设做出了重要贡献，但由于爆炸物品自身的特殊性，安全事故也严重威胁着人民生命和财产安全。从炸药、雷管等爆破器材的生产环节开始，到爆破工程的具体实施，过去在每一个环节几乎都发生过安全事故。炸药化工厂的爆炸事故、车辆运输环节的爆炸事故、炸药库的爆炸事故、隧道施工现场的爆炸事故、煤矿因爆破引发的瓦斯煤尘爆炸事故等等时有发生。尽管有着相同和相异的管理方面或技术方面原因，但血的代价无时不在提醒我们工程爆破的安全是人命关天的。

民爆物品广泛应用于军事、工业、农业、水利、能源等方面。同时，爆炸物品又是犯罪分子实施犯罪的凶器，是残害人民生命以及危害社会稳定的危险品。

随着世界性反恐行动的加强，各国政府对爆炸物品的安全管理越发重视，管理要求也越严格。因此我国必须加强对民用爆炸物品的管理，防止意外爆炸事故的发生，预防制造非法爆炸事件的犯罪。民用爆炸物品的监管对社会进步而言有着极其重要的现实意义，更是预防爆炸事故的发生，保障公共安全和人身财产安全，保障经济建设发展，维护社会治安秩序稳定的重要保证。

《民用爆炸物品安全管理条例》是民用爆炸物品安全管理的最根本法律依据，是根据当时我国的社会和经济特点而制定的，随着社会主义市场经济的不断完善，我国对于民用爆炸物品的管理仍旧处于初级阶段，在管理措施、立法方面、涉及民用爆炸物管理与应用相关人员安全意识培训等方面都应该进一步完善。

因此，为维护社会治安稳定和保障人民生命财产安全，杜绝带有恐怖色彩的爆炸活动威胁，促进全面建设小康社会，必须认真贯彻和落实法律赋予我们的爆炸物品管理职责，依法严格管理。

273. 为什么要对爆破作业实行许可证制度？

《民用爆炸物品安全管理条例》是我国工程爆破管理方面最基本的法律文件，2006年4月26日国务院第134次常务会议通过，2006年9月1日起施行（国务院令第466号）。2014年7月29日经国务院第54次常务会议《关于修改部分行政法规的决定》（国务院令

第 653 号）修正。

在涉及工程爆破方面有以下规定：

（1）国家对民用爆炸物品的生产、销售、购买、运输和爆破作业实行许可证制度。未经许可，任何单位或者个人不得生产、销售、购买、运输民用爆炸物品，不得从事爆破作业。严禁转让、出借、转借、抵押、赠送、私藏或者非法持有民用爆炸物品。

（2）申请从事爆破作业的单位，应当向有关人民政府公安机关提出申请核发《爆破作业单位许可证》，营业性爆破作业单位持《爆破作业单位许可证》到工商行政管理部门办理工商登记后，方可从事营业性爆破作业活动，爆破作业单位应当在办理工商登记后 3 日内，向所在地县级人民政府公安机关备案。

（3）爆破作业单位应当按照其资质等级承接爆破作业项目，爆破作业人员应当按照其资格等级从事爆破作业。爆破作业的分级管理办法由国务院公安部门规定。

（4）在城市、风景名胜区和重要工程设施附近实施爆破作业的，应当向爆破作业所在地设区的市级人民政府公安机关提出申请，提交《爆破作业单位许可证》和具有相应资质的安全评估企业出具的爆破设计、施工方案评估报告。受理申请的公安机关作出批准的决定后方准实施爆破作业。实施爆破作业时，应当由具有相应资质的安全监理企业进行监理。由爆破作业所在地县级人民政府公安机关负责组织实施安全警戒。

（5）爆破作业单位跨省、自治区、直辖市行政区域从事爆破作业的，应当事先将爆破作业项目的有关情况向爆破作业所在地县级人民政府公安机关报告。

274. 《安全生产法》对爆破工程有哪些规定？

（1）立法目的：为了加强安全生产工作，防止和减少生产安全事故，保障人民群众生命和财产安全，促进经济社会持续健康发展。

（2）使用范围：在中华人民共和国领域内从事生产经营活动的单位的安全生产，适用本法；有关法律、行政法规对消防安全和道路交通安全、铁路交通安全、水上交通安全、民用航空安全以及核与辐射安全、特种设备安全另有规定的，适用其规定。

（3）具体要求：

①生产经营单位进行爆破、吊装以及国务院安全生产监督管理部门会同国务院有关部门规定的其他危险作业，应当安排专门人员进行现场安全管理，确保操作规程的遵守和安全措施的落实；

②生产、经营、运输、储存、使用危险物品或者处置废弃危险物品的，必须执行有关法律、法规和国家标准或者行业标准，建立专门的安全管理制度，采取可靠的安全措施，接受有关主管部门依法实施的监督管理；

③生产经营单位对重大危险源应当登记建档，进行定期检测、评估、监控，并制定应急预案，告知从业人员和相关人员在紧急情况下应当采取的应急措施。

（4）法律依据：《安全生产法》。

275.《建设工程安全生产管理条例》对爆破工程有哪些规定?

（1）立法目的：加强建设工程安全生产监督管理，保障人民群众生命和财产安全。

（2）适用范围：在中华人民共和国境内从事建设工程的新建、扩建、改建和拆除等有关活动及实施对建设工程安全生产的监督管理。建设工程是指土木工程、建筑工程、线路管道和设备安装工程及装修工程。

（3）具体要求：

①建设单位应当将拆除工程发包给具有相应资质等级的施工单位；

②建设单位应当在拆除工程施工15日前，将下列资料报送建设工程所在地的县级以上地方人民政府建设行政主管部门或者其他有关部门备案：施工单位资质等级证明；拟拆除建筑物、构筑物及可能危及毗邻建筑的说明；拆除施工组织方案；堆放、清除废弃物的措施。实施爆破作业的，应当遵守国家有关民用爆炸物品管理的规定；

③施工单位应当在施工组织设计中编制安全技术措施和施工现场临时用电方案，对拆除、爆破工程编制专项施工方案，并附具安全验算结果，经施工单位技术负责人、总监理工程师签字后实施，由专职安全生产管理人员进行现场监督；

④对涉及深基坑、地下暗挖工程、高大模板工程的专项施工方案，施工单位还应当组织专家进行论证、审查。

（4）法律依据：《建设工程安全生产管理条例》。

276. 防治海洋工程建设项目污染损害海洋环境对爆破工程有哪些规定?

（1）立法目的：为了保护和改善海洋环境，保护海洋资源，防治污染损害，维护生态平衡，保障人体健康，促进经济和社会的可持续发展。

（2）使用范围：中华人民共和国内水、领海、毗连区、专属经济区、大陆架以及中华人民共和国管辖的其他海域。在中华人民共和国管辖海域内从事航行、勘探、开发、生产、旅游、科学研究及其他活动，或者在沿海陆域内从事影响海洋环境活动的任何单位和个人，都必须遵守我国法律规定，也适用于在中华人民共和国管辖海域以外，造成中华人民共和国管辖海域污染的行为。

（3）具体要求：海洋工程建设项目需要爆破作业时，必须采取有效措施，保护海洋资源。

①海洋工程是指以开发、利用、保护、恢复海洋资源为目的，并且工程主体位于海岸线向海一侧的新建、改建、扩建工程；

②海洋工程建设过程中需要进行海上爆破作业的，建设单位应当在爆破作业前报告海洋主管部门，海洋主管部门应当及时通报海事、渔业等有关部门；

③进行海上爆破作业，应当设置明显的标志、信号，并采取有效措施保护海洋资源；

④在重要渔业水域进行炸药爆破作业或者进行其他可能对渔业资源造成损害的作业活动的，应当避开主要经济类鱼虾的产卵期。

（4）法律依据：《中华人民共和国海洋环境保护法》、《中华人民共和国海洋环境保护法》、《防治海洋工程建设项目污染损害海洋环境管理条例》。

277. 电力设施保护对爆破工程有哪些规定？

（1）立法目的：为了保障和促进电力事业的发展，维护电力投资者、经营者和使用者的合法权益，保障电力安全运行，保障电力生产和建设的顺利进行，维护公共安全。

（2）适用范围：中华人民共和国境内已建或在建的电力设施，包括发电设施、变电设施和电力线路设施及其有关辅助设施。

（3）具体要求：任何单位和个人不得危害发电设施、变电设施和电力线路设施及其有关辅助设施。任何单位和个人不得在距电力设施周围五百米范围内（指水平距离）进行爆破作业。因工作需要必须进行爆破作业时，应当按国家颁发的有关爆破作业的法律法规，采取可靠的安全防范措施，确保电力设施安全，并征得当地电力设施产权单位或管理部门的书面同意，报经政府有关管理部门批准。在规定范围外进行的爆破作业必须确保电力设施的安全。

（4）法律依据：《中华人民共和国电力法》、《电力设施保护条例实施细则》、《国务院办公厅关于加强电力设施保护工作的通知》。

278. 铁路安全管理对爆破工程有哪些规定？

（1）立法目的：为了加强铁路安全管理，保障铁路运输安全和畅通，保护人身安全和财产安全。

（2）适用范围：中华人民共和国境内的铁路安全管理及与铁路安全管理有关的活动。

（3）具体要求：在铁路线路两侧从事采矿、采石或者爆破作业，应当遵守有关采矿和民用爆破的法律法规，符合国家标准、行业标准和铁路安全保护要求。在铁路线路路堤坡脚、路堑坡顶、铁路桥梁外侧起向外各1000m范围内，以及在铁路隧道上方中心线两侧各1000m范围内，确需从事露天采矿、采石或者爆破作业的，应当与铁路运输企业协商一致，依照有关法律法规的规定报县级以上地方人民政府有关部门批准，采取安全防护措施后方可进行。

（4）法律依据：《中华人民共和国铁路法》、《铁路安全管理条例》。

279. 城市蓝线管理对爆破工程有哪些规定？

（1）立法目的：为了加强对城市水系的保护与管理，保障城市供水、防洪防涝和通航安全，改善城市人居生态环境，提升城市功能，促进城市健康、协调和可持续发展。

（2）适用范围：城市蓝线是指城市规划确定的江、河、湖、库、渠和湿地等城市地表水体保护和控制的地域界线。

（3）在城市蓝线内禁止进行下列活动：违反城市蓝线保护和控制要求的建设活动；擅自填埋、占用城市蓝线内水域；影响水系安全的爆破、采石、取土；擅自建设各类排污设施；其他对城市水系保护构成破坏的活动。

（4）法律依据：《中华人民共和国城市规划法》、《城市蓝线管理办法》。

280. 气象探测环境和设施保护对爆破工程有哪些规定?

（1）立法目的：保护气象探测环境和设施，保证气象探测工作的顺利进行，确保获取的气象探测信息具有代表性、准确性、比较性，提高气候变化的监测能力、气象预报准确率和气象服务水平，为国民经济和人民生活提供可靠保障。

（2）适用范围：适用于中华人民共和国领域和中华人民共和国管辖的其他海域内气象探测环境和设施的保护。气象设施，是指气象探测设施、气象信息专用传输设施、大型气象专用技术装备等。气象探测环境，是指为避开各种干扰保证气象探测设施准确获得气象探测信息所必需的最小距离构成的环境空间。

（3）具体要求：禁止在气象探测环境保护范围内进行爆破、采砂（石）、取土、焚烧、放牧等行为。

（4）立法目的：《中华人民共和国气象法》《气象探测环境和设施保护办法》。

281. 渔业资源保护对爆破工程有哪些规定?

（1）立法目的：为了加强渔业资源的保护、增殖、开发和合理利用，发展人工养殖，保障渔业生产者的合法权益，促进渔业生产的发展，适应社会主义建设和人民生活的需要。

（2）适用范围：在中华人民共和国的内水、滩涂、领海、专属经济区以及中华人民共和国管辖的一切其他海域从事养殖和捕捞水生动物、水生植物等渔业生产活动。

（3）具体要求：进行水下爆破、勘探、施工作业，对渔业资源有严重影响的，作业单位应当事先同有关县级以上人民政府渔业行政主管部门协商，采取措施，防止或者减少对渔业资源的损害；造成渔业资源损失的，由有关县级以上人民政府责令赔偿。

（4）法律依据：《中华人民共和国渔业法》。

282. 公路安全保护对爆破工程有哪些规定?

（1）立法目的：为了加强公路保护，保障公路完好、安全和畅通。

（2）使用范围：在中华人民共和国境内的公路（包括国高网、国道、省道、县道、乡道）、公路用地和公路附属设施。所称公路，包括公路桥梁、公路隧道和公路渡口。

（3）具体要求：禁止在下列范围内从事采矿、采石、取土、爆破作业等危及公路、公路桥梁、公路隧道、公路渡口安全的活动：（一）国道、省道、县道的公路用地外缘起向外 100m，乡道的公路用地外缘起向外 50m；（二）公路渡口和中型以上公路桥梁周围 200m；（三）公路隧道上方和洞口外 100m。在前款规定的范围内，因抢险、防汛需要修筑堤坝、压缩或者拓宽河床的，应当经省、自治区、直辖市人民政府交通运输主管部门会同水行政主管部门或者流域管理机构批准，并采取安全防护措施方可进行。

（4）法律依据：《中华人民共和国公路法》《公路安全保护条例》。

283. 地震监测安全管理对爆破工程有哪些规定?

（1）立法目的：加强对地震监测活动的管理，提高地震监测能力。

（2）适用范围：地震监测台网的规划、建设和管理以及地震监测设施和地震观测环境的保护。地震观测环境应当按照地震监测设施周围不能有影响其工作效能的干扰源的要求划定保护范围。具体保护范围，由县级以上人民政府负责管理地震工作的部门或者机构会同其他有关部门，按照国家有关标准规定的最小距离划定。国家有关标准对地震监测设施保护的最小距离尚未作出规定的，由县级以上人民政府负责管理地震工作的部门或者机构会同其他有关部门，按照国家有关标准规定的测试方法、计算公式等，通过现场实测确定。

（3）具体要求：禁止在已划定的地震观测环境保护范围内从事爆破、采矿、采石、钻井、抽水、注水等活动。

（4）法律依据：《地震监测管理条例》。

284. 地质灾害防治对爆破工程有哪些规定？

（1）立法目的：防治地质灾害，避免和减轻地质灾害造成的损失，维护人民生命和财产安全，促进经济和社会的可持续发展。

（2）适用范围：地质灾害包括自然因素或者人为活动引发的危害人民生命和财产安全的山体崩塌、滑坡、泥石流、地面塌陷、地裂缝、地面沉降等与地质作用有关的灾害。

（3）具体要求：对出现地质灾害前兆、可能造成人员伤亡或者重大财产损失的区域和地段，县级人民政府应当及时划定为地质灾害危险区，予以公告，并在地质灾害危险区的边界设置明显警示标志。在地质灾害危险区内，禁止爆破、削坡、进行工程建设以及从事其他可能引发地质灾害的活动。

（4）法律依据：《地质灾害防治条例》。

285. 港口安全管理对爆破工程有哪些规定？

（1）立法目的：加强港口管理，维护港口的安全与经营秩序，保护当事人的合法权益，促进港口的建设与发展。

（2）适用范围：从事港口规划、建设、维护、经营、管理及其相关活动。港口是指具有船舶进出、停泊、靠泊，旅客上下，货物装卸、驳运、储存等功能，具有相应的码头设施，由一定范围的水域和陆域组成的区域，港口可以由一个或者多个港区组成。

（3）具体要求：不得在港口进行可能危及港口安全的采掘、爆破等活动；因工程建设等确需进行的，必须采取相应的安全保护措施，并报经港口行政管理部门批准；依照有关水上交通安全的法律、行政法规的规定须经海事管理机构批准的，还应当报经海事管理机构批准。

（4）法律依据：《中华人民共和国港口法》。

286. 文物保护对爆破工程有哪些规定？

（1）立法目的：加强对文物的保护，继承中华民族优秀的历史文化遗产，促进科学研究工作，进行爱国主义和革命传统教育，建设社会主义精神文明和物质文明。

（2）适用范围：在中华人民共和国境内的文物受国家保护，古文化遗址、古墓葬、古建筑、石窟寺、石刻、壁画、近代现代重要史迹和代表性建筑等不可移动文物，根据它们的历史、艺术、科学价值，可以分别确定为全国重点文物保护单位，省级文物保护单位，市、县级文物保护单位。

（3）具体要求：文物保护单位的保护范围内不得进行其他建设工程或者爆破、钻探、挖掘等作业。但是，因特殊情况需要在文物保护单位的保护范围内进行其他建设工程或者爆破、钻探、挖掘等作业的，必须保证文物保护单位的安全，并经核定公布该文物保护单位的人民政府批准，在批准前应当征得上一级人民政府文物行政部门同意；在全国重点文物保护单位的保护范围内进行其他建设工程或者爆破、钻探、挖掘等作业的，必须经省、自治区、直辖市人民政府批准，在批准前应当征得国务院文物行政部门同意。

（4）法律依据：《中华人民共和国文物保护法》。

287. 水利设施保护对爆破工程有哪些规定？

（1）立法目的：合理开发、利用、节约和保护水资源，防治水害，实现水资源的可持续利用，适应国民经济和社会发展的需要。

（2）适用范围：在中华人民共和国领域内开发、利用、节约、保护、管理水资源，防治水害。水资源，包括地表水和地下水。

（3）具体要求：国家对水利工程实施保护。

①在水工程保护范围内，禁止从事影响水工程运行和危害水工程安全的爆破、打井、采石、取土等活动；

②禁止在水文监测环境保护范围内从事下列活动：取土、挖砂、采石、淘金、爆破和倾倒废弃物；

③禁止在大坝管理和保护范围内进行爆破、打井、采石、采矿、挖沙、取土、修坟等危害大坝安全的活动；

④属于国家所有的防洪工程设施，应当按照经批准的设计，在竣工验收前由县级以上人民政府按照国家规定，划定管理和保护范围。属于集体所有的防洪工程设施，应当按照省、自治区、直辖市人民政府的规定，划定保护范围。在防洪工程设施保护范围内，禁止进行爆破、打井、采石、取土等危害防洪工程设施安全的活动。

（4）法律依据：《中华人民共和国水法》、《中华人民共和国防洪法》、《水库大坝安全管理条例》、《中华人民共和国水文条例》。

288. 城市轨道交通运营管理对爆破工程有哪些规定？

（1）立法目的：为了加强城市轨道交通运营管理，保证城市轨道交通正常、安全运营，维护城市轨道交通运营秩序，保障乘客和城市轨道交通运营者的合法权益。

（2）适用范围：城市轨道交通的运营及相关的管理活动。

（3）具体要求：

①城市轨道交通应当在以下范围设置控制保护区：地下车站与隧道周边外侧50m内；地面和高架车站以及线路轨道外边线外侧30m内；出入口、通风亭、变电站等建筑物、构

筑物外边线外侧 10m 内；

②在城市轨道交通控制保护区内进行爆破作业的，作业单位应当制定安全防护方案，在征得运营单位同意后，依法办理有关行政许可手续。穿过地铁下方时，安全防护方案还应当经专家审查论证。运营单位在不停运的情况下对城市轨道交通进行扩建、改建和设施改造的，应当制订安全防护方案，并报城市人民政府城市轨道交通主管部门备案。

（4）法律依据：《城市轨道交通运营管理办法》。

289. 广播电视设施保护对爆破工程有哪些规定？

（1）立法目的：维护广播电视设施的安全，确保广播电视信号顺利优质地播放和接收。

（2）使用范围：在中华人民共和国境内依法设立的广播电视台、站（包括有线广播电视台、站）和广播电视传输网的下列设施的保护。

（3）具体要求：禁止在广播电视设施周围 500m 范围内进行爆破作业；禁止在发射、监测台、站周围 500m 范围内兴建油库、加油站、液化气站、煤气站等易燃易爆设施。

（4）法律依据：《广播电视设施保护条例》。

290. 内河交通安全管理对爆破工程有哪些规定？

（1）立法目的：加强内河交通安全管理，维护内河交通秩序，保障人民群众生命、财产安全，保障防洪安全，发挥江河湖泊的综合效益。

（2）使用范围：在中华人民共和国内河通航水域从事航行、停泊和作业以及与内河交通安全有关的活动。

（3）具体要求：

①在内河通航水域或者岸线上进行勘探、采掘、爆破作业可能影响通航安全的，应当在进行作业或者活动前报海事管理机构批准。进行上述作业或者活动，需要进行可行性研究的，在进行可行性研究时应当征求海事管理机构的意见；依照法律、行政法规的规定，需经其他有关部门审批的，还应当依法办理有关审批手续；

②在河道管理范围内进行爆破活动，必须报经河道主管机关批准；涉及其他部门的，由河道主管机关会同有关部门批准；

③根据堤防的重要程度、堤基土质条件等，河道主管机关报经县级以上人民政府批准，可以在河道管理范围的相连地域划定堤防安全保护区。在堤防安全保护区内，禁止进行打井、钻探、爆破、挖筑鱼塘、采石、取土等危害堤防安全的活动。

（4）法律依据：《中华人民共和国内河交通安全管理条例》、《中华人民共和国河道管理条例》。

291. 航标的管理和保护对爆破工程有哪些规定？

（1）立法目的：加强对航标的管理和保护，保证航标处于良好的使用状态，保障船舶航行安全。

（2）使用范围：在中华人民共和国的领域及管辖的其他海域设置的航标。航标是指供船舶定位、导航或者用于其他专用目的的助航设施，包括视觉航标、无线电导航设施和音响航标。

（3）具体要求：禁止下列影响航标工作效能的行为。

①在航标周围20m内或者在埋有航标地下管道、线路的地面钻孔、挖坑、采掘土石、堆放物品或者进行明火作业；

②在航标周围150m内进行爆破作业。

（4）法律依据：《中华人民共和国航标条例》。

292. 海上航行警告和航行通告管理对爆破工程有哪些规定？

（1）立法目的：加强海上航行警告和航行通告的管理，保障船舶、设施的航行和作业安全。

（2）适用范围：在中华人民共和国沿海水域从事影响或者可能影响海上交通安全的各种活动的船舶、设施和人员，以及负责发布海上航行警告、航行通告的有关单位和人员。

（3）具体要求：在中华人民共和国沿海水域从事扫海、疏浚、爆破、打桩、拔桩、起重、钻探等作业，必须事先向所涉及的海区的区域主管机关申请发布海上航行警告、航行通告。

（4）法律依据：《中华人民共和国海上航行警告和航行通告管理规定》。

293. 石油天然气管道保护对爆破工程有哪些规定？

（1）立法目的：为了保护石油、天然气管道，保障石油、天然气输送安全，维护国家能源安全和公共安全。

（2）适用范围：中华人民共和国境内输送石油（包括原油和成品油）、天然气（包括天然气、煤层气和煤制气）的管道及管道附属设施。而对城镇燃气管道和炼油、化工等企业厂区内管道的保护不适用。

（3）具体要求：

①在穿越河流的管道线路中心线两侧各五百米地域范围内，禁止抛锚、拖锚、挖砂、挖泥、采石、水下爆破。但是，在保障管道安全的条件下，为防洪和航道通畅而进行的养护疏浚作业除外。

②在管道专用隧道中心线两侧各一千米地域范围内，除本条第二款规定的情形外，禁止采石、采矿、爆破。

在前款规定的地域范围内，因修建铁路、公路、水利工程等公共工程，确需实施采石、爆破作业的，应当经管道所在地县级人民政府主管管道保护工作的部门批准，并采取必要的安全防护措施，方可实施。

③在管道线路中心线两侧各二百米和管道附属设施（管道的加压站、加热站、计量站、集油站、集气站、输油站、输气站、配气站、处理场、清管站、阀室、阀井、放空设施、油库、储气库、装卸栈桥、装卸场）周边五百米地域范围内，进行爆破、地震法勘探或者工程挖掘、工程钻探、采矿，施工单位应当向管道所在地县级人民政府主管管道保护工作的部门提出申请。县级人民政府主管管道保护工作的部门接到申请后，应当组织施工单位与管道

企业协商确定施工作业方案，并签订安全防护协议；协商不成的，主管管道保护工作的部门应当组织进行安全评审，作出是否批准作业的决定。

④在管道保护距离内已建成的人口密集场所和易燃易爆物品的生产、经营、存储场所，应当由所在地人民政府根据当地的实际情况，有计划、分步骤地进行搬迁、清理或者采取必要的防护措施。需要已建成的管道改建、搬迁或者采取必要的防护措施的，应当与管道企业协商确定补偿方案。

（4）法律依据：《中华人民共和国石油天然气管道保护法》。

294. 军事设施保护对爆破工程有哪些规定？

（1）立法目的：为了保护军事设施的安全，保障军事设施的使用效能和军事活动的正常进行，加强国防现代化建设，巩固国防，抵御侵略。

（2）适用范围：军事设施是指国家直接用于军事目的的下列建筑、场地和设备：指挥机关、地面和地下的指挥工程、作战工程；军用机场、港口、码头；营区、训练场、试验场；军用洞库、仓库；军用通信、侦察、导航、观测台站和测量、导航、助航标志；军用公路、铁路专用线，军用通信、输电线路，军用输油、输水管道；国务院和中央军事委员会规定的其他军事设施。

（3）具体要求：

①在军事禁区外围安全控制范围内，当地群众可以照常生产、生活，但是不得进行爆破、射击以及其他危害军事设施安全和使用效能的活动；

②在没有划入军事禁区、军事管理区的军事设施一定距离内进行采石、取土、爆破等活动，不得危害军事设施的安全和使用效能；

③在作战工程安全保护范围内，禁止开山采石、采矿、爆破，禁止采伐林木；修筑建筑物、构筑物、道路和进行农田水利基本建设，应当征得作战工程管理单位的上级主管军事机关和当地军事设施保护委员会同意，并不得影响作战工程的安全保密和使用效能。

（4）法律依据：《中华人民共和国军事设施保护法实施办法》。

295. 《云南省边境管理条例》对爆破工程有哪些规定？

第十条　下列情形应当获得批准后方可进行：

（一）在中越或者中老国界线我方一侧2000m、中缅国界线我方一侧500m范围内爆破作业的，由县级行政主管部门征求当地外事部门、公安边防部门意见，按照规定报县级人民政府批准。

296. 涉爆个人或者单位违反《刑法》的法律责任有哪些规定？

根据《刑法》第125条、第127条、第130条、第136条规定，有下列涉及民用爆炸物品犯罪行为之一的，根据其不同的危害结果和情节，分别处以拘役、有期徒刑、无期徒刑和死刑：

（1）非法制造、买卖、运输、邮寄、储存爆炸物的，处三年以上十年以下有期徒刑；

情节严重的，处十年以上有期徒刑、无期徒刑或者死刑；

（2）盗窃、抢夺爆炸物的，处三年以上十年以下有期徒刑；情节严重的，处十年以上有期徒刑、无期徒刑或者死刑；

（3）非法携带爆炸性物品，进入公共场所或者公共交通工具，危及公共安全，情节严重的，处三年以下有期徒刑、拘役或者管制；

（4）违反爆炸性物品的管理规定，在生产、储存、运输、使用中发生重大事故，造成严重后果的，处三年以下有期徒刑或者拘役；后果特别严重的，处三年以上七年以下有期徒刑。

定罪量刑的标准规定（节选 最高人民法院有关司法解释）。

《最高人民法院关于修改〈最高人民法院关于审理非法制造、买卖、运输枪支、弹药、爆炸物等刑事案件具体应用法律若干问题的解释〉的决定》已于 2009 年 11 月 9 日由最高人民法院审判委员会第 1476 次会议通过。现予公布，自 2010 年 1 月 1 日起施行。

"刑法第一百二十五条第一款规定的'非法储存'，是指明知是他人非法制造、买卖、运输、邮寄的枪支、弹药而为其存放的行为，或者非法存放爆炸物品的行为"。

第一条 个人或者单位非法制造、买卖、运输、邮寄、储存枪支、弹药、爆炸物，具有下列情形之一的，依照刑法第一百二十五条第一款的规定，以非法制造、买卖、运输、邮寄、储存枪支、弹药、爆炸物罪定罪处罚：

（5）非法制造、买卖、运输、邮寄、储存炸药、发射药、黑火药一千克以上或者烟火药三千克以上、雷管三十枚以上或者导火索、导爆索三十米以上的；

第二条 非法制造、买卖、运输、邮寄、储存枪支、弹药、爆炸物，具有下列情形之一的，属于刑法第一百二十五条第一款规定的"情节严重"：

（一）非法制造、买卖、运输、邮寄、储存枪支、弹药、爆炸物的数量达到本解释第一条第（一）、（二）、（三）、（六）、（七）项规定的最低数量标准五倍以上的。

297. 涉爆个人或者单位违反《治安管理处罚法》的法律责任有哪些规定?

根据《治安管理处罚法》第三十条、第三十一条规定，有下列行为之一的，根据其不同的危害结果和情节，由公安机关处以拘留的行政处罚：

（一）违反国家规定，制造、买卖、储存、运输、邮寄、携带、使用、提供、处置爆炸性危险物质的，处十日以上十五日以下拘留；情节较轻的，处五日以上十日以下拘留；

（二）爆炸性危险物质被盗、被抢或者丢失，未按规定报告的，处五日以下拘留；故意隐瞒不报的，处五日以上十日以下拘留。

298. 涉爆个人或者单位违反《反恐怖主义法》的法律责任有哪些规定?

（1）安全防范

根据《中华人民共和国反恐怖主义法》（2018 修正）第二十二条、第二十三条的规定。

第二十二条 生产和进口单位应当依照规定对枪支等武器、弹药、管制器具、危险化学品、民用爆炸物品、核与放射物品作出电子追踪标识，对民用爆炸物品添加安检示踪标识物。

运输单位应当依照规定对运营中的危险化学品、民用爆炸物品、核与放射物品的运输工具通过定位系统实行监控。

有关单位应当依照规定对传染病病原体等物质实行严格的监督管理，严密防范传染病病原体等物质扩散或者流入非法渠道。

对管制器具、危险化学品、民用爆炸物品，国务院有关主管部门或者省级人民政府根据需要，在特定区域、特定时间，可以决定对生产、进出口、运输、销售、使用、报废实施管制，可以禁止使用现金、实物进行交易或者对交易活动作出其他限制。

第二十三条 发生枪支等武器、弹药、危险化学品、民用爆炸物品、核与放射物品、传染病病原体等物质被盗、被抢、丢失或者其他流失的情形，案发单位应当立即采取必要的控制措施，并立即向公安机关报告，同时依照规定向有关主管部门报告。公安机关接到报告后，应当及时开展调查。有关主管部门应当配合公安机关开展工作。

任何单位和个人不得非法制作、生产、储存、运输、进出口、销售、提供、购买、使用、持有、报废、销毁前款规定的物品。公安机关发现的，应当予以扣押；其他主管部门发现的，应当予以扣押，并立即通报公安机关；其他单位、个人发现的，应当立即向公安机关报告。

（2）法律责任

根据《中华人民共和国反恐怖主义法》（2018修正）第八十七条，违反本法规定，有下列情形之一的，由主管部门给予警告，并责令改正；拒不改正的，处十万元以下罚款，并对其直接负责的主管人员和其他直接责任人员处一万元以下罚款：

1）未依照规定对枪支等武器、弹药、管制器具、危险化学品、民用爆炸物品、核与放射物品作出电子追踪标识，对民用爆炸物品添加安检示踪标识物的；

2）未依照规定对运营中的危险化学品、民用爆炸物品、核与放射物品的运输工具通过定位系统实行监控的；

3）未依照规定对传染病病原体等物质实行严格的监督管理，情节严重的；

4）违反国务院有关主管部门或者省级人民政府对管制器具、危险化学品、民用爆炸物品决定的管制或者限制交易措施的。

299. 涉爆个人或者单位违反《民用爆炸物品安全管理条例》的法律责任有哪些规定？

（1）未经许可制造、买卖、运输民用爆炸物品和爆破作业的行为

根据《民用爆炸物品安全管理条例》第四十四条规定，未经许可生产、销售民用爆炸物品的，由国防科技工业主管部门责令停止非法生产、销售活动，处10万元以上50万元以下的罚款，并没收非法生产、销售的民用爆炸物品及其违法所得；未经许可购买、运输民用爆炸物品或者从事爆破作业的，由公安机关责令停止非法购买、运输、爆破作业活动，处5万元以上20万元以下的罚款，并没收非法购买、运输以及从事爆破作业使用的民用爆炸物品及其违法所得。

（2）违反流向登记管理规定的行为

根据《民用爆炸物品安全管理条例》第四十六条规定，有下列情形之一的，由公安机关责令限期改正，处 5 万元以上 20 万元以下的罚款；逾期不改正的，责令停产停业整顿：

1）未按照规定对民用爆炸物品做出警示标识、登记标识或者未对雷管编码打号的；

2）超出购买许可的品种、数量购买民用爆炸物品的；

3）使用现金或者实物进行民用爆炸物品交易的；

4）未按照规定保存购买单位的许可证、银行账户转账凭证、经办人的身份证明复印件的；

5）销售、购买、进出口民用爆炸物品，未按照规定向公安机关备案的；

6）未按照规定建立民用爆炸物品登记制度，如实将本单位生产、销售、购买、运输、储存、使用民用爆炸物品的品种、数量和流向信息输入计算机系统的；

7）未按照规定将《民用爆炸物品运输许可证》交回发证机关核销的。

（3）违反运输管理规定的行为

根据《民用爆炸物品安全管理条例》第四十七条规定，有下列情形之一的，由公安机关责令改正，处 5 万元以上 20 万元以下的罚款：

1）违反运输许可事项的；

2）未携带《民用爆炸物品运输许可证》的；

3）违反有关标准和规范混装民用爆炸物品的；

4）运输车辆未按照规定悬挂或者安装符合国家标准的易燃易爆危险物品警示标志的；

5）未按照规定的路线行驶，途中经停没有专人看守或者在许可以外的地点经停的；

6）装载民用爆炸物品的车厢载人的；

7）出现危险情况未立即采取必要的应急处置措施、报告当地公安机关的。

（4）违反爆破作业管理规定的行为

根据《民用爆炸物品安全管理条例》第四十八条规定，从事爆破作业的单位有下列情形之一的，由公安机关责令停止违法行为或者限期改正，处 10 万元以上 50 万元以下的罚款；逾期不改正的，责令停产停业整顿；情节严重的，吊销《爆破作业单位许可证》：

1）爆破作业单位未按照其资质等级从事爆破作业的；

2）营业性爆破作业单位跨省、自治区、直辖市行政区域实施爆破作业，未按照规定事先向爆破作业所在地的县级人民政府公安机关报告的；

3）爆破作业单位未按照规定建立民用爆炸物品领取登记制度、保存领取登记记录的；

4）违反国家有关标准和规范实施爆破作业的。

爆破作业人员违反国家有关标准和规范的规定实施爆破作业的，由公安机关责令限期改正，情节严重的，吊销《爆破作业人员许可证》。

（5）违反储存管理规定的行为

根据《民用爆炸物品安全管理条例》第四十九条规定，有下列情形之一的，由国防科技工业主管部门、公安机关按照职责责令限期改正，可以并处 5 万元以上 20 万元以下的罚款；逾期不改正的，责令停产停业整顿；情节严重的，吊销许可证：

1）未按照规定在专用仓库设置技术防范设施的；

2）未按照规定建立出入库检查、登记制度或者收存和发放民用爆炸物品，致使账物不符的；

3）超量储存、在非专用仓库储存或者违反储存标准和规范储存民用爆炸物品的；

4）有《民用爆炸物品安全管理条例》规定的其他违反民用爆炸物品储存管理规定行为的。

（6）违反其他安全管理规定的行为

1）根据《民用爆炸物品安全管理条例》第五十条规定，民用爆炸物品从业单位有下列情形之一的，由公安机关处2万元以上10万元以下的罚款；情节严重的，吊销其许可证；有违反治安管理行为的，依法给予治安管理处罚：

①违反安全管理制度，致使民用爆炸物品丢失、被盗、被抢的；

②民用爆炸物品丢失、被盗、被抢，未按照规定向当地公安机关报告或者故意隐瞒不报的；

③转让、出借、转借、抵押、赠送民用爆炸物品的。

2）根据《民用爆炸物品安全管理条例》第五十一条规定，携带民用爆炸物品搭乘公共交通工具或者进入公共场所，邮寄或者在托运的货物、行李、包裹、邮件中夹带民用爆炸物品，构成犯罪的，依法追究刑事责任；尚不构成犯罪的，由公安机关依法给予治安管理处罚，没收非法的民用爆炸物品，处1000元以上1万元以下的罚款。

3）根据《民用爆炸物品安全管理条例》第五十二条规定，民用爆炸物品从业单位的主要负责人未履行本条例规定的安全管理责任，导致发生重大伤亡事故或者造成其他严重后果，构成犯罪的，依法追究刑事责任；尚不构成犯罪的，对主要负责人给予撤职处分，对个人经营的投资人处2万元以上20万元以下的罚款。

300. 涉爆个人或者单位常见的违法违规行为及查处依据有哪些?

（1）未经许可实施爆破作业（非法爆破）

非法爆破指未经公安机关依法审批同意而进行爆破作业的行为。查处依据及处理意见：

1）行为人涉嫌非法购买、运输、储存、使用爆炸物品，依据《最高人民法院关于审理非法制造、买卖、运输枪支、弹药、爆炸物等刑事案件具体应用法律若干问题的解释》第一条第（六）项的规定，对于非法制造、买卖、运输、邮寄、储存炸药、发射药、黑火药一千克以上或者烟火药三千克以上，雷管三十枚以上或者导火索、导爆索三十米以上的，对行为人按《刑法》第125条第一款的规定进行处罚（3年以上10年以下）。

对于非法制造、买卖、运输、邮寄、储存爆炸物品数量达到以上最低数量标准5倍以上的，按"情节严重"处罚（10年以上直至死刑）。

2）若未达上述最低数量要求的，根据《治安管理处罚法》第三十条的规定对行为人予以行政拘留处罚，或根据《民用爆炸物品安全管理条例》第四十四条第四款的规定责令其停止非法购买、运输、爆破作业活动，处5万元以上20万元以下的罚款，并没收非法购买、运输以及从事爆破作业使用的民爆物品及其违法所得。

（2）丢失、被盗民爆物品

丢失、被盗民爆物品指责任人或单位违反《民用爆炸物品安全管理条例》规定，在生产、储存、销售、运输和使用民爆物品中，发生民爆物品丢失、被盗案（事）件。

查处依据及处理意见：

1）对于责任人，依照《治安管理处罚法》第三十一条的规定予以行政拘留（责任人指工地负责人、技术负责人、临时保管民爆物品的现场保管退库人员，须视具体责任情况确定）。

2）对责任单位，依据《民用爆炸物品安全管理条例》第五十条的规定，对其处以2万元以上10万元以下的罚款；情节严重的，吊销其许可证；有违反治安管理行为的，依法予以治安管理处罚。

3）造成民爆物品大量丢失、被盗案件或因民爆物品流散后造成严重社会危害后果的，除追究责任人的直接责任外，还要追究单位领导人的行政责任直至刑事责任。

4）造成民爆物品大量丢失、被盗案件或因民爆物品流散后造成严重社会危害后果的，除追究责任人的直接责任外，还要追究单位领导人的行政责任直至刑事责任。

（3）使用无证人员从事爆破作业或爆破器材管理

爆破作业指接触民爆物品的所有作业（包括装药、填塞、联线、检查线路、起爆、处理盲炮等）。爆破器材管理指接收、保管、发放爆破器材的有关工作。

行为人违反《民用爆炸物品安全管理条例》第三十三条和《安全生产法》第二十三条。

1）依据《治安管理处罚法》第三十条，对责任人（无证作业人员和同意该无证人员作业的人员）予以行政拘留。

2）对责任单位，依据《民用爆炸物品安全管理条例》第四十八条第一款第（四）项，责令其停止违法行为或者限期改正，处10万元以上50万元以下的罚款；逾期不改正的，责令停产停业整顿；情节严重的，吊销《爆破作业单位许可证》。

（4）爆破作业期间爆破技术负责人不在现场管理

爆破作业期间——指从民爆物品送到工地时起，到实施爆破结束，处理盲炮完毕，并清点好应退库数量，督促现场保管员将应退库民爆物品锁入临时保管箱为止。

查处依据及处理意见：

行为人违反《安全生产法》第三十五条、《民用爆炸物品安全管理条例》第四十二条。

对责任单位，依据《民用爆炸物品安全管理条例》第四十八条第一款第（四）项，责令其停止违法行为或者限期改正，处10万元以上50万元以下的罚款；逾期不改正的，责令停产停业整顿；情节严重的，吊销《爆破作业单位许可证》；

对行为人，情节严重的，吊销《爆破作业人员许可证》。

（5）不按规定将民爆物品退库存放

对责任单位，依据《民用爆炸物品安全管理条例》第四十八条第一款第（四）项，责令其停止违法行为或者限期改正，处10万元以上50万元以下的罚款；逾期不改正的，责令停产停业整顿；情节严重的，吊销《爆破作业单位许可证》；

对行为人，依据《治安管理处罚法》第三十条，予以行政拘留。

（6）临时存放民爆物品不安排专人管理、看护

对责任单位，依据《民用爆炸物品安全管理条例》第四十八条第一款第（四）项，责令其停止违法行为或者限期改正，处 10 万元以上 50 万元以下的罚款；逾期不改正的，责令停产停业整顿；情节严重的，吊销《爆破作业单位许可证》。

对行为人，依据《治安管理处罚法》第三十条，予以行政拘留。

（7）不按规定组织实施安全警戒

1）说明

安全警戒包括装药警戒和爆破警戒，指在装药、爆破过程中警戒区边界设置（最小安全允许距离确定）、危险区标志设立、警戒岗哨分派、阻止无关人员进入警戒区等。

2）查处依据及处理意见

行为人违反《民用爆炸物品安全管理条例》第三十八条。

对责任单位，依据《民用爆炸物品安全管理条例》第四十八条第一款第（四）项，责令其停止违法行为或者限期改正，处 10 万元以上 50 万元以下的罚款；逾期不改正的，责令停产停业整顿；情节严重的，吊销《爆破作业单位许可证》；

对行为人，情节严重的，吊销《爆破作业人员许可证》。

（8）不按设计方案进行安全防护

1）说明

安全防护是指爆破设计方案中为了防止爆破有害效应而采取的炮孔覆盖、爆区周边立面防护排架、保护对象包裹防护、斜坡滚石防护、减震孔、测振设施、炮烟粉尘抑制等辅助性防护措施。

2）查处依据及处理意见

对责任单位，依据《民用爆炸物品安全管理条例》第四十八条第一款第（四）项，责令其停止违法行为或者限期改正，处 10 万元以上 50 万元以下的罚款；逾期不改正的，责令停产停业整顿；情节严重的，吊销《爆破作业单位许可证》；

对行为人，情节严重的，吊销《爆破作业人员许可证》。

附件一 ▶▶▶

国家级工法

《节能环保工程爆破》（国家级工法）

"工法"主要完成人：何广沂，铁道建筑研究设计院副院长，
（1989 年）教授级高级工程师；（1991 年）享受国务院特殊津贴

为了更好地推广"节能环保工程爆破"，必须使施工人员了解与掌握"节能环保工程爆破"施工方法和施工工艺。为此，我们于 2003 年撰写了"节能环保工程爆破"工法，并于 2004 年被评选为省（部）级工法；又于 2005 年被评选为国家级工法。

2004 年 7 月，"节能环保工程爆破"被评审批准为《建设部 2004 年科技成果推广项目》之后，我们重点进行了"隧道掘进节能环保爆破"的推广试点。在推广试点过程中施工人员希望有一个"隧道掘进节能环保爆破"工法，与"节能环保工程爆破"工法相比，更有针对性。于是我们对"节能环保工程爆破"工法中有关"隧道掘进节能环保爆破"部分，根据推广试点所取得的成绩和经验，进行了补充、细化、优化，撰写了"隧道掘进节能环保水压爆破"工法。

2016 年，"隧道聚能环保水压爆破技术"新工法，是在隧道掘进节能环保水压爆破技术的基础上，进一步优化而来的，具有光面爆破效果显著、减少超挖欠挖等优势。

《隧道掘进节能环保爆破工法》、《隧道聚能环保水压光面爆破工法》属于《节能环保工程爆破工法》的衍生施工技术。

下面分四章介绍上述三个工法。

一、节能环保工程水压爆破

（一）工法特点

往炮眼一定位置注入一定量的水并用专用设备制作的炮泥回填堵塞，这种新型的工程水压爆破与以往常规工程爆破相比，可以提高炸药能量利用率、提高施工效率、提高经济效益和保护环境，这是对常规工程爆破最显著的突破点、创新点，也是本工法最主要的特点。

本工法的关键技术或称技术要点，包括以下三项内容：

1. 炮眼注水工艺；

2.炮泥成分及制作工艺；

3.炮眼中水袋长与炮泥回填堵塞长的最佳比例。

（二）适用范围

本工法适用范围为铁路、公路、水电、矿山等建设中所进行的露天爆破开挖和隧道（洞）、巷道以及库房等掘进开挖。对于城镇石方控制爆破，采用本工法除了节省炸药、加快施工进度等之外，还能确保车辆、行人、设施等安全和环境不被污染。

（三）施工工艺

1.技术原理

对于工程爆破，无论地下还是露天爆破，其炮眼围岩破碎是由炸药爆炸产生的应力波和爆炸气体膨胀共同作用的结果。工程水压爆破与以往隧道爆破掘进炮眼无回填堵塞和露天爆破开挖炮眼仅用土回填堵塞相比，能充分发挥应力波和膨胀气体对岩石的破碎作用，其原理是：炮眼无回填堵塞，炸药爆炸在炮眼中传播的击波因压缩空气而削弱，而由击波传递到围岩中的应力波相应也削弱，由于无堵塞，即无阻挡，膨胀气体很迅速地从炮眼口冲出，削弱了膨胀气体进一步破碎岩石的作用。炮眼用土回填堵塞，土比较松散，也是可压缩的，只不过与空气相比压缩性小，但击波能量也受损失，也会削弱应力波对围岩的破碎，此外用土回填虽能对爆炸气体冲击炮眼口有一定的抑制作用，但会产生大量灰尘污染环境。工程水压爆破，由于炮眼中有水，在水中传播的击波对水不可压缩，爆炸能量无损失地经过水传递到炮眼围岩中，这种无能量损失的应力波十分有利于岩石破碎；水在爆炸气体膨胀作用下产生的"水楔"效应也有利于岩石进一步破碎；炮眼有水还可以起到雾化降尘作用，这是由于炮泥比土坚实，密度大还含有一定水，加之水与炮泥复合堵塞要比单一的土对抑制膨胀气体冲出炮眼口好得多，因此大大降低灰尘对环境的污染。

2.施工工艺

工程水压爆破与以往常规工程爆破相比，施工工艺上的主要区别是以下两方面：

（1）炮眼注水工艺

往炮眼注水的工艺是，先把水装入塑料袋中，然后把装满水的塑料袋（称为水袋）填入炮眼所设计的位置中，即药卷与炮泥之间。塑料袋为常用的聚乙烯塑料制成，袋厚为0.8mm，浅孔爆破、隧道爆破掘进水袋直径35~40mm，长200mm；深孔爆破水袋直径比钻眼直径小2mm，水袋长500mm。

水袋采用KPS-60型水袋自动封装机加工而成。这种专门为水压爆破研制的封口机，结构简单，操作方便，每小时可制作约700个水袋。具体操作：首先连接水管，并用扎圈锁紧为防进气；打开电源调节温度到220℃左右，预热约10min；试运转从出水口排除气体；然后把塑料袋套在出水口上，一按电钮水即可冲入袋中，随之自动封口，水袋便加工成。见附图1-1、附图1-2。

附图1-1 KPS-60型水袋自动封装机

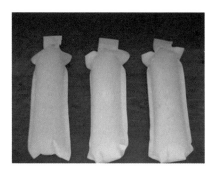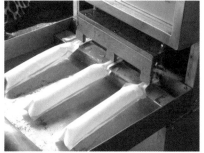

附图 1-2　水袋制作

（2）炮泥制作工艺

炮泥由土、砂和水三种成分组成，三种成分的重量比例，土：砂：水为 0.75：0.1：0.15。

炮泥制作是使用近年来研制成功的 PNJ-1 型炮泥机，重 310kg，外形尺寸 1362mm×590mm×1293mm，每小时可制作长 200mm、直径 35~40mm 的炮泥 500 多个。见附图 1-3、附图 1-4。

附图 1-3　PNJ-1 型炮泥机

附图 1-4　制作完成的炮泥

深孔水压爆破，其炮泥成分及其比例同浅孔爆破一样，制作炮泥可仿照蜂窝煤制作方法，只不过不要"蜂窝"，即小圆柱孔。

3. 爆破设计

工程水压爆破与常规工程爆破相比，在爆破设计上增加的内容仅是炸药、水袋和炮泥在炮眼中的位置及长度比例的设计与计算。工程水压爆破炮眼装药结构如附图 1-5 所示，L_1 为炸药长，L_2 为水袋长，L_3 为炮泥长，与炮眼深 L 的关系式：

$$L=L_1+L_2+L_3$$

式中　L_1 为常规工程爆破 85% 以下的装药量计算而得，L_2/L_3 本工法从略。

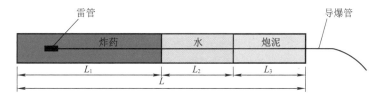

附图 1-5　工程水压爆破炮眼装药结构

4.施工组织

工程爆破中的隧道（巷道）爆破掘进，是根据开挖断面大小与长度、施工工期、现有的机械设备等而确定施工组织，即全断面一次爆破还是分步爆破开挖。工程爆破中的露天爆破施工组织，是根据开挖深度、工程量和环境等确定是浅孔还是深孔爆破开挖。之后，进一步确定是台阶还是梯段爆破法。一般情况，台阶爆破法适合浅孔，梯段（分层）爆破法适合深孔。工程水压爆破施工组织就是在上述基础上，增加组织炮泥和水袋的制作，最好当天制作当天使用。炸药、炮泥和水袋应同时运到掌子面或爆破工点。

（四）质量标准

1.炮眼利用率97%以上，露天爆破无石坎。

2.爆后岩石破碎均匀，隧道爆破岩石粒径比常规爆破小25%，露天浅孔水压爆破大于80cm的石块比常规爆破下降45%以上，露天深孔水压爆破无须"改炮"。

3.隧道爆破爆堆抛散距离比常规隧道爆破缩短21%，露天水压爆破岩石原地松动破碎。

4.粉尘含量，隧道爆破掘进降低42.5%，露天水压爆破降低92%。

5.爆破振动速度降低21%。

6.露天爆破无飞石、无噪声（指城市允许噪声标准以下）。

二、隧道掘进节能环保水压爆破

"隧道掘进节能环保爆破"于2002年12月18日通过了省部级鉴定，鉴定认为"该项技术具有国内领先、国际先进水平"。

"隧道掘进节能环保爆破"于2004年7月，被建设部评审批准为《建设部2004年科技成果推广项目》，列为被批准的85项之首。

2004年12月至2005年4月，分别于宜万铁路马鹿箐隧道、金沙江溪洛渡水电站大河湾公路隧道、宜万铁路齐岳山隧道和台金高速公路苍岭隧道等，进行了推广试点，取得了显著成效。

2005年8月，该项技术被评为《华夏建设科学技术奖》。

2005年9月，在黔桂铁路定水坝隧道开始面向全国推广。

该项技术，现今已在技术、设备、施工组织与施工方法等方面总结出了面向全国普遍推广的经验。在此基础上形成了"隧道掘进节能环保爆破工法"。

隧道掘进节能环保爆破在掏槽形式、炮眼布置、炮眼数量与深度、起爆顺序与时间间隔等设计与隧道掘进常规爆破一模一样，所不同的是隧道掘进节能环保爆破炮眼中增加了水袋和炮泥。见附图1-6。

隧道掘进节能环保爆破炮眼装药结构如附图1-7所示。

附图1-6　水压光面爆破炮眼装药结构

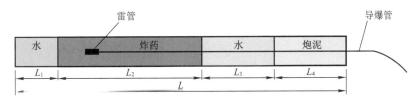

附图1-7 水压爆破炮眼装药结构

附图1-7中的L为炮眼深度,L_1为炮眼底水袋长,L_2为炸药长,L_3为炮眼中上部水袋长,L_4为炮泥长,其关系式为:

$L=L_1+L_2+L_3+L_4$;

L_1为1~2卷药卷长;

L_2为常规爆破每个炮眼装药量的80%左右的药卷总长;

$\dfrac{L_3}{L_4}<1$,如L_3过短而L_4过长,水的作用不大;L_3过长而L_4过短,抑制膨胀气体不大,L_3/L_4有一个最佳比例。

对于光面水压爆破,其炮眼以装直径25mm的药卷为主,炮眼中上部的水袋长度相对其他炮眼适当加长了。爆破后效果见附图1-8。

附图1-8 水压爆破后效果图片

三、隧道掘进聚能水压光面爆破

(一)技术原理

聚能水压爆破原理:就是利用聚能爆破原理,在线性药型罩上爆炸产物产生聚能作用,爆炸产物的势能通过对称的药型罩转化成粒子射流动能,虽然PVC塑料射流没有金属铜射流速度高、切割能力强,PVC射流足以在岩石上切割出裂缝,PVC聚能管还能多产生60%以上爆破气体,在炮孔内高压爆破气体准应力及气体气刃作用下,在聚能角中心线方向上的岩石被撑开、拉断,相邻炮孔切线上形成贯通缝隙。

(二)装药结构

根据不同钻孔深度选择轴向连续装药,接着装聚能装药管,聚能管上部用水袋填塞,最后用20~40cm炮泥填塞捣密实。如附图1-9所示:

（三）聚能管

聚能管采取一种抗静电阻燃的特种塑料管，异形双槽聚能管。管长 2m、2.5m、3m 不等。聚能管为炮眼深度的 70%，聚能管是由两个相似半壁管组成，管壁厚 2mm，半壁管中央有一个凹进去的槽，叫做"聚能槽"。聚能管截面尺寸：聚能槽顶角 70°，聚能槽顶部距离 17.27mm，半壁管宽度 24.18mm，两半壁管相扣成的聚能管宽度为 28.35mm。为调节聚能槽对准开挖轮廓面，两半

附图 1-9　聚能水压爆破装药结构图

壁管可调聚能方向 8°~10°。聚能管装置中的炸药为施工现场通用炸药即乳化炸药。聚能管内部尺寸形成的截面就是炸药的截面，见附图 1-10。

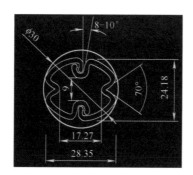

附图 1-10　聚能管截面尺寸

（四）聚能管装置

聚能管装置中的传爆线和起爆雷管为施工现场通用的起爆器材，起爆雷管段别与常规光面爆破相同。往半壁管注药是组装聚能管装置主要工艺。为往半壁管中注药需要空压机和注药枪两种设备。注药枪长 45cm，重 0.8kg。小型空压机功率 800W，重 23kg。见附图 1-11。

附图 1-11　聚能管装置构成

（五）聚能管制作工具（附图 1-12、附图 1-13）

附图 1-12　小型空压机

附图 1-13　注药枪

（六）聚能管制作步骤

1.把半壁管摆放在工作平台上。

2.把药卷一端和沿药卷纵向切开包装皮，然后两药卷沿纵向切开面合并装入注药枪中，最后拧紧旋转盖。

3.注药枪尾部软管与空压机连接，压力到0.2MPa时，手握注药枪沿半壁管从头至尾移动，炸药就从枪咀连续不断注入半壁管中。

4.在注好炸药的一片半壁管中放置一根传爆线（俗称红线，比半壁管长10cm），然后与另一片注好炸药的半壁管合并、相扣在一起，用电工胶带缠绕固定。

5.在聚能管装置两端套上定位圈，前端为圆形，后端为方形。见附图1-14。

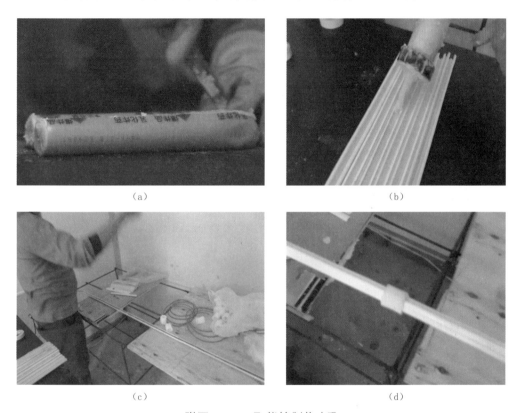

（a）　　　　　　　　　　　　　　　　　（b）

（c）　　　　　　　　　　　　　　　　　（d）

附图1-14　聚能管制作步骤

（a）切割药卷；（b）聚能管装药；（c）安装传爆线；（d）安装定位圈

（七）周边眼装填步骤（附图1-15）

1.最底部填装一个水袋。必须装到炮眼最底部，不能留有空隙。

2.安装聚能管装置。紧挨着底部水袋，聚能槽要与轮廓线方向一致，特别注意不能装错。

3.装填两个水袋。

4.堵塞炮泥。炮泥填塞至炮眼口，用木质炮棍捣实。

附图 1-15　周边眼装填步骤

（八）聚能水压光面爆破效果（附图 1-16）

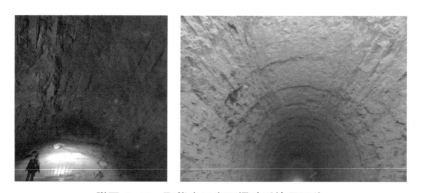

附图 1-16　聚能水压光面爆破后效果图片

四、技术经济效果分析对比

（一）技术效果对比

隧道掘进通过对常规光面爆破、水压光面爆破和聚能水压光面爆破的爆破参数及效果对比分析，聚能水压光面爆破新技术无论是在技术效果上还是经济效益上都具有明显的优势。见附表 1-1。

技术效果对比表 　　　　　　　附表 1-1

爆破方式	延米断面/m²	炮眼深度/m	开挖轮廓线/m	炮眼个数/个	周边眼个数/个	装药量/kg	进尺/m	炮痕残留率/%	排烟时间/min
常规爆破	90.98	3.5	24	175	69	249.2	2.8	60	50
水压爆破	90.98	3.5	24	161	55	240.8	3.0	80	20
聚能水压爆破	90.98	3.5	24	143	37	230	3.2	85	20

（二）聚能水压光面爆破具有以下优点

1. 成型效果好。开挖轮廓线平顺整齐，围岩扰动减少，超欠挖明显改善，有利于支护工序施工，同时混凝土回填成本大为降低。

2. 造孔率减少 50%，大大降低了爆破作业工班的劳动量，钻孔缩短 30min。少打眼、出碴量减少，节约炸药、雷管、钢钎等，降低了材料成本，减少工时消耗，劳动效率明显提高。

3. 聚能水压光面爆破成本降低 30% 以上。

4. 半眼残痕保留率达到 85% 以上。

（三）经济效果对比

以隧道每延米为单位，在相同条件下，通过对常规光面爆破、聚能水压光面爆破技术应用取得的数据进行对比分析，聚能水压光面爆破经济效果显著。见附表 1-2。

经济效果对比表 　　　　　　　附表 1-2

项目名称	单位	单价	常规光面爆破	水压爆破	成本节约	聚能水压光面爆破	成本节约
火工品	元	8.65	769.85	694.31	-75.54	621.72	-148.13
人工费	元	260	1609.27	1497.97	-111.3	1386.67	-222.6
电费	元	0.65	849.5	836.4	-13.1	823.68	-25.82
炮泥及水袋制作	元	20.13	0	60.38	60.38	60.68	60.38
合计					-139.56		-336.17

根据常规爆破和聚能水压爆破的现场统计数据对比，在相同开挖断面面积、炮眼布置和钻孔深度的前提下，聚能水压爆破比常规爆破每个循环多开挖 0.4m，每循环节省炸药 19.2kg，每爆破一立方岩石节省炸药 0.19kg，最为显著的是通风降尘时间缩短了 30min。结合这些数据，采用聚能水压爆破每延米火工品节省 148.13 元，人工费节省 222.6 元，节省电费 25.82 元，制作炮泥、水袋每延米需另外支出的费用 60.38 元。通过计算分析，应用水压爆破每延米可节省费用 396.55-60.38=336.17 元。聚能水压爆破每掘进 20m 可少钻爆 1 个循环，一个隧道采用聚能水压光面爆破约 4000m，可减少钻爆循环 200 个，缩短工期 100 天，节省费用约 134 万元，为项目提质增效，减亏治亏做出重大贡献。

附件二 ▶▶▶

爆破工程施工案例

1. 深圳蛇口赤湾山开山场平

深圳蛇口赤湾山开山爆破场平工程，系蛇口工业区综合整治工程的一部分，周边环境非常复杂，爆区沿赤湾路北侧形成长 600m、宽 80m 的条带区。爆破参数见附表 2-1。

ϕ=76mm 深孔台阶控制爆破参数

附表 2-1

H/m	W/m	h/m	a/m	b/m	L/m	l/m	l'/m	Q/kg
5	2.3	0.8	2.5	2.3	5.8	3.3~3.5	2.3~2.5	13.2~14
6	2.4	0.8	2.8	2.4	6.8	4.3~4.5	2.3~2.5	17.2~18
7	2.4	0.8	2.8	2.4	7.8	5.3~5.5	2.3~2.5	21.2~22
8	2.5	0.8	2.8	2.5	8.8	6.0~6.3	2.5~2.8	23.8~25
9	2.5	0.8	2.8	2.5	9.8	7.0~7.3	2.5~2.8	27.8~29
10	2.5	0.9	3.0	2.5	10.9	8.1~8.4	2.5~2.8	32.8~34
11	2.5	0.9	3.0	2.5	11.9	9.1~9.4	2.5~2.8	36.8~38
12	2.5	0.9	3.0	2.5	12.9	10.1~11.4	2.5~2.8	40.8~42
13	2.5	0.9	3.2	2.5	13.9	11.1~11.4	2.5~2.8	44.8~46
14	2.5	0.9	3.2	2.5	14.9	12.1~12.4	2.5~2.8	48.8~50
15	2.5	0.9	3.2	2.5	15.9	13.1~13.4	2.5~2.8	52.8~54
16	2.5	0.9	3.2	2.5	16.9	14.1~14.4	2.5~2.8	56.8~58

注：单位长度装药量 4kg/m（铵油炸药）；H 为台阶高度；W 为抵抗线；h 为超深；a 为孔距；b 为排距；L 为孔深；l 为装药长度；l' 为填塞长度；Q 为每孔装药量。

采用爆区表面覆盖防护、工区立面防护、保护物近体防护三位一体的防护体系。爆破区域每个孔口封压 1 个砂包，顶面通盖一层竹笆，其上再压砂包，每平方米加压砂包 4 个。东面和南面临近山体一面砌筑与水池顶面同高，厚 2m 的砂袋挡墙；在临近交通道路一侧不同高度构筑两道排架，排架下方砌筑砂袋挡墙，防止滚石直接沿陡坡下冲（附图 2-1）；沿赤湾路南侧搭设高 12m 的排架，下部砌筑 2m 高砂袋；水管、油管用砂袋砌筑"∏"形防护（顶部悬空，密布毛竹并加压砂袋）；附近玻璃厂等单位在飞石警戒范围内的建（构）筑物全部采用排架或覆盖竹笆等形式进行近体防护。

本工程共计实施深孔爆破290余次，爆破石方102万 m³，按期完成了各项施工任务，爆破振动及飞石、滚石的防治均达到了预期的效果。

2. 大瑶山隧道

大瑶山隧道所处的地质条件为震旦系之灰绿色板岩夹砂岩，中厚层夹薄层状，节理发育，呈背

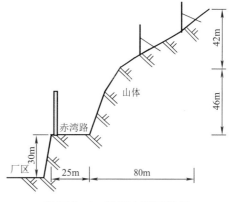

附图 2-1 排架布置示意图

斜裙曲，而后为震旦系之绿色绢绿板岩夹砂岩，中厚层夹薄层状，围岩类别为Ⅱ、Ⅲ级围岩。

施工使用四臂全液压钻孔台车钻孔，钻头直径48mm，大直径中空孔直孔掏槽，空孔直径102mm，全断面一次爆破成型，炮孔深5m，平均循环进尺达4.5m，炮孔利用率达90%以上，炮孔痕迹保存率达70%以上。

炮孔布置见附图 2-2。

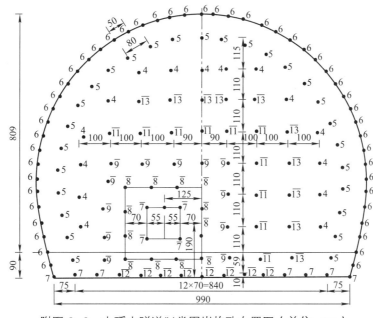

附图 2-2 大瑶山隧道Ⅳ类围岩炮孔布置图（单位：cm）

大瑶山隧道光面爆破装药参数

附表 2-2

炮孔名称	炮孔数/个	非电雷管		单孔装药量						药量		
		段别	数量	1号抗水		乳胶炸药		2号硝铵		1号防水	乳胶	2号岩石
		毫秒、半秒	发	卷	kg	卷	kg	卷	kg	kg	kg	kg
掏槽孔	1	1	1×2	10	6.5					6.5		
掏槽孔	1	3	1×2	10	6.5					6.5		

续表

炮孔名称	炮孔数/个	非电雷管 段别 毫秒、半秒	数量 发	单孔装药量 1号抗水 卷	kg	乳胶炸药 卷	kg	2号硝铵 卷	kg	药量 1号防水 kg	乳胶 kg	2号岩石 kg
掏槽孔	2	4	2×2	10	6.5					13		
掏槽孔	2	5	2×2	10	6.5					13		
掏槽孔	8	6	8	10	6.5					52		
掏槽孔	4	7	4	10	6.5					26		
小计	18		24							117		
扩槽孔	12	8	12	9	5.85					70.2		
扩槽孔	11	9	11	9	5.85					64.35		
掘进孔	10	11	10	8	5.2					52		
中间底板	8	12	8×2			13	5.72				45.76	4.5
掘进孔	10	13	10	7	4.55			3	0.45	45.5		
掘进孔	15	4	15	7	4.55					68.25		
内圈孔	27	5	27	7	4.55					122.85		
周边孔	47	6	47					8	1.2			56.7
底角孔	7	7	7×2			13	5.72				40.04	
总计	165									540.15	85.8	61.2
										687.15kg		

3. 黑石岭隧道

黑石岭隧道为张石二期化稍营至蔚县（张保界）段高速公路特长隧道，隧道分左、右线，左线全长3720m，右线全长3870m，隧道洞身主要为未风化白云岩，岩体较完整，发育有少量裂隙，大多呈闭合状。围岩以Ⅲ级为主，采用全断面开挖，主要参数如下：

钻孔深度为4.0m，孔径ϕ42mm，周边孔最小抵抗线取E/W=0.8，E=0.4m，W=0.5m，采用25mm低爆速、低密度、低猛度、高爆力、传爆性好的2号抗水硝铵小直径药卷，装药量132g/m，其他炮孔采用直径ϕ35mm乳化炸药，炸药单耗在1.1~1.6kg/m³。爆破炮孔利用率为95%，周边孔炮孔保存率为78%，平均线性超挖13.4cm，无欠挖，对围岩的扰动深度0.4~0.6m。

爆破炮孔布置与爆破参数见附图2-3、附表2-3。

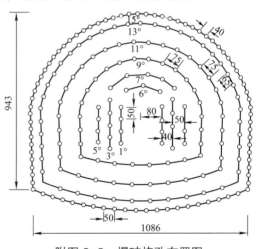

附图2-3 爆破炮孔布置图

爆破参数　　　　　　　　　　　　　　　　　　附表 2-3

炮孔名称	段　　别	孔深 /m	炮孔角度 /°		孔数 /个	每孔药量 /kg	药量 /kg
			水平	垂直			
掏槽孔	1	2.1	68	90	8	1.8	14.4
掏槽孔	3	4.2	74	90	10	3.6	36
掏槽孔	5	4.2	84	90	8	3.4	27.2
辅助孔	6	4	90	90	3	2.7	8.1
辅助孔	7	4	90	90	5	2.5	12.5
辅助孔	9	4	90	90	26	2.5	65
辅助孔	11	4	90	90	34	2	68
内圈孔	13	4	90	90	44	1.5	66
周边孔	15	4	90	90	61	0.54	32.9
底板孔	15	4	90	88	20	3	60
合计					219		390.1

4. 软岩隧道爆破

国际岩石力学讨论会建议，把强度低、风化、破碎的岩层统称为软弱围岩。在这一类岩层中开挖的隧道，称为软岩隧道。

在软弱围岩隧道施工时，为了采用凿岩台车等高效的施工机械，提高隧道施工速度，更重要的是为了能应用新奥法施工技术开挖和支护隧道，区别于传统的施工概念。常常要求尽量采用大断面方法施工。总的设计思想是，拱部采用光面爆破，边墙采用预裂爆破，核心采用控制爆破，减少爆破振动的影响和对围岩扰动，目的是尽可能减轻对围岩的扰动，维护围岩自身的稳定性，达到良好的轮廓成形。

试验表明：凡具有一定自稳能力的岩石隧道，采用钻爆法开挖时，都可以采用减轻地震动控制爆破技术进行半断面小台阶开挖爆破，主要具体措施如下：

（1）合理选择开挖方案

在软弱围岩条件下，一般采用半断面小台阶开挖、小进尺开挖、分步开挖或下部小导坑先行、全断面扩大的开挖方法，在围岩过于软弱、岩体极风化、破碎、松散的情况下，可采用拱部先打通（即先爆破开挖拱部，并予以支护），后进行下半断面的开挖与支护，进度安排一般宜在 0.8~1.5m 范围内考虑，常选用 1.1m 左右较合适。

（2）周边光面、预裂爆破

在比较风化、破碎的地质条件下，宜采用光面爆破或轮廓线钻孔法，或者预留光面层光面爆破或采用风镐开挖修边，效果都比较好。

（3）合理选择掏槽方式

从有关隧道爆破开挖质点振动速度的观测中发现：一般情况下，掏槽爆破的地震动强度比其他部位炮孔爆破时的地震动强度都要大，斜孔掏槽在控制爆破振动方面优于直孔掏槽。因此，从减小掏槽爆破的地震动强度出发，一般宜选用楔形掏槽，尤其是小进尺循环楔形掏槽效果好，能为辅助孔创造较大的临空面，减小爆破振动。孔深稍大一点时，最好采用多级楔形掏槽、直孔分层掏槽。在有条件钻大直径空孔时，可选用螺旋掏槽。枫林一号隧道采用上述掏槽形式，现场实测的各段质点振动速度较为均衡，没有发生掏槽爆破质点振动速度最大的现象。总之，在雷管段数足够的条件下，掏槽部位的岩体一部分一部分地进行爆破，这样既容易掏出槽来，又能保证掏槽效果，且能使掏槽的单段药量减少，保证减振效果。

（4）控制最大一段药量

确定允许的爆破振动速度值，由实际测得的爆破振动速度衰减规律或参照类似工程条件的爆破振动速度公式计算。

（5）优化炮孔的布置方式

合理分区，适当布置起爆顺序，首先破坏被爆岩石的拱形结构，使其具有自坍趋势，达到减少装药量的目的，对于下台阶爆破，可采用竖直钻孔方式。

底板孔的爆破，传统的习惯做法是加大装药量，并且最后同时起爆，以达到翻碴的目的，便于出碴。但是，隧道爆破振动观测表明，隧道爆破产生的地震动强度除掏槽最大外，其次是底板孔的爆破，有时底板孔爆破产生的地震动强度最大。从保护围岩稳定的角度来看，显然是不合理的。所以应将底板孔分成几个段落分开起爆。这样减少了底板孔同段起爆，共同作用的炸药量，改变了底板孔抵抗线的方向，实际上缩小了底板孔的抵抗线，从而可减小底板孔爆破产生的地震动强度。

（6）爆破的合理时差选择

起爆顺序：预裂爆破时先预裂后掏槽，然后扩槽、掘进孔、二台孔、内圈孔；光面爆破时，从掏槽孔开始，一层一层地往外进行，最后是周边光面爆破。具体落实雷管段别时，注意三点：①应有合理的段间隔时间；②同一段炮孔的装药量应小于最大单段的允许装药量；③前一段的爆破要尽量为后段爆破创造良好的临空面。

在软弱围岩中爆破，振动频率比较低，一般均在100Hz以下；至于振动持续时间，纵向、横向振动持续时间大时，可达到200ms左右，垂直向可达到100ms左右。为避免振动强度的叠加作用，雷管段间隔时差应考虑控制在100ms左右。一般毫秒雷管最好跳段使用，特别是1~5段的低段雷管，当然在雷管段落数不足的情况下，可采用减少单段雷管一次共同作用的炸药量来进行控制，段间隔时差可适当缩小。

5. 浅埋隧道爆破

在城市市政、交通、水利等设施建设中，经常遇到浅埋隧道，例如，广州地铁一号线体育中心站—广州东站区间有一段长310m双线隧道，由于林和村居民楼拆迁困难，不得已改为暗挖法施工通过，受明挖结构设计的影响，林和村暗挖区间埋深特浅，距地表仅7m左右，暗挖区间有220m通过民房密集区。又如，宜昌市云集浅埋隧道为穿越东山连接老城区与开发区的一条城市隧道，埋深15.8m；杭州市钱江引水入城工程浅埋段洞顶上覆岩土厚度只有19.5~26.4m，隧道上方有需保护民房。

浅埋隧道爆破开挖有以下特点：

（1）由于洞顶覆盖岩土层薄，一般基岩较破碎，工程地质条件较差，爆破开挖必须确保隧道围岩稳定。

（2）隧道一般处于城镇地区，隧道上方往往建有厂房、民房等建筑物，爆破开挖必须确保隧道上方建筑物的安全。

（3）浅埋段施工周边环境一般比较复杂，爆破振动对施工区域影响大，容易引起"扰民"和"民扰"，必须认真重视爆破施工对人员的影响。

国内关于浅埋隧道在不良地质条件下实施爆破开挖的成功案例很多，在爆破开挖施工方面积累了许多有益的经验，可以归纳为以下三点：

（1）以爆破施工全过程的安全实时监测为依托，全面、超前掌握围岩和应保护建筑物的安全动态，指导施工安全。

（2）以降低爆破振动为重点，制定科学、合理的施工方案，采取有效的综合措施，确保隧道上方建筑物的安全，保证工程的顺利进展。

（3）以实施信息化施工为手段，加快反馈速度，及时调整爆破参数，优化设计，实现爆破对环境影响的有效控制。

对浅埋隧道，"短进尺、弱爆破、多循环、强支护"是爆破开挖施工的基本原则；采用轮廓光面爆破和先进的掏槽减振技术是前提；实施毫秒延时爆破是关键；控制爆破规模，即控制单响药量和一次起爆药量是降低爆破振动的保证；还可以采取选用低爆速炸药、或采用小直径炸药，布置减振干扰孔等辅助技术措施。

6. 小间距隧道爆破

在铁路、公路建设中，经常会出现两条平行隧道并行开挖或者在既有隧道附近新建一条隧道的情况，例如，单线隧道增建二线隧道，或新线隧道一开始就需建平行的双线。我国隧道设计规范规定：在Ⅱ、Ⅲ级围岩中，两隧道的净距应大于（2.0~2.5）B；Ⅳ级围岩中，应大于（2.5~3.0）B（B为隧道开挖宽度）。有时由于隧道布置方向的限制或工程的需要，两条隧道之间的间距较小，若净距缩小，则将影响隧道的稳定性。国内外有一些工程因自然条件需要，力图缩小净距，多采用将两座隧道并为一座两跨的隧道，中间用纵梁和立柱或钢筋混凝土中隔墙支撑，但这种方法工艺较复杂，造价高，防水困难。

双线平行隧道间的距离直接影响隧道的稳定和安全，施工隧道的爆破开挖对既有隧道的安全，受爆源、介质和隧道自身三大条件的影响，可能会引起邻近既有隧道围岩的损伤和稳定。施工中的关键是控制爆破对围岩的破坏，保证爆破施工对中隔墙的稳定性，保持邻近既有隧道的动力稳定。

小间距隧道施工采用分区开挖、循环施工的方案，可减小爆破振动、显著地降低爆破炸药单耗，施工中需要处理好爆破开挖与支护的关系，严格控制钻爆施工工艺，配以现场生产试验和仪器观测，提高施工管理水平。

例如，招宝山公路隧道由两座各长165m并行各3车道的城市快速路隧道组成，隧道单洞开挖宽度14.2~15m，开挖高度12.75m。设计的两隧道之间的净距仅为2.98~4.20m，即设计的中隔墙厚度仅为 0.28*B*，是《公路隧道设计规范》（JTG D70—2004）规定的 9.4%~14.8%。招宝山平行隧道岩石开挖采用正台阶分步开挖法，两单线隧道的施工安排为：右洞顶拱→左洞顶拱→右洞中部→右洞仰拱→左洞中部→左洞仰拱。各工序之间交错作业，保留一定滞后量。每道工序作业循环程序为：钻孔→爆破→出碴→作初期支护。左洞开挖爆破示意图见附图 2-4。

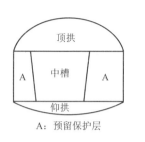
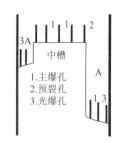

附图 2-4　左洞开挖爆破示意图

对该隧道下半部分左洞中部岩石爆破开挖的具体要求是：

（1）隧道 4m 中隔墙受到的影响控制在尽量小的范围内。

（2）隧道右洞的岩石和初期支护不能因爆破而受到损伤。

根据招宝山隧道右洞开挖爆破的经验和右洞开挖爆破时在左洞顶拱进行的爆破振动测试成果，按以下原则进行左洞的控制爆破设计：

（1）采用控制爆破技术控制超挖，保证左洞边墙的平整并控制爆破对围岩的影响深度。

（2）采用毫秒延时爆破技术控制爆破振动的量值大小。

（3）采用预裂爆破形成应力波隔离带以降低爆破振动对围岩的影响。

监测表明，在相同条件下，采用预裂爆破降震效果达到 70%~80%；而有预留光爆层开挖爆破时产生的振动也仅为中槽爆破的 50% 左右。

由此，对左洞中部岩石的开挖爆破安排如下：

（1）中部岩石仍采用中槽先进，两侧预留光爆层的爆破方法。左侧预留光爆层迟后中槽两个循环与中槽一次起爆。

（2）中槽爆破右侧布防震带，即布一列孔先爆形成一破碎带在中隔墙和中槽主爆破之间起降震作用。该列孔应用较少的药量最先同时起爆。

（3）右侧预留光爆层的厚度取 3.0~4.0m，一方面有足够的厚度保证中隔墙围岩在中槽爆破后不至于因围岩暴露时间长，岩体卸荷、应力释放而产生整体变形，使中隔墙岩体受损；另一方面又能创造较好的临空面，减少爆破振动影响并保证光面爆破效果。

武汉至安康增建二线新刘家沟隧道为小间距隧道，为了尽量减少爆破影响，采用侧壁导坑分部开挖的爆破方法，将隧道断面分 4 部开挖。先在隧道左侧施工高 3m、宽 2m 的侧导坑形成一临空面起减振作用，然后采用短台阶法施工，第二步右上台阶开挖及初期支护，第三步右下台阶开挖及初期支护，第四步左下台阶开挖及初期支护，爆破参数见附图 2-5、附表 2-4。

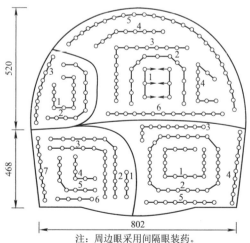

注：周边眼采用间隔眼装药。

附图 2-5　新刘家沟隧道进口段侧壁导坑法钻爆设计（单位：cm）

新刘家沟隧道进口段导坑法钻爆设计（进尺 0.5m）　　　　附表 2-4

钻爆参数		爆孔编号	爆孔名称	孔深/m	数量/个	单孔装药量/kg	段装药量/kg	起爆顺序	毫秒雷管段别
左侧导坑	$S=7.8m^2$ $V=3.9m^3$ $Q=3.44kg$ $q=0.88kg/m^3$	1	掘进孔	0.6	11	0.12	1.32	1	1
		2	掘进孔	0.6	11	0.12	1.32	2	3
		3	周边孔	0.6	8	0.1	0.8	3	5
		合计			30		3.44		
右侧上导	$S=28.4m^2$ $V=14.2m^3$ $Q=12.22kg$ $q=0.86kg/m^3$	1	掏槽孔	0.7	6	0.12	0.72	1	1
		2	掘进孔	0.6	13	0.15	1.95	2	3
		3	掘进孔	0.6	15	0.15	2.25	3	5
		4	掘进孔	0.6	19	0.15	2.85	4	7
		5	周边孔	0.6	25	0.1	2.5	5	9
		6	底孔	0.6	13	0.15	1.95	6	11
		合计			66		12.22		
右侧下导	$S=23.59m^2$ $V=11.80m^3$ $Q=8.4kg$ $q=0.71kg/m^3$	1	掘进孔	0.6	16	0.12	1.92	1	1
		2	掘进孔	0.6	26	0.12	3.12	2	3
		3	掘进孔	0.6	10	0.12	1.2	3	5
		4	掘进孔	0.6	10	0.12	1.2	4	7
		5	周边孔	0.6	8	0.12	0.96	5	9
		合计			70		8.4		
左侧下导	$S=16.32m^2$ $V=8.16m^3$ $Q=7.5kg$ $q=0.87kg/m^3$	1	掘进孔	0.6	4	0.12	0.84	1	1
		2	掘进孔	0.6	13	0.12	1.56	2	3
		3	掘进孔	0.6	12	0.15	1.44	3	5
		4	掘进孔	0.6	6	0.15	0.9	4	7
		5	掘进孔	0.6	8	0.12	1.2	5	9
		6	掘进孔	0.6	4	0.12	0.48	6	11
		7	掘进孔	0.6	9	0.12	1.08	7	13
		合计			56		7.5		

7. 地铁隧道

地铁隧道施工类似于一般隧道施工，但地铁隧道工程的地质条件及地面环境条件更复杂，钻爆开挖存在以下难点：

（1）隧道埋深浅，钻爆开挖时，防止爆破振动引起上方软弱地层的坍塌、危及施工安全，甚至塌至地面影响地面安全。

（2）由于某些隧道线先于在建隧道线完成，或者是两条隧道线同时在建，但两条线隧道间距较小，先行开挖隧道支护易受后开挖隧道爆破振动影响甚至破坏。

（3）地铁隧道从城区下方穿过，地面有大量的建筑和市政设施，钻爆施工易对地面及地下建（构）筑物产生振动影响，严重的还会危及生命财产安全。

（4）工期紧、降振与开挖进度矛盾突出，在安全条件下快速开挖，钻爆是关键。

因此，地铁隧道爆破多采用 CRD 法施工，会采用控制爆破技术和控制炸药单耗实现降低爆破震动强度，减少对爆破施工区段建筑物的影响，尽可能减轻对围岩扰动，充分利用围岩自有强度维持隧道的稳定性，有效地控制地表沉降，控制隧道围岩的超欠挖，达到良好的轮廓成型。

小断面通道开挖选取一次可挖的导坑断面，其余部分在不超过振动控制范围时，扩挖光爆，完成开挖。特殊地段和浅埋、断层破碎带，穿越道路、地下管线时，采用预裂爆破、周边布空孔、限定振速减少药量等方法，减小振动，并与支护手段相结合，保持隧道围岩稳定，保证施工安全，防止损伤管线、破坏道路、危及地面建筑物。

广州地铁五号线广州火车站暗挖站台层隧道爆破参数见附图 2-6、附表 2-5。

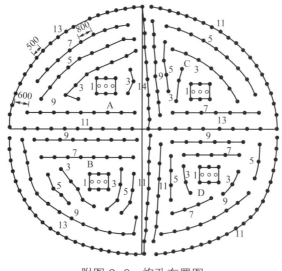

附图 2-6　炮孔布置图

爆破参数　　　　　　　　　　　　　　　　　　　　附表 2-5

装药结构	孔类	间距 /mm	孔深 /m	装药量 /g	炮孔数 / 个
A	周边孔	500	0.9	200	21
	掏槽孔	800	1.1	800	6
	辅助孔	600	0.9	450	54
B	周边孔	500	0.9	200	20
	掏槽孔	800	1.1	800	6
	辅助孔	600	0.9	400	46
C	周边孔	400	0.9	200	22
	掏槽孔	800	1.1	800	6
	辅助孔	600	0.9	400	56

装药结构	孔类	间距 /mm	孔深 /m	装药量 /g	炮孔数 / 个
D	周边孔	400	0.9	200	20
	掏槽孔	800	1.1	800	6
	辅助孔	600	0.9	350	48
总装药量 / kg	116.6				
总炮孔数 / 个	311				
炸药单耗 / kg•m⁻³	0.98				

8. 瓦斯隧道

沪昆客专贵州段 CKGZTJ-6 标的旧寨隧道，隧道全长 2398m，其中 II 级围岩 1050m；III 级围岩 780m；IV 级围岩 440m；V 级围岩 128m。旧寨隧道位于云贵高原溶蚀构造丘陵区，不良地质现象为岩溶、危岩落石和煤层瓦斯，经现场地质调查访问，梁山组（P_1l）为煤系地层，根据经验结合本场地地质情况，隧道可能有低瓦斯；施工前应对有毒有害气体的监测；施工进洞 20m 后应进行探孔超前预报；施工中对隧道内是否缺氧、有害气体含量是否超标进行监测及预防，加强通风措施。

当瓦斯浓度达到 1% 时，禁止打眼、装药、放炮；瓦斯浓度达到 1.5% 时，撤人、停电、通风；瓦斯浓度达到 4% 时，就会发生爆炸。

采用"双保险"监测措施。即建立遥控自动化监测系统与人工现场监测相结合。遥控自动化系统由洞口监测中心（配置主控计算机）和洞内的控制分站以及在洞内各工作面，各巷道、塌方空洞，巷道转角等处瓦斯浓度设探头、风速探头、自动报警器、远程断电仪组成。通过各探头，洞口和监测中心随时了解洞内各处瓦斯浓度和风速情况，如有超标立即报警并通过断电器关闭洞内电器电源。各工作面和瓦斯情况可及时地被监控人员掌握，提高对事故的应变能力，特别是揭煤放炮期间，监测人员能立即观察到炮后瓦斯浓度变化曲线和涌出量，节省施工间隙。但设置自动监测系统的探头须离开挖面有一定的距离，还要人工配合检查，实行装药前、放炮前、爆破后人工进行瓦斯检查（即一炮三检）。使得开挖过程中监测瓦斯浓度做到不间断。

瓦斯爆炸需要一定的反应时间，达到爆炸浓度的瓦斯遇到火源时不会立即爆炸，而会延迟一段时间，这种现象称为引火延迟现象，其引火延迟时间称为感应期。使用毫秒电雷管，并只用 5 段，不跳段使用，使总延期时间不超过 130ms。由于延期时间小于感应期，因此不会引燃、引爆瓦斯。煤矿安全炸药加入了适当的食盐作消焰剂，能吸收热量，降低爆炸气体的温度，削弱瓦斯与氧气的连续反应。每次掘进都用 5m 钻杆进行超前探测，直至探明煤层和瓦斯情况。

9. 立交桥桩井爆破

某立交桥基础为直径 $\phi 1.2m$ 和 $\phi 1.5m$ 的小孔径桩基。桩井采用人工挖孔施工，其中有

79 根桩在挖至 7~13m 时遇到岩层，岩层以上依次为沙石层、粉土层及回填土层，土层部分已经全部挖完并作了素混凝土护壁，设计护壁厚 10cm，每 1m 为一节。桩井下部岩石为石英砂岩，坚固性系数 f=6~12，表层为强风化或中风化，设计桩孔内待爆岩石深 3~8m 不等。

对于 ϕ1.2m 的桩孔，全断面掘进爆破，共布置 11 个直径为 40mm 的炮孔，中间为深 1.0m 的空孔，其外均布 3 个掏槽孔，孔距 0.3m，孔深 0.8m，周边均布 7 个炮孔，距开挖边界 10cm，孔距 0.45m，孔深 0.8m。对于 ϕ1.5m 的桩孔，全断面掘进爆破共布置 13 个直径 40mm 的炮孔，中间空孔深 1.2m，空孔外均布 4 个掏槽孔，孔距 0.4m，孔深 1.0m，周边均布 8 个炮孔，孔距 0.5m，孔深 1.0m。桩井炮孔布置如附图 2-7。桩井掘进爆破单位炸药消耗量取 2.5~4.5kg/m³，炸药单耗随岩石风化程度的不同而调整。爆破参数详见附表 2-6。

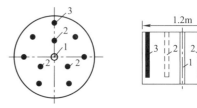

附图 2-7 炮孔布置示意图
1- 中心空孔；2- 掏槽孔；3- 周边孔

爆破参数

附表 2-6

孔　位	桩径 /m	孔数 /个	孔深 /m	孔距 /m	单孔药量 /g	雷管段别
中心空孔	1.2	1	1.0			
	1.5	1	1.2			
掏槽孔	1.2	3	1.0	0.3	300	1
	1.5	4	1.2	0.4	350	1
周边孔	1.2	7	0.8	0.45	225	3
	1.5	8	1.0	0.5	250	3

该工程历时近 2 个月，爆破后爆渣松散，块度一般小于 20cm，桩井围岩和井壁较为平整稳固，不用再做护壁处理。全部桩井掘进爆破的平均炮孔利用率达到 90%。

附件三 ▶▶▶

爆破工程设计案例

XX 隧道爆破设计（仅供参考）

1. 工程概况

××隧道为本工区重点控制性单位工程，为双线分离式双向六车道公路隧道，隧道围岩级别为Ⅲ、Ⅳ、Ⅴ级，左线全长 9462m；右线全长 9410m。设斜井一座，斜井长 1195m。设通风竖井一座长 150m，岩石坚硬度系数 f=5~16。属云贵高原一部分，区域地形属于中山侵蚀切割地貌，高原面轮廓基本清晰，微地貌属于高原台地与侵蚀沟谷并存，碳酸盐分布区具有岩溶地貌特征，区域海拔高程 1767~2400m，相对高差 633m，隧道最大埋深约 452m。隧道穿越断层两条，均属区域南北向断裂的次级断裂。属于火头村~大东山断层和草子坡~落水洞断层。隧道涌水量较大，经过岩溶发育部位，施工遭遇突水可能性较大。

2. 编制依据

（1）《爆破安全规程》（GB 6722-2014）；

（2）《民用爆炸物品安全管理条例》（国务院令第 466 号）；

（3）公安部《从严管控民用爆炸物品十条规定》；

（4）《土方与爆破工程施工及验收规范》（GB 50201-2012）；

（5）××高速××段设计文件；

（6）岩土工程勘察报告及现场踏勘调查所获得的工程地质、水文地质、当地资源、交通状况及环境等调查资料；

（7）××单位从事爆破施工作业的施工与管理经验。

3. 爆破施工方法

本次爆破设计主要是考虑爆破振动及飞石对建（构）筑物、人员、设施及重要设施的危害。技术上做到将被爆岩石爆破松动，便于机械装运。通过分断面短进尺开挖、微差起爆和降低同段药量，合理装药、加强堵塞等方法控制好爆破振动、飞石、冲击波、噪声、有毒气体等有害效应，做到安全可靠、保质保量、技术合理。采用微差起爆，尽可能减轻对围岩和周围建（构）筑物的扰动，维护围岩自身稳定性，为达到良好的轮廓成形，应采用光面爆破技术。掏槽方式采用水平楔形掏槽，掏槽孔比其他孔深约 20cm。

3.1 施工方法

经过现场踏勘情况，结合现场环境条件和工程要求，本着谨慎、安全可靠、经济可行的原则，确定开挖方式。V 级围岩为土质，主要采用机械开挖，部分采取松动控制爆破。主洞和斜井范围石方根据围岩情况，Ⅲ 采用全断面法，Ⅳ 级采用台阶法，浅孔非电微差控制爆破施工方案，竖井采用浅孔非电微差爆破方案。

开挖过程中做好超前地质预报，进行地质描述，要做好记录与地质预报进行对比，地质差异较大的应进行超前地质勘探，开挖后应加强监控测量。爆破过程中密切监测重要建（构）筑物的振速（V），以确定后续爆破施工装药量（Q）。

3.2 爆破作业施工流程（附图 3-1）

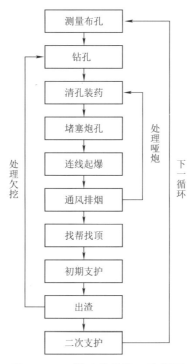

附图 3-1　爆破作业施工流程图

3.3 爆破器材选用

根据施工中常用的爆破器材，选用以下火工品，见附表 3-1。

火工品配置表　　　　　　　　　　　　　　　　　　　　附表 3-1

爆破器材名称	规　格	用　途
雷管	磁电雷管	起爆
	1~17 段非电毫秒雷管（导爆管雷管）	掘进和传爆
炸药	$\phi 32mm$（200g），长度 250mm	掘进

4.隧道爆破参数设计

Ⅴ级围岩主要采用机械开挖，部分采取松动控制爆破；Ⅳ级围岩采用台阶法开挖；Ⅲ级围岩采用全断面法开挖。钻孔采用 YT-28 风钻，钻孔直径 $\phi 42$mm，炸药采用 $\phi 32$mm 的乳化炸药。其中周边孔采用炸药与导爆索间隔不耦合装药。

4.1　Ⅲ级围岩全断面法

4.1.1　炮孔深度 L

炮孔深度是一个可变值，它取决于地质岩性、钻孔爆破技术、施工管理等方面。根据甲方提供的设计资料，炮孔平均深度可按下式计算：

$$L=L_月/(Nn\eta_1\eta)$$

式中　L——炮孔深度，m；

$L_月$——计划月进度指标，取 $L_月$=150m；

N——每月实际用于掘进的天数，选 N=25 天；

n——每日可完成的掘进循环数，取 2.5；

η_1——正规循环率，取 0.80；

η——炮孔利用率，取 0.85。

所以：$L=L_月/(Nn\eta_1\eta)$=3.5m。

4.1.2　炮孔数目 N

按经验公式 $N=3.3\sqrt[3]{fS^2}$ 估算。

式中　N——炮孔数目，个；

f——岩石坚固性系数，中硬岩石取 14~16；

S——掘进段面积，126.33m^2。

根据经验公式，计算出总炮孔数目为 200~209 个。

根据以往施工经验，本设计取 N=210 个。

4.1.3　光面爆破参数

4.1.3.1　周边孔间距 E

E=（8~18）d，取 E=50cm。

4.1.3.2　光爆层厚度 W

W=（10~20）d=420~840mm，本设计取 W=80cm。可根据岩性变化做适当调整。

4.1.3.3　密集系数 m

$m=E/W$=0.625

4.1.3.4　不耦合系数 D

$D=d_孔/d_炸$=1.31

4.1.3.5　线装药密度 $q_线$

$q_线$=（0.1~0.2）kg/m。

4.1.4　辅助孔参数

根据总断面积扣除光爆层面积及掏槽区面积后所剩余面积来布置辅助孔的原则确定。

根据设计资料。

4.1.4.1　光爆层面积及炮孔数：

$A=29 \times 0.8=23.2m^2$　$N=29/0.5=58$（个）

4.1.4.2　掏槽区面积及炮孔数：

$A=4.1 \times 2.8=11.48m^2$　$N=26$（个）

掏槽采用楔形布置，见附图3-2。

4.1.4.3　底板孔面积及炮孔数：

$A=15.4 \times 0.7=10.78m^2$　$N=15.4/0.7=22$（个）

4.1.4.4　辅助孔间距：

$A/N=(126.33-23.2-11.48-10.78)/(210-58-26-22)=80.87m^2/104$ 个 $=0.77$（m^2/个）

辅助孔 E、W 的尺寸应在 70~110cm，布置时按大致均匀、局部适当调整的原则布置。

Ⅲ级围岩钻孔爆破设计图见附图3-3。

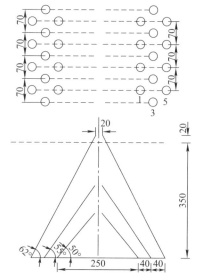

附图3-2　正洞掏槽孔布置图

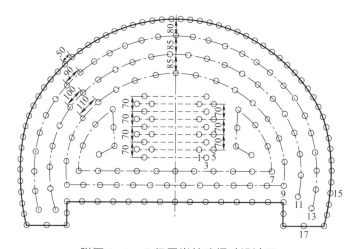

附图3-3　Ⅲ级围岩钻孔爆破设计图

4.1.5　单位炸药消耗量

单位炸药消耗量的大小取决于炸药性能、岩石性质、隧道断面、炮孔直径和炮孔深度等因素。在实际工程中，多采用经验公式和参考国家定额标准来确定。

修正的普氏公式，具有下列简单的形式。

$$q = 1.1K_0\sqrt{\frac{f}{S}}$$

式中　q——单位炸药消耗量，kg/m³；

　　　f——岩石坚固性系数，中硬岩石取 14~16；

　　　S——巷道掘进断面面积，126.33m²；

　　　K_0——考虑炸药爆力的校正系数，$K_0=525/p$，p 为爆力，mL。本项目使用的乳化炸药，$p=280$mL；则 $K_0=525/p=525 \div 280=1.875$。

根据经验选取所爆岩石适宜的炸药单耗进行试爆，再根据试爆后的效果进行分析确定。也可根据类似工程爆破经验，对该隧道开挖，Ⅲ级围岩炸药单耗 q=0.8kg/m³。

4.1.6 装药量计算

4.1.6.1 每循环炸药总量

$$Q=qv=qSL\eta$$

式中　η——炮孔利用率，取 0.85。

则 $Q=qSL\eta$=0.8×126.33×3.5×0.85=300kg。

4.1.6.2 周边孔

$$Q=q_{线}L$$

式中　$q_{线}$——周边孔线装药密度，（0.1~0.2）kg/m；

　　　L——炮孔深度，3.5m。

则 $Q=q_{线}L$=(0.1~0.2)×3.5=(0.35~0.7)kg，取 Q=0.4kg。

4.1.6.3 辅助孔

单孔装药量：　　　　　　$$Q=qEWL\lambda$$

式中　q——炸药单耗，kg/m³；

　　　E——炮孔间距，m；

　　　W——最小抵抗线，m；

　　　L——炮孔深度，m；

　　　λ——炮孔所在部位系数，其参照附表 3-2 选取。

炮孔所在部位系数　　　　　　　　　　　附表 3-2

炮孔部位	掘进槽下	掘进槽侧	掘进槽上	掏槽炮孔
软岩	1.0~1.2	1.0	0.8~1.0	2.0~3.0
中硬岩、软岩	1.0	0.95	0.9	1.0~2.0

本设计：Q=0.8×0.77×3.5×0.9≈2.0kg。

4.1.7 爆破参数计算表

各种炮孔的深度、装药量、装填系数见附表 3-3。

爆破参数表　　　　　　　　　　　附表 3-3

炮孔类型	掏槽孔 1	掏槽孔 2	掏槽孔 3	掘进孔	周边孔	底板孔
装药系数	0.9	0.83	0.84	0.71	0.14	0.28
炮孔深度 /cm	180	270	418	350	350	350
药卷数量 / 个	6.5	9	14	10	2	4
装药量 /kg	1.3	1.8	2.8	2.0	0.4	0.8
炮孔数目 / 个	8	10	8	104	58	22
装药量 /kg	10.4	18	22.4	208	23.2	17.6
总装药量 /kg	299.6					

4.2 Ⅳ级围岩台阶法

Ⅳ级围岩采用台阶法开挖，上台阶高度按照架立钢拱架的部分（钢架 A 单元、B 单元）进行控制，上台阶高度 7.067m，所以上台阶开挖按照正常的隧道爆破设计。下台阶高度 4.283m，下台阶爆破开挖可按照露天浅孔台阶设计。

4.2.1 炮孔深度 L 的确定

上台阶炮孔平均深度按下式进行计算：

$$L=L_{月}/(Nn\eta_1\eta)$$

式中　L——炮孔深度，m；

　　　$L_{月}$——计划月进度指标，取 $L_{月}$=90m；

　　　N——每月实际用于掘进的天数，选 N=27 天；

　　　n——每日可完成的掘进循环数，取 2.5；

　　　η_1——正规循环率，取 0.80；

　　　η——炮孔利用率，取 0.85。

所以：$L=L_{月}/(Nn\eta_1\eta)$=2.0m。

下台阶炮孔深度为计划进尺 3.0m。

4.2.2 炮孔数目

按经验公式 $N=3.3\sqrt[3]{fS^2}$ 估算。

式中　f——岩石坚固性系数，Ⅳ级围岩为 8~13；

　　　S——掘进段面积，取上台阶掘进断面面积，93.2m²。

根据经验公式，计算出总炮孔数目为 135~160 个。

根据以往施工经验，本设计取 N=160 个（上台阶）。

4.2.3 光面爆破参数

4.2.3.1 周边孔间距 E

E=(8~18)d，取 E=50cm。

4.2.3.2 光爆层厚度 W

W=(10~20)d=420~840mm，本设计取 W=70cm。可根据岩性变化做适当调整。

4.2.3.3 密集系数 m

$m=E/W$=0.714

4.2.3.4 不耦合系数 D

$D=d_{孔}/d_{炸}$=1.31

4.2.3.5 线装药密度 $q_{线}$

$q_{线}$=(0.1~0.2)kg/m。

4.2.4 辅助孔参数

根据总断面积扣除光爆层面积及掏槽区面积后所剩余面积来布置辅助孔的原则确定。根据设计资料：

4.2.4.1 光爆层面积及炮孔数：

A=24.4×0.7=17.08m²　N=24.4/0.5=49（个）。

4.2.4.2 掏槽区面积及炮孔数：

$A=3.6 \times 2.1=7.56 m^2$ $N=22$（个）。

掏槽采用楔形布置，见附图3-4。

4.2.4.3 底板孔面积及炮孔数：

$A=16.9 \times 0.75=12.68 m^2$ $N=16.9/0.75=22$（个）

4.2.4.4 辅助孔间距：

$A/N=(93.2-17.08-7.56-12.68)/(160-49-22-22)=55.88 m^2/67$ 个 $=0.83$（m^2/个）

辅助眼 E、W 的尺寸应在 70~100cm，布置时按大致均匀、局部适当调整的原则布置。Ⅳ级围岩钻孔爆破设计图见附图3-6。

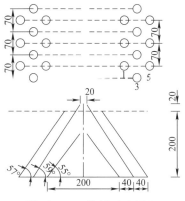

附图3-4 掏槽孔布置图

台阶法开挖顺序：Ⅰ→Ⅱ-1→Ⅱ-2。分为3次爆破，如附图3-5、附图3-6所示。

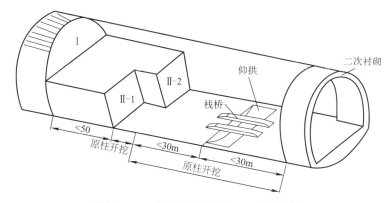

附图3-5 台阶法开挖施工工序示意图

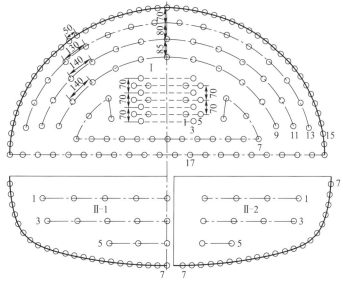

附图3-6 Ⅳ级围岩钻孔爆破设计图

4.2.5 单位炸药消耗量

单位炸药消耗量的大小取决于炸药性能、岩石性质、隧道断面、炮孔直径和炮孔深度等因素。在实际工程中，多采用经验公式和参考国家定额标准来确定。

修正的普氏公式，具有下列简单的形式。

$$q = 1.1K_0\sqrt{\frac{f}{S}}$$

式中　q——单位炸药消耗量，kg/m^3；

　　　f——岩石坚固性系数，Ⅳ级围岩为 8~13；

　　　S——巷道掘进断面面积，上台阶取 $93.2m^2$；

　　　K_0——考虑炸药爆力的校正系数，$K_0=525/p$，p 为爆力，mL。本项目使用的乳化炸药，$p=280mL$；则 $K_0=525/p=525\div280=1.875$。

根据经验选取所爆岩石适宜的炸药单耗进行试爆，再根据试爆后的效果进行分析确定。也可根据类似工程爆破经验，对该隧道开挖，Ⅳ级围岩上台阶炸药单耗 $q=0.8kg/m^3$；下台阶按露天台阶法，采取松动爆破，其 $q=0.3kg/m^3$（下台阶）。

4.2.6 装药量计算

4.2.6.1 每循环炸药总量

$$Q=qv=qSL\eta$$

式中　η——炮孔利用率，上台阶取 0.85，下台阶取 0.9。

则：$Q_{上台阶}=qSL\eta=0.8\times93.2\times2.0\times0.85\approx127.0kg$；

则：$Q_{下台阶}=qSL\eta=0.3\times62.5\times3.0\times0.9\approx50.0kg$。

4.2.6.2 周边孔

$$Q=q_{线}L$$

式中　$q_{线}$——周边孔线装药密度，（0.1~0.2）kg/m；

　　　L——炮孔深度，上台阶 =2.0m，下台阶 =3.0m。

则：$Q=q_{线}L=（0.1~0.2）\times2.0=（0.20~0.40）kg$（上台阶）

则：$Q=q_{线}L=（0.1~0.2）\times3.0=（0.30~0.60）kg$（下台阶）

本设计取：$Q=0.3kg$（上台阶）；$Q=0.5kg$（下台阶）。

4.2.6.3 辅助孔

单孔装药量：　　　　　　　　$Q=qEWL\lambda$

式中　q——炸药单耗，kg/m^3；

　　　E——炮孔间距，m；

　　　W——最小抵抗线，m；

　　　L——炮孔深度，m；

　　　λ——炮孔所在部位系数，其参照附表 3-2 选取。

本设计上台阶辅助孔单孔装药量：$Q=0.8\times0.83\times2.0\times0.9\approx1.00kg$。

本设计下台阶辅助孔单孔装药量：$Q=0.3\times1.5\times1.0\times3.0\times0.9\approx1.20kg$。

4.2.7 爆破参数计算表

各种炮孔的深度、装药量、装填系数见附表3-4。

炮孔布置参数表 附表3-4

炮孔类型	掏槽孔1	掏槽孔2	掏槽孔3	上台阶掘进孔	上台阶周边孔	上台阶底板孔	下台阶周边孔	下台阶掘进孔
装药系数	0.78	0.88	0.84	0.63	0.25	0.31	0.21	0.50
炮孔深度 /cm	160	255	238	200	200	200	300	300
药卷数量 /个	5	9	8	5	2	2.5	2.5	6
装药量 /kg	1.0	1.8	1.6	1.0	0.4	0.5	0.5	1.2
炮孔数目 /个	6	8	6	67	49	22	43	23
装药量 /kg	6	14.4	9.6	67	19.6	11	21.5	27.6
总装药量 /kg	127.6						49.1	

4.3 起爆顺序和延期时间

起爆顺序：掏槽孔→辅助孔→周边孔→底板孔。

延期时间：一般掏槽孔段间延时差为50~75ms，掏槽孔段与辅助孔段间延时差为100ms，辅助孔段与周边孔段间延时差为50~100ms。

4.4 装药方法、装药结构及炮孔堵塞

4.4.1 装药方法

采用人工用木制炮棍装药，起爆体均在火工品加工房进行加工，起爆体必须由专人加工，分段存放。

4.4.2 装药结构

周边孔采用光面爆破，装药结构为不耦合间隔装药；掏槽孔和掘进孔、底板孔采用连续装药结构。其示意图略。

4.4.3 炮孔堵塞

采用人工堵塞，堵塞材料为黏性土卷（需提前加工），用木制炮棍压紧，堵塞长度一般不小于25~30cm；严禁不堵塞爆破。

4.5 网路设计及起爆方法

起爆网路采用并簇连法，按如下顺序连接：

孔内雷管分组→周边孔导爆索并接→同段非电雷管双发簇连→双发磁电雷管起爆。

网路设计示意图略。

4.5.1 起爆器材

孔内采用非电毫秒雷管和导爆索（周边孔）起爆，孔外采用非电毫秒雷管传爆，起爆采用双发磁电雷管起爆。

5. 竖井爆破设计

竖井深度150m，开挖直径10m。开挖方式采用正井法施工。V级围岩采用机械开挖，

Ⅳ、Ⅲ级围岩开挖采用全断面光面爆破法。

5.1 参数设计

5.1.1 炮孔（掘进孔）L 深度的确定

炮孔深度是一个可变值，它取决于地质岩性、钻眼爆破技术、施工管理等方面。炮孔平均深度可按下式计算：

$$L=L_月/(Nn\eta_1\eta)$$

式中 L——炮孔深度，m；

     $L_月$——计划月进度指标，取 $L_月$=50m；

     N——每月实际用于掘进的天数，选 N=25 天；

     n——每日可完成的掘进循环数，取 2；

     η_1——正规循环率，取 0.80；

     η——炮眼利用率，取 0.85。

所以：$L=L_月/(Nn\eta_1\eta)$=1.47m，取 1.5m。

5.1.2 炮孔数目

按经验公式估算。

$$N=\frac{qS\eta m}{\alpha G}$$

式中 q——单位炸药消耗量，kg/m^3；

     S——井筒的掘进断面面积，$78.5m^2$；

     η——炮孔利用率，取 0.85；

     m——每个药包的长度，0.25m；

     G——每个药包的质量，0.2kg；

     α——炮孔平均装药系数，当药包直径为 32mm 时，取 0.6~0.72；当药包直径为 35mm 时，取 0.6~0.65。

则根据经验公式，计算出总炮孔数目为 115~139（个）。

根据以往施工经验，本设计取 N=130 个。

5.1.3 光面爆破参数

5.1.3.1 最小抵抗线 W

W=(10~20)d=420~840mm，本设计取 W=75cm。可根据岩性变化做适当调整。

5.1.3.2 孔距 E

E=(0.6~0.8)W，取 E=50cm。

5.1.4 辅助孔

根据总断面积扣除光爆层面积及掏槽区面积后所剩余面积来布置辅助孔的原则确定。根据设计资料：

5.1.4.1 光爆层面积及炮孔数

A=31.5×0.75=23.6m^2 N=31.5/0.5=63（个）

5.1.4.2　掏槽区面积及炮孔数

$A=\pi\times0.8^{2}=2.0m^{2}$　$N=9$（个），掏槽采用圆锥形布置，见附图3-7。

5.1.4.3　辅助孔孔距

$A/N=(78.5-23.6-2)/(130-63-9)=52.9m^{2}/58$ 个 $=0.91$（m^{2}/个）

辅助孔孔距 E 的尺寸应在 90~130cm，而辅助孔圈距 W，一般取 700~900mm，布置时按大致均匀、局部适当调整的原则布置。

竖井钻孔爆破设计图见附图3-7。

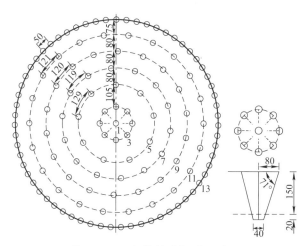

附图 3-7　竖井钻孔爆破设计图

5.1.5　单位炸药消耗量

根据以往同级地质施工经验，一般为（0.8~3.0）kg/m^{3}，本设计取 $q=1.0kg/m^{3}$。

5.1.6　装药量计算

5.1.6.1　每循环炸药总量

$$Q=qv=qSL\eta$$

式中　η——炮孔利用率，取0.85。

则：$Q=qSL\eta=1.0\times78.5\times1.5\times0.85=100kg$。

5.1.6.2　周边孔

$$Q=q_{线}L$$

式中　$q_{线}$——周边孔线装药密度，（0.2~0.3）kg/m；

L——炮孔深度，1.5m。

则：$Q=q_{线}L=(0.2~0.3)\times1.5=(0.3~0.45)kg$，取 $Q=0.4kg$。

5.1.6.3　辅助孔

$$Q=qEWL\eta=1.0\times0.91\times1.5\times0.85\approx1.00kg$$

炮孔内装药合理与否，是以实际破碎岩体的体积作为衡量标准，即炸药单耗。炮孔的装药量一般都用装药系数表示，即装药长度和孔深的比值，可参考附表3-5选取。

5.1.7　爆破参数计算表

各种炮孔的深度、装药量、装填系数见附表3-5。

炮孔布置参数表   附表 3-5

炮孔类型	掏槽孔 1	掏槽孔 2	掘进孔	周边孔
装药系数	0.83	0.85	0.83	0.33
炮孔深度 /cm	150	176	150	150
药卷数量 / 个	5	6	5	2
装药量 /kg	1.0	1.2	1.0	0.4
炮孔数目 / 个	1	8	58	63
装药量 /kg	1.0	9.6	58	25.2
总装药量 /kg	93.8			

6. 爆破安全技术措施

严格按国家《爆破安全规程》（GB 6722-2014）要求布孔、钻孔、验收、装药、堵塞、连线、警戒、起爆。钻孔与装药不能同时作业，爆破作业施工时严禁明火照明，装药时严禁使用电话、对讲机及其他带电设施。作好警戒工作，起爆前发出音响信号，起爆后认真检查处理现场，排除安全隐患。

6.1 防止爆破振动危害的技术措施：

6.1.1 根据国家《爆破安全规程》（GB 6722-2014），开挖后自稳时间 4 小时以上，振速控制在 5cm/s 以下。

6.1.2 每次起爆允许的最大单段药量按下式计算：

$$Q_{max} \leqslant R^3 (V_a/K)^{3/\alpha}$$

式中　α——地形、地质条件有关衰减指数，取 1.8；

　　　K——地形、地质条件有关系数，取 300；

　　　V_a——安全允许质点振速，cm/s；

　　　R——爆破点至被保护对象处的距离，m。

因此，以 V_a=2.0cm/s 为安全允许振速计算出爆破点距保护对象不同距离时每次爆破允许的最大单段装药量 Q_{max} 见附表 3-6。

不同距离下起爆允许的最大单段装药量（V_a=2.0cm/s）   附表 3-6

距离 R/m	100	150	200	300	400	500	600
药量 Q_{max}/kg	236	796	1889	6375	15113	29518	51007

以 V_a=5.0cm/s 为安全允许振速计算出爆破点距保护对象围岩不同距离时每次爆破允许的最大装单段装药量 Q_{max} 见附表 3-7。

不同距离下起爆允许的最大单段装药量（V_a=5.0cm/s）　　　附表 3-7

距离 R/m	20	30	40	50	60	80	100
药量 Q_{max}/kg	8.7	29.4	69.6	135.9	234.9	556.8	1087.5

6.1.3　为了保证围岩及支护的稳定，每次起爆的最大一段药量控制在 8kg 以内（根据具体的保护对象处的爆破振动速度计算确定）。

不同最大一段药量爆破时距爆破点不同距离处产生的爆破振动速度按下式计算：

$$V=K(Q^{1/3}/R)^\alpha$$

当最大一段起爆药量为 8kg 时，不同距离处的爆破振动速度见附表 3-8。

不同距离下爆破振动速度（Q=8kg）　　　附表 3-8

距离 R/m	20	50	100	200	300	400	500
V/cm·s^{-1}	4.75	0.91	0.26	0.07	0.036	0.021	0.014

从以上的计算表分析可以看出，每次爆破最大一次起爆药量控制在 8kg 以内，就可以绝对保证每次爆破时在附近所有需要保护的对象处产生的振动速度小于爆破安全规程规定的安全允许振速，按类似工程的经验，不会对围岩和附近支护造成损伤。

6.2　安全警戒组织措施

安全警戒的原则必须确保所有人员和各种设施的安全，警戒组织必须由专人负责，具体组织措施如下：

6.2.1　指挥员根据当天装药情况和作业场地的实际情况确定警戒范围，该范围必须远大于理论安全距离；

6.2.2　警戒时警戒人员从作业点逐步向外扩展，通过哨声和人工方式清除其他人员和设备，决不能漏过 1 人和 1 台设备，最小抵抗线方向（洞口方向）可根据情况适当扩大警戒范围；

6.2.3　警戒完备后指挥人员必须再次确定各点安全情况后下达起爆口令；

6.2.4　施爆完毕后，指挥员组织检查各点安全情况，起爆人员检查爆点施爆情况，如有盲炮或其他未爆药包，必须按操作规程处理后，指挥员下令撤除警戒；

6.2.5　爆破完毕后，指挥员向项目部即时汇报施爆情况，并按要求即时组织人员清点爆炸品数量和向民爆仓库退库。

7. 施工进度

执行项目部施工进度。

8. 生产组织安全管理

8.1　炸药运输应遵守《爆破安全规程》（GB 6722-2014）的要求，运载车必须符合国家有关运输规则的安全要求，并指派熟悉所运炸药器材的人员负责押运。

8.2　爆破器材运到现场应由专人看守，保管。

8.3 爆破器材的使用应如实记录，剩余爆破器材应及时回收退库。

8.4 对于拒爆应及时上报，并按《爆破安全规程》（GB 6722—2014）的要求迅速处理。

8.5 做好警戒工作，每次爆破前清除警戒线内的人员和设备。

8.6 按《爆破安全规程》（GB 6722—2014）的要求和按设计精心施工。

8.7 安全警戒、避炮区域及信号标志：提前通知施工区内的人员撤离，炮响前 30min 清除爆区 300m 以内的无关闲杂人员，并在距爆区中心 300m 以外的各路口进行警戒，待解除警戒信号发出后方可通行。执行警戒任务的人员，应按指令到达指定地点并坚守工作岗位，待爆破后检查人员进入爆区检查，发出解除警戒信号后方可撤离。在此之前，岗哨不得撤离，不允许非检查人员进入爆破警戒范围。

8.8 信号标志：红旗，口哨，警报器。

附件四 ▶▶▶

爆破安全事故类型及案例

1. 爆破器材和起爆网路出现的安全问题

（1）在爆破器材加工、储存、运输、装卸过程中，由于违规作业或器材质量问题，造成炸药或起爆材料爆炸；

（2）由于爆破器材质量问题，造成药包拒爆、半爆、残爆，影响爆破效果；

（3）在爆破网路设计敷设过程中，没有考虑电干扰等外界因素对安全的影响，引起药包早爆事故；起爆网路设计敷设有误，导致部分药包发生拒爆事故；

（4）由于爆破安全管理失误，造成爆破器材丢失等。

成乐高速上炸药车自燃

2011 年 7 月 17 日 14 时许，一辆装载有 12t 炸药的厢式货车在成乐高速彭山至眉山段发生自燃。

接到报警后，眉山消防和成乐高速交警赶到事发现场，驾驶员已使用车用灭火器将车头起火处火势控制，但仍出现复燃的情况。为了避免复燃，眉山消防官兵使用高压水枪对货厢进行降温处理。

据介绍，货车车厢上喷涂的核载量为 4.5t，驾驶员出示的货单则显示这车炸药共计 12t，由于货车行驶证已被烧毁，因此货车是否超载达 1.6 倍，将由安监部门牵头进一步调查。

广东载 8.4t 炸药货车与前车追尾燃烧，无人伤亡

2012 年 8 月 22 日上午 8 时许，一辆装载 8.4t 炸药的货车行经京珠高速韶关段南行宝林山隧道时与前方车辆追尾，货车及车上炸药起火燃烧。现场专家称，由于货车上的炸药没有安装雷管和压力包装，因此没有引爆；加上货车内有缝隙，没有形成爆炸空间，一场大祸最终消弭。

云南炸药运输车途中燃烧

2015 年 03 月 10 日，一辆装载有 10t 民用炸药的重型厢式货车行驶到澜沧江往保山方向杭瑞高速公路 K2697+200 米处时，车辆左后轮突然起火引发车辆燃烧。保山市区公安机关、消防部门迅速调集近十辆消防车、近百名公安民警和消防官兵赶赴现场进行处置。经过近 1 个小时奋战，大火被成功扑灭，道路交通恢复正常，所幸事故未造成人员伤亡。

由于硝酸铵炸药遇高温、高压、缺氧环境易发生爆炸，且事故地点位于高速公路，严重威胁高速公路通行车辆及周边地区、人员安全，存在重大安全隐患。救援人员兵分几路进行处置，交警部门立即对现场采取交通管制，同时封锁事发现场途经路段，指挥高速公路内行驶车辆从老营、瓦窑收费站驶出分流。消防官兵迅速扑灭现场明火，消除爆炸、火险隐患。还有一组救援人员迅速对现场进行勘查，确保应急车道畅通，组织车辆施救、清理，及时恢复高速公路正常通行。

经对驾驶员及同车押运人员调查得知：9日下午3时许，这辆曲靖牌号的运输车装载9792kg工业乳化炸药驶往德宏。10日上午，车辆行驶到过澜沧江大桥两公里处时，车辆左后轮起火，引起车辆燃烧。立即用车载灭火器灭火，但没有灭熄，火势越来越大，随即报警。幸而在各部门的合作下，最终化险为夷。

福泉市马场坪炸药运输车爆炸

2011年11月1日11时35分许，贵州某公司贵JA×××1号半挂车（挂车号：贵J×××8挂）和贵JA×××8号半挂车（挂车号：贵J×××5挂）从湖南某公司运送72t改性铵油炸药前往贵阳花溪，途中违规停放于福泉市马场坪正在建设的佳鑫汽车检测场内时，贵JA×××8号车燃烧引发所载炸药爆炸，并引发贵JA×××1号车所载炸药爆炸，造成9人死亡、218人受伤，部分民房和公共设施受损，直接经济损失8869.63万元。经公安部组织的专家组认定，贵州某公司贵JA×××8号半挂车不具备相应安全技术条件情况下运输爆炸物品，车内改性铵油炸药与有关物质反应放热或挤压、摩擦、阳光直射等因素造成炸药内部热积累，到一定程度后产生燃烧，进而引发炸药爆炸，并引发贵JA×××1号半挂车上炸药爆炸。

2005年6月，山西某公司TNT周转库由于存放了公安机关收缴的私制炸药，性质不稳定的私制炸药爆炸后，引起TNT爆炸，造成50多人受伤，附近8个乡镇、27个村、6所学校的部分房屋不同程度损坏。

2009年6月，某县炸药库突然发生燃烧，由于是夜间，没有造成人员伤亡，事后查明，仓库内存放的2t炸药是公安机关收缴后存放的，部分是私制炸药，由于私制炸药性质极不稳定，发生自燃。

2009年7月，湖南某使用单位堆放着大量炸药的仓库发生爆炸，引发山火，山火又引爆另一仓库的炸药，导致仓库内2间炸药库房和1间杂物房被炸毁，1辆货车烧毁，库内外山林过火面积达70余亩，方圆1km内的数十栋民房窗户玻璃被爆炸冲击波震碎，部分房屋屋顶及墙体被震裂。事后查明，爆炸原因由回收的民爆物品引起，仓库内还有炸药、雷管甚至旧炮弹混放现象。

2011年5月，河北某爆破公司民爆器材储存库区980kg炸药发生自爆，自爆的炸药是县公安局收缴暂存的非法自制炸药，爆炸导致附近7个村部分民房玻璃受损。

2012年8月，某销售企业一辆炸药车在矿山卸货时发生爆炸，导致10人死亡20人受伤。事故单位存在车辆超载、装卸人员没有资质、并未按照规定穿防静电服、司机手机没关等问题，该公司民爆物品退库曾违规用炸药箱装雷管。

弥勒县某镇"9·12"爆炸事件（特大爆炸案）

云南省弥勒县某镇"9·12"爆炸事件的性质和原因已基本查清，爆炸事故非人为所致。

经勘查，2005年9月12日23时20分许，李某某驾驶牌号为云G×××55解放151型长厢货车（载18t硝酸铵）停放在自家院内发生爆炸，造成13人死亡、50人受伤，事故殃及周围5个村寨、17户房屋被夷为平地、64户房屋倒塌、447户房屋局部受损。

经大量现场勘查、尸体检验、现场物证收集检测分析、调查访问、人员排查、各种社会关系矛盾排查以及专家组的分析论证、模拟人为制造爆炸实验和论证分析，最终认为"9·12"硝酸铵爆炸事故可排除人为所致。专家调查组根据硝酸铵爆炸的可能因素开展了大量调查实验检测工作，认定"9·12"硝酸铵爆炸原因是：发生爆炸的车辆在装运硝酸铵时，车厢内的锰铁和水泥残渣导致局部硝酸铵包装袋破损，硝酸铵与锰铁和水泥残留物发生作用，加速局部硝酸铵热分解，局部温度剧增、压力增大，最终导致爆炸。

报道说，"9·12"的深刻教训，令当地公安、国防工办、质量技术监督、安监等政府各有关部门认识到：加强硝酸铵生产、储存、运输等环节上岗人员的安全教育，建立健全安全管理制度十分重要，必须加强管理。特别是装运过程中，荷载硝酸铵的车辆不应穿过生活区、学校、公共场所等人口稠密的路线，严禁在生活区、学校、公共场所、重要单位和重点部位等人口稠密的场所停放。

雷管质量引起的爆炸

2017年8月2日晚，某县一矿山爆破员在领取雷管时发生意外爆炸事故，造成1人死亡3人受伤。目前，经公安机关调查，事故定性为因产品内部物质变化发生的意外爆炸事故。

事故发生后，当地政府在全力救治伤员的同时，迅速成立事故处置领导小组，在省公安厅治安局、市公安局的指导下，省厅专家、生产厂方专家经过紧张细致的现场勘验、调查访问、查看视频监控、物证检验分析，最终形成事故鉴定意见。

此外，对于该起事故的后期处置，专家也给出了具体意见，由某县公安局监督生产厂家制定爆炸现场残余雷管处置方案，并由生产厂家派专业人员进行现场处置，某县平安民爆公司全力配合；对某县平安民爆公司库存的同批次106009发雷管，由生产厂家召回。

临时储存爆炸物品未设专人管理看护案例

2013年6月18日，江西省德兴市某公司爆破员涂某某将领用的爆炸物品存放在未设专人管理看护的临时储存点，导致被盗炸药8kg、雷管36枚、起爆器1个。至6月24日，江西公安机关相继抓获程某某等5名盗窃爆炸物品的犯罪嫌疑人。德兴市公安局依法对某公司处以40万元罚款，并责令停产停业整顿3个月，对该公司法定代表人祝某某处以10万元罚款，对涂某某等8名责任人员处以12日至15日行政拘留，并吊销涂某某等7人《爆破作业人员许可证》。

爆破员挂靠、爆破公司只送炸药不爆破案例

2013年6月11日，河北省阜平县某公司违规将领取的爆炸物品交由夏庄乡某矿自行组织爆破，在实施爆破作业时因早爆发生爆炸事故，造成6人死亡、5人受伤。目前，该公司总经理刘某某、爆破员韩某，花岗岩矿承包人顾某某、管理人员李某因涉嫌危险物品

肇事罪被刑事拘留。阜平县公安局依法对该公司处以 20 万元罚款，并责令停产停业整顿。阜平县委常委、副县长，县公安局、国土局、安监局相关负责人分别被免职。

当班不清退民爆物品案例

2013 年 4 月 27 日，福建省永安市某公司某矿区 5 号矿洞爆破员田某某、安全员沈某某将当班爆破作业剩余爆炸物品违规藏于矿区废洞内，导致被盗炸药 179kg、雷管 120 枚。5 月 1 日，福建公安机关抓获肖某某等 6 名盗窃爆炸物品的犯罪嫌疑人。目前，田某某、沈某某因涉嫌非法储存爆炸物罪被批准逮捕。永安市公安局依法对该公司处以 50 万元罚款，对矿洞主要负责人温某某处以 20 万元罚款。

抢劫爆炸物实施报复案例

2013 年 10 月 22 日 11 时许，湖北随州广水市爆破员严某在领取 6kg 炸药、20 枚电雷管后失踪。当地公安机关接报后，经初查于 23 日下午在该市一山沟内发现严某已被焚烧的尸体，未发现其领取的炸药和雷管，判断严某某（男，37 岁，雇请严某打水井实施爆破作业）将其杀害后劫走。经核查，2013 年 7 月 13 日 21 时许，严某某手持刀和斧头到安徽滁州来安县半塔镇找其女友瞿某某（女，44 岁）报复未果，后将瞿某某的哥哥瞿某某砍伤，严某某遂被来安县公安局行政拘留。24 日 10 时许，安徽专案组负责监视的民警在瞿某某居住村庄路口发现一名可疑男子，进一步工作确认系严某某。10 时 20 分许，当严某某认错人家迟疑徘徊时，专案民警迅速出击成功将其抓获，并安全排除其身上携带的爆炸物，收缴全部被劫炸药和雷管。

井下盗窃爆炸物品案例

2014 年 1 月 5 日 18 时 30 分许，一辆由陕西省西安市开往渭南市蒲城县的长途大巴车发生爆炸，造成 5 人死亡、24 人受伤。经查，党某某制作爆炸装置所用爆炸物系蒲城县某煤矿采掘八队带班班长杨某某（非爆破作业人员）提供。犯罪嫌疑人杨某某供认，2013 年 10 月党某某多次以炸獾为由向其索要爆炸物品，杨某某开始没有答应，后来经不起三番五次游说，于 11 月 12 日利用晚班井下工作之便，盗取两枚电雷管和两管炸药（共400g），于 11 月 13 日早送至党某某家。2014 年 1 月 12 日，公安机关对杨某某以涉嫌盗窃爆炸物罪依法刑事拘留，对马某某（经营矿长）、熊某某（采掘八队队长）、蒲某某（采掘三队队长）以涉嫌危险物品肇事罪依法刑事拘留，并依据《民用爆炸物品安全管理条例》的相关规定对该煤矿处 20 万元罚款。

盗窃爆炸物品实施爆炸案例

2014 年 1 月 13 日，贵州黔东南州一偏僻山坳里的赌博窝点发生爆炸，造成参赌人员15 人死亡、8 人受伤。通过侦查、调查及对现场痕迹、物证的检验、追踪，获取确凿证据，抓获犯罪嫌疑人杨某某、杨某某。两人交代，因图谋抢劫赌场制造爆炸案件。经查，爆炸物品系黔东南州某公司流出。2013 年 12 月 25 日，黔东南州某公司押运员蒋某某将民用爆炸物品配送至某煤矿后被盗。

盗窃爆炸物品储存库案例

2015 年 1 月 4 日 12 时许，湖南郴州资兴市某煤矿雷管库 4400 枚电雷管被盗。经审查，犯罪嫌疑人唐某某供述该矿老板拖欠其工资，多次索要未果，遂伙同另一犯罪嫌疑人唐某某，于 1 月 1 日 21 时许潜入该煤矿雷管库实施盗窃。经调查，该煤矿安全管理主体责任不落实，治安防范措施形同虚设，值守人员长期脱岗，致使雷管库被盗 3 天后才发现报警；资兴市公安机关对该煤矿民爆物品安全监管不到位，安全检查流于形式，未发现该矿保管员无资质的问题，对发现没有犬防措施等问题未督促整改到位。资兴市公安局依法对该煤矿处以 20 万元罚款，郴州市公安局依法吊销了该煤矿的《爆破作业单位许可证》（非营业性）；资兴市公安局对负有监管责任的矿管大队、蓼市派出所主要领导分别给予行政记过、行政警告等处分。

非法买卖爆炸物品案例

2014 年 7 月，贵州省遵义市公安局治安支队在日常管理工作中发现，贵州某公司与某项目部涉嫌非法买卖爆炸物品犯罪行为。经遵义市公安局治安支队、道真县公安局近半年多的细致调查，基本查清了贵州某公司自 2013 年 1 月以来，先后与多家公司非法买卖炸药用于爆破作业，并向道真县境内董某某、向某某等 36 名挂靠爆破作业人员非法倒卖炸药、雷管从事零散爆破作业的犯罪事实。

广西"9·30"连环爆炸案件案例

2015 年 9 月 30 日 15 时许至 10 月 1 日 8 时许，广西壮族自治区柳州市共 18 个点接连发生爆炸（其中柳州市柳北区 1 个点，柳城县 17 个点），共造成 10 人死亡、51 人受伤。经公安部、广西壮族自治区、柳州市和柳城县公安机关全力侦办，10 月 1 日 5 时该案成功侦破，确定犯罪嫌疑人系曾有爆破作业人员背景的韦某某，经 DNA 鉴定，韦某某已自爆身亡。经查，犯罪嫌疑人韦某某因采石生产与附近村民、相关单位产生矛盾，遂怀恨在心，利用非法截流私藏的民爆物品自制爆炸装置，通过本人投放和谎称寄送包裹雇人运送的方式，递送到特定人或特定场所（单位）定时引爆实施报复。

红河州元阳县自制炸药导致爆炸 2 人死亡、20 多人受伤

2016 年 10 月 16 日 18 时左右，云南省红河州元阳县某步行街内一商铺发生爆炸，造成 2 人死亡、20 多人受伤，步行街内房屋严重受损，停放在步行街内的 6 辆汽车损毁。

通过查看周边视频监控、现场勘查、走访调查和嫌疑人交代，认定该起爆炸原因系犯罪嫌疑人为开采矿山而非法购买、存储在承租商铺内的自制炸药导致。

2. 爆破设计错误造成的爆破安全问题

（1）在露天爆破中，由于对地质条件缺乏调查了解，致使设计有误，造成爆破过量装药，引发爆破个别飞散物、爆破冲击波事故；引起保留岩体破损、边坡坍滑，乃至日后引发地质灾害；或堆积体超出设计范围，也可能引起交通阻断，设施损坏；

（2）在地下爆破中，对于地质条件了解不够及设计不当，或违规作业，造成围岩不稳定，冒顶和坍塌事故；由于违规作业或监测防范不力，引发有害气体中毒，乃至造成瓦斯、煤尘爆炸及透水事故；

（3）在水下和临水爆破中，由于设计不当或安全措施考虑不周，造成水中爆破冲击波对临近水域设施、水中生物的安全影响，乃至引发涌浪，造成次生灾害；

（4）在建（构）筑物拆除爆破中，由于设计不当，出现建（构）筑物未炸先倒、解体

倒塌不完全，甚至爆而不倒等意外；以及在建（构）筑物倒塌过程中引发的对临近设施的次生灾害等。

某露天矿"10.16"重大施工爆破事故

一、事故概况

某矿地处宁夏石嘴山市，属某集团煤炭生产企业，设计生产能力90万t/年。2005年5月停止某采区井工生产，后经设计、审查，改井工开采为露天复采，广东某公司中标承担某采区上部水平硐室大爆破工程设计及施工业务。2008年10月16日13分，在某矿基建露天剥离工程现场2135水平采用台阶式深孔二次爆破时，发生波及方圆850m范围的重大爆破伤亡事故，造成16人死亡、53人受伤（其中12人重伤）。

二、事故原因

（一）直接原因

1. 违规操作。爆破作业中，违反《煤矿安全规程》相关规定，深孔松动爆破岩石时，安全警戒距离小于200m，直接造成200m范围内的4人当场死亡。

2. 作业技术问题。采取的硐室加强松动爆破作业技术上存在问题。

（二）间接原因

1. 火工品管理混乱，某矿有炸药库，承包方广东某公司也有炸药库，某矿对其发放炸药量领取自由，无退库记录。事发前，曾经一次领取雷管4500发，只使用几百发，有大量雷管炸药未退回矿方炸药库。

2. 甲乙双方工程承包机制不健全，甲方对乙方的施工安全监督管理不到位。

3. 爆破施工作业违规引起的安全问题

（1）爆破作业单位无爆破作业资质或超范围经营，缺少爆破技术人员现场指导，施工管理不善引起的安全隐患和安全事故；

（2）在爆破实施中，不按设计要求作业，擅自改变爆破设计参数，造成爆破安全失控，引发爆破产生的空气或水中冲击波、个别飞散物超出安全范围，造成人员伤亡，附近建（构）筑物、通信、电力或其他设施损坏；

（3）爆破工程施工装药和起爆网路敷设过程中违反安全操作规程，引起药包早爆、误爆事故；

（4）降低炮孔（药室）填塞质量，降低安全防护标准，造成爆破个别飞散物或冲击波事故；

（5）安全警戒不严，不遵守爆破安全规程关于爆破实施程序的各项规定，引发人身伤亡事故；

（6）处理盲炮作业时，由于违反操作规程造成拒爆药包爆炸造成的人身事故等。

修文县某砂石厂"3.22"放炮事故案例

2008年3月22日19时，修文县某砂石厂进行施爆时发生放炮事故，施爆现场3名作业人员被山石掩埋，当场死亡；这是一起违章指挥，野蛮操作的生产安全较大责任事故。

一、事故经过

2008年3月22日16时，该砂石厂在进行采面布置时，3名凿眼人员（均无爆破员资质证）违规对已完成的炮孔进行装填炸药；19时10分左右，临近傍晚，现场光线较暗，装载机操作工送电筒到作业场地，为3人提供照明。装药完成后，其中一名凿眼人员爬上采场山顶（距地面作业场高约50m）准备启动爆破，其余3人在山脚收拾工具，准备撤离。在未确认人员已撤离的情况下，已爬到山顶的人启动爆破，3人撤离不及，被爆破落下约15m³岩石掩埋。事故发生后，贵州省、贵阳市安监部门，当地人民政府及相关部门立即赶赴事故现场，组织抢险救援工作，并成立事故调查组，对事故展开调查。

二、事故原因

（一）事故直接原因

修文县某砂石厂违规、违法实施爆破作业。

（二）间接原因

1. 内部管理混乱，规章制度不健全，违规、违法使用爆炸物品。

2. 在炸材配送和回收工作中未执行《民用爆炸物品安全管理条例》，使炸材使用脱离监控程序。

3. 公安部门对民爆物品监管上未履行职责，在发现该厂民爆物品管理制度不健全的情况下，仍然同意其申领炸材。

4. 爆破安全设计不当，防范措施不力出现的事故

（1）由于爆破安全设计不当或采取的安全防范措施不力，引发爆破产生的空气或水中冲击波、个别飞散物、爆破地震效应失控造成附近建（构）筑物、通信、电力或其他设施损坏，甚至引起人员伤亡；

（2）在复杂环境中进行爆破作业，由于采取的安全防范措施不力，爆破产生的地震效应或其他外部影响引起民事纠纷，造成阻工，甚至影响社会和谐；

（3）城镇地区的爆破设计中，对环境安全影响考虑不足，造成爆破噪声、粉尘对环境的影响，引发民事纠纷；也有可能因爆破不当造成对生态环境的影响或破坏；

（4）由于爆破事故应对预案不周或不落实，造成爆破事故次生灾害或事故扩大化。

从以上各种爆破事故类型可以看出，绝大多数爆破安全事故是人为因素造成的，是由于设计、施工不当、违规操作或安全管理不善造成的，是应该能够避免的。"事故"虽然是生产、工作上发生的意外损失或灾祸，是人们不希望发生的，但一旦发生事故，必然会给爆破工程带来不利影响，乃至造成财产损失和人员伤亡。因此，对爆破作业人员，责任重于泰山。要知道："99%的成功 +1%的失败 =0"，"1%的失误 =100%的失败"，安全不能说说而已，细节决定成败。只有增强责任心，不厌其烦地重视工程爆破设计、施工、管理中各项安全措施的细节，安全才有保障。

5. 早爆事故及其预防

（1）炸药引起的早爆

1）炸药热感度及火焰感度引起的早爆

炸药达到爆发点的环境温度即可使炸药爆炸。炸药在明火（火焰、火星）作用下，可

能发生爆炸。

《爆破安全规程》规定：爆破装药现场不得用明火照明；爆破装药用电灯照明时，在装药警戒区 20m 以外可装 220V 的照明器材，在作业现场或硐室内应使用电压不高于 36V 的照明器材；从带有电雷管的起爆药包或起爆体进入装药警戒区开始，装药警戒区内应停电，可采用安全蓄电池灯、安全灯或绝缘手电筒照明。

在 60~80℃ 的高温矿井爆破时，《爆破安全规程》对加工药包、装药工艺和安全措施做出了一系列规定，必须严格遵守。例如，应选用和加工耐高温的防自爆药包；孔温不应高于药包安全使用温度；爆前、爆后应加强通风，并采取喷雾洒水、清洗炮孔等降温措施；从向孔内装药至起爆的相隔时间不应超过 1h 等。当孔内温度 80~120℃ 时，各项规定更为严格，例如，应采用石棉织物或其他绝热材料严密包装炸药或专用定型隔热药包，装药至起爆的相隔时间应经过模拟试验来确定等。

同样，《爆破安全规程》规定："高温、高硫区不得进行预装药作业"。是基于炸药热感度对爆破安全的影响而做出的规定。

针对常用工业炸药的火焰感度比较敏感，《爆破安全规程》规定：爆破装药现场不得用明火照明；同时，不得携带火柴、打火机等火源进入警戒区域。炮孔填塞材料，不应有煤粉、块状材料或其他可燃性材料。

2）炸药机械感度引起的早爆

炸药机械感度可分为撞击感度、摩擦感度、针刺感度、射击感度等。在爆破器材的储存、装卸、运输、使用过程中，受到机械的撞击、摩擦或偶然落下的重物冲击时，都可能引起爆炸，酿成事故。

《爆破安全规程》规定：装卸、搬运爆破器材应轻拿轻放，装好、码平、卡牢、捆紧，不得摩擦、撞击、抛掷、翻滚、侧置及倒置爆破器材。应用木、竹或其他不产生火花的材料制成的工具填塞炮孔；装药发生卡塞时，若在雷管和起爆药包放入之前，可用非金属长杆处理；装入起爆药包后，不应用任何工具冲击、挤压。应将导爆索起爆网路布置在掩蔽的地方，以免遭受偶然掉落重物和其他机械作用的冲击。采用人工搅拌混制炸药时，不应使用能产生火花的金属工具；新混制设备和检修后的设备投入生产前，应清除焊渣、毛刺及其他杂物。

3）炸药爆轰感度引起的早爆

炸药在爆轰波作用下发生爆炸的难易程度，称为炸药的爆轰感度。炸药因爆轰感度有可能引起早爆。

即使是认为"失效"的炸药，仍有爆轰感度，有可能造成安全事故。因此，必须及时发现和处理盲炮。

4）炸药静电火花感度引起的早爆

在静电火花作用下，在炸药内产生激发冲击波可能发生爆炸。在炸药生产和爆破作业现场利用装药车（器）经管道输送进行炮孔装药时，炸药颗粒之间或炸药与其他绝缘物体之间发生摩擦会产生静电，有时会形成很高的静电电压（可达数十千伏）。当静电电量或能量聚集到足够大时，有可能放电产生电火花而引燃或引爆炸药。

目前，尚无有效方法避免静电产生，但可以采取措施，防止静电积累，或将产生的静电及时消除和泄露掉，以免发生事故。在炸药生产中，通常采用的防静电事故的措施有：工房增湿；设备接地、容器壁涂上能减少产生静电的物质或防静电剂；炸药颗粒包敷导电物质或表面活性剂；桌面、地面铺设导电橡胶等。在爆破地点使用压气装药器装药时，所有设备必须有可靠的接地，防止静电积累；在装药时，不应用不良导体垫在装药车下面；输药风压不应超过额定风压的上限值；持管人员应穿导电或半导电胶鞋，或手持一根接地导线。一般认为，炮孔潮湿，则输药管上的电荷和吹入炮孔的炸药颗粒所带的电荷很快向大地泄漏，静电不易集聚，当相对湿度大于 70% 时，不致因静电引起早爆事故。

（2）外界电干扰引起的早爆

在电爆网路的设计和施工中，爆区周围外来电场的干扰是引发安全事故的主要因素。外来电场主要指雷电、杂散电流、感应电流、静电、射频电、化学电等。当这些外来电场产生的外来电流进入电爆网路，且其强度超过电雷管的最小起爆电流时，就可能引起电雷管的早爆。

1）雷电引起的早爆

雷电是一种常见的自然现象。在雷电发生的一瞬间，产生极强的电流和高温，会损坏建（构）筑物，使电气设备失控或损坏。雷电对早爆的影响可以分为以下几类：

①当爆破作业区上空发生直击雷时，不论采用何种起爆网路，包括工地上的工业炸药，都有发生早爆的可能；

②当爆破作业区附近发生雷击时，由于静电感应和电磁感应电流的作用，电爆网路与地面之间会因感应电流局部放电而出现早爆，采用非电起爆网路可以防治早爆；

③由直击雷或云闪引发的电磁感应电流和雷击电磁脉冲，会引起组成闭合线路的电爆网路的早爆。

对于预防雷击一般要求对电爆网路做到如下处置：

①爆破前应了解当地气象情况，使装药、填塞、起爆时间避开雷电、狂风、暴雨等恶劣天气，尽可能在雷电到来之前将所有装药起爆；必须保证在爆破作业区及其附近发生雷击前将所有人员撤离至安全地方；

②在雷雨季节宜采用非电起爆法，如在深孔爆破和拆除爆破中应采取导爆管起爆法，或导爆管起爆法和电雷管起爆法组成的混合起爆法，尽可能简化电爆网路，缩短电爆网路操作时间，避开雷电的影响；

③在露天爆区不得不采用电力起爆系统时，应该在爆破区域启动避雷针或预警系统，在雷电到来之前，暂时切断一切通往爆区的导电体（电线或金属管道），防止电流进入爆区；

④电爆网路线路绝缘性能必须良好，不得破损；尽量避免架空敷设，不宜靠近电源线和动力设备布线。为防止地电位反击的发生，电爆网路应与防雷装置、高大树木、各种大中型金属构架（柱）等间隔一定距离，电爆网路电缆应距离避雷针 3m 以上。

具体措施包括：

①对露天爆破的电爆网路，应将裸露导线接头用绝缘胶布包裹好；接头应离开地面，防止雨水浸泡；相邻接头之间距离应尽可能远，防止火花放电；电爆网路不要架空敷设，不要连成闭合网路；

②对硐室爆破的电爆网路，雷电来前应将各硐口的引出线端头分别绝缘，并悬挂在硐内，离硐口至少 2m 处，同时将人员撤离至安全地区；

③建筑物拆除爆破中，在雷电来临前不宜进行任何电爆网路的操作；

④对重要的爆破工程，可安装防雷装置，采用防直击雷、防雷电感应和综合防雷措施，防直击雷，易装设独立避雷针或架空避雷针作为接闪器，这种装置既经济又实用，安装方便；防雷击电磁脉冲主要是安装电涌保护器（SPD），可安装在电爆网路电源的进线端，防雷装置必须经当地气象局防雷专业机构检测验收才能使用。

值得注意的是：即使安装了防雷设施，也不可能完全避免雷电灾害的发生，切忌因为安装了防雷电设施而麻痹大意，忽视防范措施。

2）杂散电流引起的早爆

当用电设备和电源之间的回路被切断后，电流便利用大地作为回路而形成的大地电流，即产生杂散电流，其大小、方向随时都在变化。另外，电气设备或电线破损产生的漏电也能形成杂散电流，硝铵类炸药在装填过程中散落地面遇水溶解电离产生的化学电也属杂散电流，当杂散电流进入起爆网路并超过电雷管的最小发火电流时，便可能引起早爆事故。

杂散电流可以现场测试，有专用的杂散电流测试仪，如 ZS-1 型杂散电流测试仪，一些电雷管测试仪表中也附加了杂散电流的测试功能，如 2H-1 型电雷管测试仪。《爆破安全规程》规定：在杂散电流大于 30mA 的工作面，不应该采用普通电雷管起爆。

根据杂散电流形成原因分析，在采用直流架线电机车牵引网路进行轨道运输的矿区进行爆破时应特别注意杂散电流的影响，最好的办法就是采用导爆管起爆系统。如果必须采用电爆网路，则应采取如下措施：

①减少杂散电流的来源，采取措施，减少电机车和动力线路对大地的电流泄漏，检查爆区周围的各类电气设备，防止漏电；切断进入爆区的电源、导电体等，在进行大规模爆破时，采取局部或全部停电；

②装药前应检测爆区内的杂散电流，当杂散电流超过 30mA 时，应该使用抗杂散电流电雷管，包括无桥丝电雷管、低电阻率电雷管和电磁雷管，这些雷管只有在大电流下才会被引爆，在一般杂散电流的影响下不会起爆，或采用防杂散电流的电爆网路；

③防止金属物体及其他导电体进入装有电雷管的炮孔中、防止将硝铵类炸药撒在潮湿的地面上等。

3）感应电流引起的早爆

在动力线、变压器、高压电开关和接地的回馈铁轨附近都存在交变电磁场，如果电爆网路或电雷管正好处在交变电磁场的作用范围内并形成闭合电路（这种闭合电路可能是网路本身连接而成，也可能是网路的某些接头接触潮湿地面与大地的回路形成的）时，在电爆网路或电雷管中就会产生感应电流，当感应电流值超过电雷管的最小发火电流时，就可能引起早爆事故。

预防措施：

①电爆网路附近有输电线、变压器、高压电气开关等带电设施时，应检测感应电流，

当感应电流值超过 30mA 时，禁止采用普通电雷管，在 20kV 动力线 100m 范围内不得进行电爆网路作业；

②尽量缩小电爆网路圈定的闭合面积，电爆网路两根主线间距离不得大于 15cm；

③采用导爆管起爆系统。

4）静电引起的早爆

炸药一般都是电介质，在炸药的生产、加工和输送过程中，当炸药颗粒间、炸药与空气或其他电介质摩擦时，便会产生静电，若不及时导除，便会通过积聚使静电压升至几千伏甚至上万伏，遇适当条件就会迅速放电产生电火花。静电火花的能量达到足够大时，即能够将爆炸物品及其他可燃气体或粉尘引爆。

在爆破器材加工和爆破作业中，如果作业人员穿着化纤或其他具有绝缘性能的工作服，衣服相互摩擦产生的静电荷积累到一定程度时，便会放电，也可能导致电雷管爆炸。

①设备装药产生的静电

压气装药器或装药车在装药过程中出现早爆可能有以下 4 种情况：

a. 装药时，带电的炸药颗粒使起爆药包和雷管壳带电，若雷管脚线接地，管壳与引火头之间产生火花放电，能量达到一定程度时，引起早爆；

b. 装药时，带电的装药软管将电荷感应传递给电雷管脚线，若管壳接地，引火头与管壳之间产生火花放电，能量达到一定程度时，引起早爆；

c. 装药时，电雷管的一根脚线受带电的炸药或输药软管的感应或传递而带电，另一根脚线接地，则脚线之间产生电位差，电流通过电桥在脚线之间流动，当该电流大于电雷管的最小起爆电流时，可能引起早爆；

d. 在第三种情况下，如果雷管断桥，则在电桥处产生间隙，并因脚线间的电位差而产生放电，引起早爆。

②防范措施

在爆破作业现场防止静电早爆的最好方法是采用导爆管雷管或导爆索起爆网路。

在进行爆破器材加工或采用机械化作业装药时，可采取如下措施：

a. 消除人体静电积累关键在于接地，使人体单位不超过规定的安全值；进行爆破器材加工和爆破作业的人员应穿导电鞋，不要穿戴化纤、羊毛等可能产生静电的衣物；

b. 接地是消除静电危害最基本的有效措施，机械化装药时，所有设备必须有可靠的接地，防止静电积累；粒状铵油炸药露天装药车车厢应用耐腐蚀的金属材料制造，厢体应有良好的接地，输药软管应使用专用半导体材料软管，钢丝与厢体的连接应牢固；在装药时，不应用不良导体垫在装药车下面，输药风压不应超过额定风压上限值，持管人员应穿导电或半导电胶鞋，或手持一根接地导线；

c. 在使用压气装填粉状硝胺类炸药时，特别在干燥地区，为防止静电引起早爆，可以采用导爆索网路和孔口起爆法，或采用抗静电的电雷管。

5）高压电、射频电引起的早爆

高压电是指高压电线输送的电力；射频电是指由电台、雷达、电视发射台、高频设备等产生的各种频率的电磁波。在高压电和射频电的周围，都存在着电场，按频率的不同可分为工频电场与射频电场，当电雷管或电爆网路处在强大的工频或射频电场内，便起到接受无线电作用，在网路两端产生的感应电压，从而有电流通过。当该电流超过电雷管的最小起爆电流时，就可能引起电爆网路或电雷管的早爆事故。

预防措施：

①采用电爆网路时，应对高压电、射频电等进行调查，发现存在危险，应采取预防或排除措施；

②禁止流动射频源进入作业现场，已进入且不能撤离的射频源，装药开始前应暂停工作；爆破安全规程规定："手持式或其他移动式通信设备进入爆区应事先关闭"，因此，在携带和应用电雷管的施工现场，关闭手机是至关重要的；

③电爆网路敷设时应顺直、贴地铺平，尽量缩小导线固定的闭合面积；电爆网路的主线应用双股导线或互相平行、且紧贴的单股线，如用两根导线，则主线间距不得大于15cm；网路导线与雷管脚线不准与任何天线接触；

④采用抗射频电雷管。

附表4-1～附表4-4中分别列出了采用电爆网路时爆区与高压线、中长波电台（AM）、移动式调频（FM）发射机及甚高频（VHF）、超高频（UFM）电视发射机的安全允许距离。如果爆区满足不了这些要求，则不应采用电力起爆法，应选择非电起爆网路。

爆区与高压线的安全允许距离　　　　　　　　　　　　　附表 4-1

电压 /kV		3~6	10	20~50	50	110	220	400
安全允许距离 /m	普通电雷管	20	50	100	100	—	—	—
	抗杂电雷管	—	—	—	—	10	10	16

爆区与中长波电台（AM）的安全允许距离　　　　　　　附表 4-2

发射功率 /W	5~25	25~50	50~100	100~250	250~500	500~1000
安全允许距离 /m	30	45	67	100	136	198
发射功率 /W	1000~2500	2500~5000	5000~10^4	10^4~25000	25000~50000	50000~10^5
安全允许距离 /m	305	455	670	1060	1520	2130

爆区与移动式调频（FM）发射机的安全允许距离　　　　附表 4-3

发射功率 /W	1~10	10~30	30~60	60~250	250~600
安全允许距离 /m	1.5	3.0	4.5	9.0	13.0

爆区与甚高频（VHF）、超高频（UFM）电视发射机的安全允许距离　　附表 4-4

发射功率 /W	1~10	10~10^2	10^2~10^3	10^3~10^4	10^4~10^5	10^5~10^6	10^6~5×10^6
VHF 安全允许距离 /m	1.5	6.0	18.0	60.0	182.0	609.0	—
UHF 安全允许距离 /m	0.8	2.4	7.6	24.4	76.2	244.0	609.0

注：调频发射机（FM）的安全允许距离与 VHF 相同。

（3）仪表电源和起爆电源引起的早爆、误爆

在电爆网路敷设过程中和敷设完毕后使用非专用爆破电桥或不按规定使用起爆电源，也会引起网路的早爆。其预防措施包括：

1）《爆破安全规程》强调，电爆网路的导通和电阻值检查，应使用专用导通器和爆破电桥，其工作电流应小于30mA；导通器和爆破电桥应每月检查一次，禁止使用万用电表或其他仪表检测雷管电阻和导通网路；

2）严格按照有关规定设置和管理起爆电源，起爆器或电源开关箱的钥匙要由爆破项目负责人严加保管，不得交给他人；

3）定期检查、维修起爆器，电容式起爆器至少每月充电赋能一次；

4）在爆破警戒区所有人员撤离以后，只有在爆破工作负责人下达准备起爆命令之后，起爆网路主线才能与电源开关、电源线或起爆器的接线钮相连接。起爆网路在连接起爆器前，起爆器的两接线柱要用绝缘导线短路，放掉接线柱上可能残留的电量。

感应电流意外爆炸事故案例

2008年5月31日14时50分左右，某市一采石厂在填装爆破炸药过程中发生一起爆炸事故，造成三人死亡二人重伤，其中二人当场死亡，一人因抢救无效于当晚死亡，其他二人全身炸伤面积80%致残。

一、事故经过

当日13时40分左右，该厂爆破员朱某和安全员贡某二人从爆炸物品临时存放点领取217kg乳化炸药和12枚电雷管，分二趟送到爆破作业面，当时该作业面五名打眼工正在使用电动90型潜孔钻（电压：380V）钻打第6个炮孔，安全员贡某随即离开监护现场。这时，爆破员朱某开始将带来的炸药和电雷管向已打好的5个炮孔填装炸药和电雷管，当装到第5个炮孔时，发现打眼工移机继续打第7个炮孔，朱某将炸药和电雷管装进第5个炮孔（未填塞）后，便离开作业面现场下山补领电雷管。14时50分左右，该作业面第5炮孔突然发生意外爆炸，现场五名打眼工当场被炸死炸伤。这突如其来的意外爆炸原因难以确定。

二、现场勘查

调查组对其原因进行了深入细致的勘查，并对现场乳化炸药和电雷管残骸取样，送交国家民用爆破器材质量监督检验中心进行检测检验，检测检验结果产品均为合格。事故调查组委托爆破专家组又对爆炸事故现场进行了分析认证：现场使用的是电雷管，此种雷管除外力直接撞击或高温高压气体冲击才能起爆外，主要是外来电流的诱爆。

根据专家组分析，由于机械钻机的三根三相电线离已装药的炮孔贴近，在移动中产生感应电流，并作用于电雷管或电雷管连接脚线，感应电流作用于电雷管发生爆炸。

三、原因分析

该作业面共钻打炮孔7个，每个炮孔间距为1.2m以上，炮孔呈单行排序不规则，炮孔间距不一致。爆炸时，第7个炮孔仍在钻孔作业。钻机电源线选用户外绝缘导线，电线为移动式临时绝缘导线，沿作业地面铺设。爆炸后经查确认，装药填塞完好的4个炮孔未炸，未作填塞的第5个炮孔为爆炸点。经安监、公安等部门人员和专家组成的事故技术组

对现场勘查确认，意外事故是因严重违规违章交叉作业所致。

对讲机引发电雷管早爆事故

某爆破现场，以普通导爆管雷管下孔装药完成后，爆破员领取 8 发电雷管并进行了导通测试，然后将电雷管脚线大部分剪掉，余下 0.4m 左右，开始在导爆管"把子"上绑击发电雷管，在捆绑第 3 个"把子"时，将剩余的 5 发电雷管脚线扭成麻花结（为方便使用时抽取，未进行脚线短路处理），放在左腿内侧地上附近，对讲机放在右腿外侧地上。第 3 个"把子"绑完后，爆破员左手拿起 5 发电雷管，此时有人使用对讲机呼叫，该爆破员正起身右手拿起对讲机并按下讲话按钮回话时，左手里的电雷管发生爆炸，造成爆破员左手小指、无名指炸伤，右小腿内侧及胸前皮肤较大范围的灼伤。

一、早爆原因分析

事故发生当日为晴天，爆破作业区无电铲、电缆及其他供、用电设施，挖装设备全用的柴油；所用的击发电雷管管体长度约为 50mm，8 号瞬发金属管，起爆药为 DDNP，加强帽为塑料加强帽，电引火药头为苦味酸钾系列引火头，电引火元件为普通弹性电引火元件，国标规定其安全电流小于等于 200mA，从卡痕上来看收口尺寸正常，能满足抗拉性能。

从事故发生的内外环境来看，首先排除人为故意引爆电雷管的可能，其次排除由于碰撞、摩擦、静电等因素引爆电雷管，但在使用电雷管的过程中爆破员携带对讲机并进行了讲话；因而，引起电雷管爆炸的主要原因可能在于对讲机的不当使用：爆破员在按对讲机发射键（讲话）时，瞬间产生的射频电流引爆了左手的电雷管。

二、对讲机产生的射频电流引起电雷管爆炸分析

在具有射频的环境中，引线式电雷管其点火引出线为金属导线，电雷管的引线在电磁场中相当于天线，未短路的电雷管引线相当于接收天线，短路的电雷管引线可以看作一个环形天线，当引线式电雷管位于电磁场中时，引线中能感应出振幅和相位几乎相同的电流。两导线中反方向围绕电路旋转并通过桥丝的平衡模式电流，桥丝上感应出电流会产生热量，导致电雷管爆炸。

雷电引起电雷管引爆工地炸药致 1 死 2 伤

2010 年 5 月 18 日下午，独山县民工何某某等人在乡村公路工地冒雨施工时，突然一道闪电击中了电雷管，引爆炸药，爆炸导致山体垮塌，造成 1 死 2 伤。

记者赶到事发现场——在建乡村公路看到，工地已停止施工，现场还残留着香纸、酒杯、衣物等物品。工地上空约 40m 左右，有一组高压电线。

据介绍，5 月 18 日 18 时许，当时正下着小雨，民工何某某、陆某某和卢某某等在乡村公路上冒雨施工，爆破员何某某向炮孔内装填炸药时，突然一道耀眼的闪电划破雨幕，正好击中何某某身旁的电雷管，引发剧烈爆炸，瞬间，山石崩塌，何某某被垮塌的山石掩埋，陆某某和卢某某则被个别飞散物砸伤。

事发后，独山县副县长率安监、公安、医疗等相关部门人员迅速赶赴现场抢险救援，将伤者送往医院抢救。当晚 21 时 30 分许，救援人员将爆破员何某某的遗体挖出。

闪电引爆电雷管 造成重庆万州一工地两人重伤

艳阳高照、突然电闪雷鸣、暴雨倾盆，正在进行爆破作业的民工们慌忙躲进一幢废弃

的二层小楼避雨。这时，"咔嚓"一道闪电，民工还没回过神来，"轰"的一声巨响，烟尘冲天的屋内顿时传出阵阵惨叫。 2005年8月13日下午6点半左右，万州一家公司真空盐项目建设工地发生一起意外爆炸。闪电引爆了放在屋内的电雷管，造成12名农民工被炸伤。

爆破专家：两节5号电池可引爆电雷管，雷电引爆电雷管的案例早有发生，引爆的原理也很简单。电雷管是靠电流引爆，两节普通的5号电池就可以引爆8号普通瞬发电雷管。当电雷管处在易产生雷击的地点，又避雷设施时，闪电在附近产生，会形成电磁场，电磁场的瞬间电流很强远远超过电雷管的起爆电流，电磁场的电流通过电雷就会引爆。专家称，电雷管的存放库房有专门要求，必须安装避雷设备。爆破工人遇到紧急情况时，应将电雷管放置在不可能发生雷击的地方，特别不能和人和其他金属物体放置在一起。发生爆炸的废弃小楼处在山顶上，又无避雷设备极易发生雷击。将雷管和人放在一起涉嫌违规操作。

雷管受到冲击与挤压引起早爆事故，这主要是违反安全操作规程，违章作业如用竿头开裂的竹子进行炮孔装药，用力过猛插响雷管；用钻杆当炮棍装药，捅响雷管；扩壶爆破间隔时间过短，或几次扩壶后马上装药，因孔壁温度过高引起早爆；硐室爆破作业现场，由于照明不当或使用烟火引起药包燃烧爆炸。

预防措施：按规定使用木制炮棍装药，提高爆破作业人员安全操作水平，严禁违章作业。

湖北宜昌采石场炸药提前爆炸，3人当场身亡

2006年6月10日，上午10时15分许，宜昌市夷陵区某碎石场原定在1小时后起爆的炸药，不料提前爆炸，造成被炸塌的山体崩塌，将6名采石工掩埋，3人当场身亡，另外3人受伤。据采石工刘某介绍，出事的工作组是由当地村民朱某某带队的。

当日，该组共有9名采石工在作业，当他们头顶上的山体伴随着巨响突然崩塌时，工人们根本来不及防范。当刘某等附近的工人赶到现场时，有6名工人已被埋在碎石下。工人立即用撬棍和铁锹将碎石扒开，将3名伤者一一拖出来，包括朱某某、廖某某、李某某在内的3名采石工在事故中当场身亡。

据介绍，这个采石场一直实行的是定时爆破制度，每次爆破前都有人提醒，等人员完全撤离之后，再进行爆破。昨天，爆破人员将炸药埋到炮孔里后，因为还没到爆破时间，碎石工还在作业区内忙碌，没想到炸药突然"自己爆炸了"。有现场作业人员分析，炸药突然提前爆炸可能与高温有关。事故发生后，当地积极开展善后和事故调查工作。

通过鉴定认为，爆破员违反规定违章操作，擅自缩短扩壶爆破和装药的15分钟时间间隔，造成硝铵炸药随着温度的升高分解速度加快，在密封条件下导致爆炸。

云南陆良县采沙场早爆事故

2009年2月22日发生的陆良县某采沙场早爆事故共造成1人死亡、2人失踪、4人受伤，其中1人重伤，经搜救后确认2名失踪人员确认已经死亡。

22日11时05分，某采沙场发生一起早爆事故。事故发生后，曲靖市、陆良县相关部门负责人和工作人员立刻赶赴现场开展伤员救治、善后处理、事故调查等工作。因当时发现事故现场一洞内还有1.3t爆炸物，存在很大安全隐患，因此及时邀请省市爆破专家组

成专家组，深入现场仔细勘探，于 23 日下午制定了切实可行的排险搜救方案。

现场救援组于 23 日 17 时调集了 1 辆消防车、2 台装载机开始排险搜救，至 24 日 10 时 30 分，成功排除 1 号炮洞险情；11 时开始对存有爆炸物的 3 号炮洞注水；13 时开始清理发生早爆的 2 号炮孔，并搜救 2 名失踪人员。搜救过程中，救援组发现了一只残缺的鞋底和零星被烧焦的人体组织，未发现存活人员及完整的尸体，经专家分析、失踪人员家属辨认，最后确认 2 名失踪人员已经死亡。专家组认定，由于装药人员穿着化纤衣服产生静电，静电引爆破电爆网路发生事故。

湖南省邵阳市郊炸药爆炸事故

一、事故概况及经过

何某于 1994 年 2 月 2 日，以新邵县长冲铺乡某矿名义，通过新邵县某造纸厂工人李某某和×××厂厂办秘书黄某某与解放军驻×××厂军代室干部龙某某、蒋某某联系，非法签订了 40t 名为销毁实为销售军用黑索今炸药的合同，何某分两次从该厂购回 37t 黑索今，分别运到省物资储备局×××处仓库和新邵县某水泥厂及该厂厂长柳某某家里存放，然后在该水泥厂和柳某某家加工 23.25t 黑索今销给城步县某矿。县公安局曾两次查封并没收了何某卖给该矿黑索今炸药 14.71t。后因有关领导说情，又将这批炸药作价处理给该厂（另有 2.804t 何某卖给了新邵县个体石灰厂老板黄某某用于采石场）。1994 年 3 月 13 日，何某将未销出的 10.08t 炸药从×××处仓库运到隆回县茅铺乡某村，通过其叔叔何某某存放在某水库工程处仓库。1995 年 8 月 15 日，何某为了使未售出的炸药能合法地销售给某矿，以市某开发中心的名义，向市公安局和市某公司民爆公司写出关于处理 20t 黑索今炸药的报告，市计委、物资局和公安局治安科分别签署了同意的意见。何某在未办理爆炸物品生产许可证、储存证、运输证、购买证、销售证、使用证的情况下，伙同邵阳市某支行法律事务所主任刘某某，与×××厂联系销售。1996 年 1 月 20 日，何某、刘某某将 10.08t 炸药从隆回县运到邵阳市郊某村，后又将新邵县某水泥厂柳某某家剩余的 210kg 黑索今也运至某村，两次共计 10.29t，租用该村民吴某某的住房储存，从 26 日开始雇请民工，用普通民用粉碎机在吴家加工，1996 年 1 月 31 日发生爆炸。1996 年 1 月 31 日 19 时 50 分，湖南省邵阳市郊发生特大炸药爆炸事故，死亡 134 人，伤 405 人。爆炸周围 100m 左右的 106 户、605 间房屋受到不同程度的毁坏，附近通信、供水、供电设施被毁坏，207 国道交通一度中断，直接经济损失 1966 万元。

二、事故原因及分析

经有关部门对现场勘查和检验分析鉴定，发生"1·31"特大爆炸事故的直接原因，是何某等人在加工机械、工房无任何安全措施的情况下，长时间加工细度为 100 目的黑索今，积累了大量的炸药粉尘，机械撞击及振动摩擦聚集能量，形成高压静电和热点，达到足够的起爆能而引起爆炸。

三、对事故责任者的处理结果

1. 何某（邵阳市某停薪留职人员）、刘某某（邵阳市某支行法律事务所主任）、黄某某（×××厂厂办秘书）、金某某（某县检察院干部）分别因非法买卖、运输、制造爆炸物罪，已依法逮捕，给予其开除公职处分，追究刑事责任。

2．有关单位、企业领导及工作人员和邵阳市、新邵县党政机关及部门领导中的责任人员共16名，分别因参与非法买卖炸药罪或渎职罪被依法逮捕，追究刑事责任。

3．邵阳市市长、副市长、市政法委书记、市公安局长及城步县委书记等共11人，因此次事故受到党纪、政纪处分。

广西某航运管理局火药爆炸

一、事故概况及经过

1956年12月23日，广西某航运管理局航道工程处，在红水河湾滩施工炸礁，放炮时发生事故，炸死炸伤13人，其中9人死亡。

红水河湾滩炸礁施工，12月23日当装第13号炮孔时，因水流很急，放炮工装不进炸药，经班长黄某同意移到13号炮位石头左边无水的地方装炮，装好炮药后叫黄班长去试电，黄班长用一只手的两个手指拿着电池，两个指头摄着灯泡在电池上触，另一只手指在电池右腔上捣着雷管的脚线，工人拿着另一根雷管的脚线，往灯泡上触。第一次灯泡没亮，第二次灯泡仍然没有亮，但炮响了。据在现场观看的人说：当时看到在小艇的左边和石头中间发出有箩筐大的火光，随后就听到爆炸声，表明爆炸声光的位置，就是第13号炮孔的位置，当场炸死炸伤13人。

二、事故原因分析

虽然这次使用的是硝化甘油耐冻炸药，但是经调查和对炸药进行试验，排除了炸药变质可能引起的爆炸；排除了因炸药受铁勺摩擦引起的爆炸；排除了因炸药受冻经水流冲击引起的爆炸等原因。黄班长违反操作规程，使用电池和灯泡测试电雷管线，冒险蛮干违章作业造成的严重后果，是这次爆炸事故的主要原因。

深圳市盐田九径口"8·27"特大爆炸

一、事故概况及经过

1992年8月27日17时35分，深圳某运输公司（以下简称：某运输公司）在盐田某工地施工的硐室爆破工程，由于其中一药室发生早爆，造成15名作业人员死亡、直接经济损失800000余元。

某运输公司是1988年2月11日经深圳市政府批准成立的，具有独立法人资格的国营运输企业，经营范围以承担盐田港港区开发的土石方运输为主。某运输公司的上级管理单位是深圳市某实业有限公司。1992年5月，某运输公司决定筹建爆破工程队，委派工程部副经理任某组建爆破队。并从某石场调入爆破员黄某（已遇难）担任爆破工程队队长。黄队长持有爆破员和爆破安全监督资格证，负责施工队的全面工作。施工队的人员都是由黄队长负责临时雇用的，共雇用26人，其中只一人持有爆破员资格证。

由于某运输公司没有能力和资格负责工程爆破，1992年7月8日，该公司又与深圳某爆破工程公司签了协作合同，由该爆破公司负责有关爆破技术咨询服务与现场工作指导，7月23日，该爆破公司完成了盐田九径口工地爆破方量为6.85万 m³ 的爆破设计方案，Ⅰ号导硐和Ⅱ号导硐挖完后，8月26日12时开始装药，当天两个硐的十个药室装药完毕，总药量为 28.28t。接着按 I 号硐和 II 号硐回填，每硐十三人作业。

8 月 27 日 17 时左右，盐田港区域上空，天气较晴朗，工地硐室回填工作继续正常进行。大约到 17 时 20 分到 25 分，天气突然变化。天空乌云密布，云层较低，天色变暗。云层从东北向西南方向移动，并刮有大风。随即开始下雨，雨点大而稀疏，而后骤变为大雨。于是在工地进行回填工作的硐外作业人员以及爆破队黄队长，都分别跑到工地 I 号、II 号硐内避雨。这时，在盐田港某工地 2km 范围上空发生强雷爆。大约在 35 分左右，一声巨雷霹雳，随即 II 号硐装有 2.28t 炸药的 3 号药室发生爆炸，致使 II 号硐内 13 人全部遇难。由于 I、II 号两硐室相距仅 40 余米，I 号硐口发生垮塌，其中 2 人遇难。

二、事故原因分析

1. 确认 II 号硐 3 号药室的早爆是由于雷击引起的。

2. 国家《爆破安全规程》中规定："遇雷雨时应禁止爆破作业，并迅速撤离危险区"。但这次工程爆破施工没有严格按有关规定执行，致使在天气发生明显变化后，爆破作业的指挥人员和作业人员未能及时撤离现场，这是造成 15 人遇难的重要原因。

三、对事故责任者的处理

1. 某运输公司爆破工程队队长黄某，是工地上唯一的指挥人员，不但没有组织并指挥人员迅速撤离现场避险，反而随硐外人员一起进硐内避雨，对这一特大死亡事故负主要责任，触犯《刑法》第一百八十七条规定，但鉴于已在事故中遇难，不追究其刑事责任。

2. 深圳某爆破工程公司曾某等是这次大爆破的工程技术人员和现场副指挥，对这起事故应负有技术上的管理责任，其过失行为已违犯《刑法》第一百八十七条的规定，追究其刑事责任。

3. 某运输公司工程部副经理任某，对这起事故负一定的责任，给予行政处分。

4. 某运输公司副经理倪某对这起事故负有领导责任，撤销其担任的某运输公司副经理的职务。

尚未清场、人未撤离，爆破员就连线充电，起爆器自动放电，引起早爆，造成人员严重伤亡

1998 年 5 月 22 日中午，深圳市宝安区某采石场拟用电起爆 11 个深孔。上午 11 点 40 分左右，在爆破员蔡某在安全员没有发出指令、爆区未清场的情况下，竟将起爆网路连接到起爆器上，并开始充电。据蔡某说，充电后约 1min 自动放电，引爆整个网路，正在现场的 1 名拖拉机手和 1 名风钻工当场被炸死，拖拉机手重伤（腿折断）。

6. 拒爆事故及其处理

（1）拒爆的分类

拒爆是指爆破网路连接后，按程序进行起爆，有部分或全部雷管及炸药等爆破器材未发生爆炸的现象。拒爆可分为全拒爆、半爆和残爆。见附表 4-5。

拒爆的分类　　　　　　　　　　　　　　　　　附表 4-5

分　类	现　　象	产生的原因
全拒爆	药包中雷管及炸药均未发生爆炸	1. 由于起爆网路设计和施工操作出现失误； 2. 起爆器材质量问题造成
半爆	只爆雷管，炸药未发生爆炸	1. 炸药质量问题，受潮变质，感度低； 2. 雷管起爆能不够； 3. 装药施工中雷管与药包脱离
残爆	炸药爆轰不完全或传爆中断，药包残留部分炸药未爆	1. 炸药质量问题，受潮变质，感度低； 2. 装药施工造成药包间断或有岩粉间隔； 3. 炮孔的沟槽效应影响

深孔爆破和硐室爆破起爆后，发现有下列现象之一者，可以判断其药包发生了拒爆：

1）爆破效果与设计有较大差异，爆堆形态和设计有较大差别，地表无松动或抛掷现象；

2）在爆破地段范围内残留炮孔，爆堆中留有岩坎、陡壁或两药包之间有显著的间隔；

3）现场发现残药和未传爆的导爆管和导爆索残段。

（2）产生拒爆的原因

1）炸药因素造成的拒爆

炸药的质量是造成药包拒爆的重要原因。对于工业炸药，起爆能量、含水率、密度、药卷直径、爆破约束条件等对其稳定爆轰状态影响甚大。作为爆破用户要认真阅读爆破器材使用说明书，了解产品特性，正确掌握使用方法，避免因使用方法不当导致拒爆现象的发生。

预防措施：

①禁止采用过期、变质、失效的炸药，装药前应检查炸药外观和有效期，铵油炸药应检查含水率，乳化炸药应检查药卷的颜色和手感软硬程度；

②在多雨或地下水发育的爆破工地，使用硝铵类炸药要做好炸药、起爆药包的防水、防潮工作，将炮孔中的积水排干，或采用浆状炸药、水胶炸药、乳化炸药等到抗水类炸药；

③提高起爆能，必要时采用强力起爆手段，有助于药包稳定爆轰，避免出现拒爆；

④注意装药直径必须大于炸药的临界直径，装药密度以达到最佳密度范围为宜。

2）起爆器材因素造成的拒爆

雷管质量不好或破损是产生拒爆的一个重要原因。如装、运过程中，桥丝松动或断裂，雷管管体被压扁，加强帽歪斜，或外壳密封不好（挤压塑料塞不合格、雷管有裂缝或微裂缝）；或在储存中保管不良及装药后雷管受潮变质，使其起爆能降低；也有的是雷管出厂时，质量就不合格，起爆力小，电雷管桥丝电阻过大或过小，超过允许的范围值，或者品种不一，起爆敏感度不一致等，都可能造成炸药拒爆。

一些过期雷管，有时总认为过期时间不长的，电阻值正常，不妨继续使用。实际上雷管过期主要是其内部的起爆药过期失效，虽能点火起爆，但起爆能已大为降低，很多已引爆不了炸药。因此，应禁止使用过期的电雷管。

导爆管的质量问题包括异物入管、管道填塞、管壁药量不足或有断药、管口封闭不严造成管内进水、管壁破损、穿孔或有折伤等；导爆管在敷设过程中由于种种原因造成导爆管出现如管壁破损、管壁磨薄、管径拉细、导爆管对折或打折等问题都能引起拒爆。导爆管雷管中导爆管与雷管联接不当也会出现拒爆。

导爆索是由棉、麻、纤维及防潮材料包缠猛炸药而制成的，要求药芯不能间断、包缠物不能损伤。导爆索油浸以后会使防潮层损伤导致药芯炸药失效而造成拒爆，在硐室爆破和深孔爆破中，直接放置在铵油炸药中的导爆索常常出现拒爆就是这个原因。

预防措施：要预防起爆器材引起的拒爆，首先应选择那些产品质量稳定、使用性能好的厂家生产的合格起爆器材；其次要加强对起爆器材的检查，包括外观检查、性能检查和有效期的检查，凡不合格产品应报废；同时使用中要做好起爆器材的防水、防潮、防油浸等措施。

3）起爆网路设计和施工操作不当引起的拒爆

起爆网路设计和施工操作不当，是爆破工程出现拒爆的常见原因。

①导爆索起爆法产生拒爆的原因

采用导爆索起爆法产生拒爆的原因主要有：导爆索质量差，或因储存时间长，保管不良而受潮变质；装入炮孔（或药室）后，铵油炸药中的柴油渗入药芯中，使其性能改变，造成拒爆；在充填过程中受损或断裂；延时起爆时，先爆段导爆索产生的冲击波将后爆导爆索网损坏；网路连接方法错误等。导爆索传递爆轰波的能力有一定方向性，因此在连接网路时必须是每一支线的接头迎着主线的传递方向，这是导爆索引爆网路敷设中的最基本要求。

②导爆管网路产生拒爆的原因

导爆管网路产生拒爆的原因主要有：导爆管质量差，有破损，漏洞或管内有杂物；在连接过程中出现死结；有沙粒，气泡、水珠进入导爆管；导爆管与连接元件松动、脱节；捆连网路中传爆雷管捆扎的导爆管数量太多，捆扎部位和雷管方向不合适，或捆扎不紧；起爆雷管不能完全起爆导爆管，以及网路在装药填塞过程中受损等。

采用导爆管毫秒雷管网路，可以实现大面积分段毫秒延时爆破，但在起爆网路设计中，应注意选取合理的"点燃阵面宽度"，防止先爆药包对尚未点燃的后爆药包造成破坏而引起拒爆。

③电爆网路产生拒爆的原因

电雷管和电爆网路产生拒爆的原因，可以从两方面来分析；一是属于雷管本身的原因；二是属于外来原因，如装填不慎，将网路打断，连接不牢固，连接方式不妥当，使爆破网路有漏电或接地现象等。

电爆网路设计计算错误，也会引起拒爆。除电源产生的电流太小，不够准爆条件而引起拒爆外，还可能因设计时采用的连接方式不够合理，例如各支路电阻不平衡，使一些支路电流较大，而另一些支路中的电流达不到雷管的最小准爆电流，因此，在电爆网路设计中，一定要注意电源的容量和保证网路中每一个电雷管所得到的电流大于最小准爆电流，在一般情况下，应尽可能使各大支路电阻平衡，除此之外，对深孔爆破或硐室爆破，由于炮孔（或药室）数量多，应注意炮孔与炮孔，延期雷管与瞬发雷管，并联与串联，主、副网路的线头不要错连、漏连。

由于电爆网路设计错误或施工不当可能造成的药包拒爆类型及原因分析，见附表4-6。

拒爆原因分析

附表 4-6

拒爆类型	拒爆现象	拒爆原因
整体型拒爆	联接于同一网路的药包全部拒爆	1. 首先考虑起爆电源；起爆箱电路是否发生故障或严重接触不良；起爆器中的电池是否已过期失效；起爆器的起爆能力是否与网路匹配等； 2. 对网路进行导通检查，逐段检查导线、电雷管，找出断路所在位置
区域型拒爆	某一支路，或某一区域范围内的药包拒爆，而在此以外的药包全爆	主要原因是网路有漏电或短路处，原因有：接头绝缘不好；雷管脚线质量不好；炮孔或网路敷设处有水；起爆器起爆脉冲电压过高导致线路击穿等
类别型拒爆	网路中某一相同类型或段数的雷管全部拒爆，其余则全爆	主要是由于雷管起爆特性差异太大引起的。将不同厂、不同批的产品用于同一网路，即会产生这种拒爆现象
随机型拒爆	网路中有一个、数个或部分药包拒爆，且无明显的规律性	1. 主要是通过雷管的起爆电流偏小，或同一网路雷管的阻值差偏大； 2. 雷管或炸药变质，特别是装入含水炮孔，而防水处理又不好，以及装药不当，雷管与药包脱离，网路漏接、断线等

④预防措施

为了确保起爆网路安全可靠。防止在起爆网路这一重要环节出现拒爆事故，要求各种起爆网路均应使用经现场检验合格的起爆器材；在可能对起爆网路造成损害的地段，应采取措施保护穿过该地段的网路；A、B、C、D级爆破和重要爆破工程应采用复式起爆网路。对各种起爆网路，应按照《爆破安全规程》的要求进行施工，并做好起爆网路的试验和检查。

4）装药施工引起的拒爆

装药施工中引起拒爆主要有两个原因：一个是起爆雷管在起爆药包中位置不当，或在装药过程中起爆雷管被拉出并脱离起爆药包；一个是起爆药卷与其他药卷之间受岩粉阻隔或距离超过殉爆距离。

雷管起爆炸药主要靠雷管的装药部位，即靠雷管聚能穴的一端。正确的安装方法是将雷管的端部放置在起爆药包的中部，如果位置太偏，雷管处于药卷表层，就可能引起药卷拒爆（附图4-1）。在深孔爆破施工中，一些工人将雷管插入起爆药包后，习惯于将导爆管或电雷管脚线在药包上打个结就装入炮孔，如果没有把结打顺、打牢，在装药过程中就很容易将起爆雷管拔出而引起药包拒爆，如果药卷直径大、分量重，应考虑用吊绳将起爆药包装入孔内，不能直接用导爆

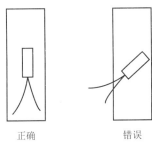

正确　　　　　错误

附图 4-1　雷管在起爆药包中的位置

管或雷管脚线作吊绳安装起爆药包。

起爆药卷与其他药卷隔断是深孔爆破中经常出现的一种拒爆现象。一种是装入一部分炸药后炮孔中间发生填塞，导致起爆药包装不下去而与已装下去的炸药脱节；另一种出现在水孔中，装药过程中速度过快。药卷未装到位就装入起爆药卷，填塞后下部药卷缓慢下沉，而起爆药卷被导爆管或脚线拉住不再下沉，导致下部药卷与起爆药卷脱离发生拒爆。因此必须注意装药工序中的施工操作技术，杜绝因装药不慎出现的拒爆。

5）沟槽效应引起的拒爆

在钻孔爆破中进行不耦合装药，即药卷与炮孔壁之间存在有月牙形间隙时，会出现爆炸药柱在传爆过程中自抑制——能量逐渐衰减直至爆轰中断或由爆轰转变为燃烧，即拒（熄）爆的现象，这就是沟槽效应，又称管道效应、空气间隙效应。这种现象在小直径水平炮孔中使用硝铵炸药药卷装药时相当普遍的存在着：一般手持式凿岩机的钻孔直径为 38~42mm，而炸药卷直径通常为 32mm。一旦出现沟槽效应，不但影响爆破效果，而且在沼气矿井内进行爆破作业时，还可能引起沼气爆炸。沟槽效应与炸药配方、包装条件和加工工艺以及药卷与孔壁之间的距离有关。为消除沟槽效应，可采取如下措施：

①采用爆轰性能好、沟槽效应小的炸药，如乳化炸药；

②增大药卷直径，或采用散装药，减少或消除药柱与炮孔壁之间间隙，防止沟槽效应的出现；

③沿药包全长放置导爆索起爆。

（3）拒爆（盲炮）的处理

1）盲炮处理的一般规定

检查人员发现拒爆（盲炮）及其他险情，应及时上报或处理；处理前应在现场设立危险标志，并采取相应的安全措施，无关人员不应接近。处理盲炮应当遵守以下规定：

①处理盲炮前应由爆破技术负责人定出警戒范围，并在该区域边界设置警戒，处理盲炮时无关人员不准许进入警戒区；

②应派有经验的爆破员处理盲炮，硐室爆破的盲炮处理应由爆破工程技术人员提出方案并经单位主要负责人批准；

③电力起爆发生盲炮时，应立即切断电源，及时将盲炮电路短路；

④导爆索和导爆管起爆网路发生盲炮时，应首先检查导爆管是否已传爆，是否有破损或断裂，未传爆的，发现有破损或断裂的修复后可重新起爆；

⑤不应拉出或掏出炮孔和药壶中的起爆药包；

⑥盲炮处理后，应仔细检查爆堆，将残余的爆破器材收集起来集中销毁；在不能确认爆堆无残留的爆破器材之前，应采取预防措施；

⑦盲炮处理后应由处理者填写登记卡片（附表 4-7）或提交报告，说明产生盲炮的原因、处理的方法和结果、预防措施。

盲炮处理登记卡片　　　　　　　　　　　　　　　　　　　　附表 4-7

工程名称				
爆破施工单位		施工单位负责人		爆破时间	
盲炮处理人		现场负责人		盲炮处理时间	

盲炮情况描述（包括盲炮设计孔深、药量、周边环境情况，有无变化及盲炮原因分析）

盲炮处理方法及安全措施

残留爆破器材处理情况

处理结果及说明

项目经理意见	监理工程师意见
签字　　年　月　日	签字　　年　月　日

（本表由盲炮处理人或现场负责人填写）

2）盲炮处理的技术要求

①裸露爆破的盲炮处理

a. 处理裸露爆破的盲炮，可安置新的起爆药包（或雷管）重新起爆或将未爆药包回收销毁；

b. 发现未爆炸药受潮变质，则应将变质炸药取出销毁，重新敷药起爆。

②浅孔爆破的盲炮处理

a. 经检查确认起爆网路完好时，可重新起爆；

b. 可钻平行孔装药爆破，平行孔距盲炮孔不应小于 0.3m；

c. 可用木、竹或其他不产生火花的材料制成的工具，轻轻地将炮孔内填塞物掏出，用药包诱爆；

d. 可在安全地点外用远距离操纵的风水喷管吹出盲炮填塞物及炸药，但应采取措施回收雷管；

e. 处理非抗水类硝铵炸药的盲炮，可将填塞物掏出，再向孔内注水，使其失效，但应收回雷管；

f. 盲炮应在当班处理，当班不能处理或未处理完毕，应将盲炮情况（盲炮数目、炮孔方向、装药数量和起爆药包位置，处理方法和处理意见）在现场交接清楚，由下一班继续处理。

③深孔爆破的盲炮处理

a. 爆破网路未受破坏，且最小抵抗线无变化者，可重新连接起爆；最小抵抗线有变化者，应验算安全距离，并加大警戒范围后，再连接起爆；

b. 可在距盲炮孔口不小于10倍炮孔直径处另打平行孔装药起爆，爆破参数由爆破工程技术人员确定并经爆破技术负责人批准；

c. 所用炸药为非抗水炸药，且孔壁完好时，可取出部分填塞物向孔内灌水使之失效，然后做进一步处理，但应回收雷管。

④硐室爆破的盲炮处理

a. 如能找出起爆网路的电线、导爆索或导爆管，经检查正常仍能起爆的，应重新测量最小抵抗线，重划警戒范围，连接起爆；

b. 可沿竖井或平硐清除填塞物，并重新敷设网路连接起爆，或取出炸药和起爆体。

⑤水下炮孔爆破的盲炮处理

a. 因起爆网路绝缘不好或连接错误造成的盲炮，可重新连接起爆；

b. 对填塞长度小于炸药殉爆距离或全部用水填塞的水下炮孔盲炮，可另装入起爆药包诱爆；

c. 处理水下裸露药包盲炮，也可在盲炮附近投入裸露药包诱爆；

d. 在清渣施工过程中发现未爆药包，应小心地将雷管与炸药分离，分别销毁。

⑥其他盲炮处理

a. 地震勘探爆破发生盲炮时，应从炮孔或炸药安放点取出拒爆药包销毁；不能取出拒爆药包时，可装填新起爆药包进行诱爆；

b. 凡《爆破安全规程》（GB 6722-2014）没有提到处理方法的盲炮，在处理之前应制定安全可靠的处理方法及操作细则，经爆破技术负责人批准后实施。

拒爆引起的爆破事故案例

2014年8月15日10时许，云南某爆破工程有限公司某分公司驾驶员唐某某、爆破员王某某、安全员李某某3人按照爆破公司与某石灰公司签订的《爆破施工、管理合同》，运送雷管20枚、二号岩石乳化炸药384kg，到某石灰公司提供爆破服务。当日14时许，在爆破作业中发生未起爆，在现场用起爆器上的检测功能进行检测过程中发生爆破事故，导致3人死亡。

东川某公司"12·01"事故

2012年12月1日晚上9时30分许，昆明市东川区某公司1320水平探矿巷道发生一起工伤爆炸事故，造成3人死亡，1人受伤。事故发生后，昆明市委、市政府领导高度重视，昆明相关职能部门主要领导赶赴现场，成立事故联合调查组以及善后处置组。事故联合调查组聘请云南省矿山专家及爆破专家组成专家组对事故直接原因进行调查，专家组深入事故现场进行查勘分析，根据国家标准《爆破安全规程》（GB 6722—2003）等相关法律、法规，提出如下专家意见。

一、基本概况

昆明市东川区某公司是具有合法手续的生产性企业。在2012年12月1日21:30该公司 1320 水平探矿巷道探矿爆破作业过程中发生一起由于盲炮产生的爆炸事故，造成 3 人死亡，1 人受伤。该事故性质为放炮（盲炮）爆炸事故。

二、爆炸过程

（1）爆炸地点：某公司 1320 水平探矿巷道爆炸点 1 处，位于 1320 水平探矿巷道掘进工作面。

（2）伤亡人员位置：舒某某位于巷道面左侧，刘某某（作业班长）位于巷道中偏右侧，杨某某在舒、刘二人一侧，以上三人已死亡，徐某某位于工作面后 10 余米，面部受伤。

三、事故发生经过

2012 年 12 月 1 日当晚约 10:00 发生爆炸事故。缘由是以上四位凿岩工人在掘进面进行钻孔作业（前一班在爆破后遗留下盲炮），在钻孔作业过程中误钻盲炮后造成爆炸事故发生。事故发过程是：12 月 1 日下午 4 点安排完工作后，刘、舒、杨、徐四人进入 1320 探矿掘进行巷道开始作业。先进行装运上一班爆破的爆碴。

徐某某听见安全调度员文某某与作业班长刘某某说："外面要填平，电缆要升高……"等一些话，但未完全听清楚，文某某交签后就离开工作面出去了。徐某某看见刘某某拿竹棍去处理盲炮，方法是采用竹炮棍尖端先将炸药捣碎后，用水管进行冲孔（残余炸药约 750~1000g）。然后开始进行钻孔，钻孔共钻 3 个掏槽孔，在钻进行第 4 个辅助孔时发生了爆炸，当时徐某某出现昏迷，不知过了多长时间，徐某某醒来忍着头疼到电话旁与井下安全调度员文某某进行通话告诉该工作面发生了爆炸事故，文某某立即组织井下人员到工作面进行抢救，并向地面的公司领导汇报，公司接报后立即启动应急救援预案，同时与相关主管部门进行汇报，并组织地面抢救人员下井进行救援。

四、现场勘察分析

从伤亡人员位置上分析，二个死亡人员（舒某某、杨某某）处于爆炸最猛烈的位置，刘某某处于爆炸猛烈程度稍弱位置，徐某某由于在用铁丝扎风管，距离爆炸点较远（十多米外）所以只有受伤。从现场遗留的钻孔机具上看，一台凿岩机钻杆及气腿出现的严重变形。从以上情况进行分析，事故发生时，舒某某、刘某某两人各负责一台凿岩机进行钻孔，杨某某、徐某某作为辅助作业。在处理盲炮过程中刘某某曾将炮孔内部分炸药捣碎、用水冲出部分炸药，雷管是否取出不清楚。

舒某某在进行周边孔钻孔过程中，误钻入盲炮孔内（有可能是钻相邻孔过程中钻穿至残药孔内，也有可能是滑入残药孔内），由于钻头与炸药撞击、摩擦引爆盲炮内残余炸药导致盲炮发生爆炸。前茬炮爆破后爆破抵抗线发生变化，在盲炮侧面最小抵抗线变小情况下，爆轰气体及飞散物从侧面飞出使舒某某、杨某某受到冲击最为严重，刘某某稍离爆破作用主方向侧面受到冲击次之，徐某某在扎风管距离较远只受到爆破飞散物打击受伤。

煤矿盲炮事故

1986 年 8 月，江苏某矿掘进二区在 2201 运输机巷掘进工作发生一起盲炮崩人事故，死亡 1 人。

事故经过

8 月 24 日夜班 2201 运输机巷掘进 1.6m，迎头有 0.75m 高的煤矸未出完，早班继续清理。中班接班后，组长带领4人先到迎头清理巷道两帮，出完矸后便开始打眼，在打到第8个眼时，因迎头中部欠挖不好打眼，一名工人便拿起手镐刨了一会儿，忽然发现一根200mm长的红色雷管脚线，随即用手去拉但未能拉动，就对迎头其他人说："下面可能有盲炮。"有人说"那就放"。这时无人回答，这名工人又继续刨了两下，见矸石太硬怕刨响盲炮，将镐扔下，组长见他放下镐，走过来一句话未说，拿起手镐就刨，这名工人担心组长刨响盲炮，就跑到耙装机前，当其还没坐下时便听见炮响，班组长当场被盲炮崩死。

直接原因：组长图省事，怕麻烦，发现盲炮直接用手镐刨。当班装的炮没有放完，交班时现场没有交接清楚。

7. 其他常见"爆破事故原因及其处理"

（1）露天爆破常见事故原因及其处理

1）爆破个别飞散物

爆破个别飞散物是露天爆破常见的事故。由于爆破作用过程及爆破介质的复杂性。对爆破出现飞散物的精确计算还难以做到，在爆破工程中，因设计不当、施工失误、管理不严造成爆破个别飞散物对人身、机械、建筑物的安全事故，占有相当的比例。

①事故原因

a. 对地质条件等缺乏调查了解和实地勘察，爆破参数选择不当，最小抵抗线选择错误，过量装药造成个别飞散物事故；

b. 擅自改变设计，自行增减药量或改变填塞长度，施工作业敷衍塞责。不遵守安全规定要求，违规作业；

c. 爆前清场不力，不执行安全距离规定；

d. 二次解炮，安全上麻痹大意；

e. 复杂环境及拆除爆破中安全防护措施不力；

f. 建（构）筑物拆除爆破中，解体的楼层之间或筒体内部及其地面之间的空气受到突然压缩而产生强烈空气冲击波和高速运动气流。裹挟爆破碎石和地面渣土，向周围飞溅；另外，建（构）筑物爆破解体落地碰撞时使混凝土破碎反弹形成飞溅，如果塌落的地面是混凝土地坪或硬地面，则飞溅会更远。

②爆破飞散物的预防和防护方法

a. 事先进行地质勘察和爆破对象的调查。设计前必须认真进行地质勘察调查和工程测量，掌握爆破地区的地形地貌和地质条件，熟悉爆破对象的结构和材质特点，了解爆破点周围环境条件和保护对象的安全要求等，为爆破设计做好资料准备和提供可靠的依据；

b. 采用控制爆破先进技术，爆破设计必须精益求精。爆破设计要在调查研究的基础上科学、合理的选取爆破参数，特别是要控制炸药的单耗和准确确定最小抵抗线，在装药以前认真校核各药包的最小抵抗线和孔网参数，如果有变化，应该调整相应药包的药量，防止超量装药，还可以采用低爆速炸药、不耦合装药、挤压爆破。毫秒延时爆破等先进技术来控制爆破个别飞散物的发生。在多排孔爆破中要选择合理的延时时间，防止前排爆破造成后排最小抵抗线大小和方向发生改变；

c. 在爆破施工中不能擅自改变设计方案，对于施工中发现设计有问题或者与实际情况不符合的地方，如发现药包处于软弱夹层、附近有断层、层理、裂隙、溶洞等不利的地质条件，应该向设计人员提出，以便调整药包位置和药量，采取间隔填塞、避免过量装药等措施；

d. 保证填塞质量和长度。无论是硐室爆破、深孔爆破还是拆除爆破，填塞必须保证质量，要使用合格的填塞材料，确保填塞长度，特别是拆除爆破中薄壁构件的炮孔填塞，一定要捣固结实，避免发生冲炮；

e. 做好安全防护作业。在拆除爆破和城镇复杂环境条件下的爆破中，要认真做好爆破个别飞散物的安全防护。覆盖防护是遮挡爆破个别飞散物最主要、最有效的手段，必须认真实施。还可在保护对象附近搭设防护屏障，屏障可以用钢管脚手架，上面挂上荆笆（竹笆）或草垫等又柔软又透气的材料。在建（构）筑物倒塌范围内铺垫柔软材料，或堆码成条形堤埂。使爆破对象"软着陆"，以减少与地面碰撞时产生的反弹速度，把碰撞破碎物的飞溅距离控制在预定的安全允许距离内；

f. 遵守规程，确保飞散物安全距离。一定要按照《爆破安全规程》规定的爆破飞散物安全允许距离来确定警戒范围。一旦经过审定，必须严格执行，不能打折扣。

2）爆破堆体积

在临近有需保护的道路、农田或设施时，也可能引发爆破堆积体或爆破引起边坡塌方等安全事故。以下列举一些事故案例，以期引以为戒。

事故原因：除应对爆破堆积范围进行设计计算外，还要考虑某些特殊的外界因素、地形、地质条件对爆破堆积范围有着重大影响。爆破堆积范围内的淤泥，在大量石方的挤压冲击下，其影响范围和后果将大大超出人们的想象。爆破堆积范围内缓坡上的冰雪也要高度予以注意。

3）爆破危坡（石）

爆破对岩体的破坏，可能造成水工建筑物渗漏，路基翻浆冒泥；路堑及矿山边坡不稳定；地下工程塌方、冒顶，乃至爆破引起地下水及瓦斯突出事故。其预防措施包括：

①爆破前要重视对爆区地质条件（如岩性、地质构造、水文地质、地应力、滑坡体等）的调查，避免在不利于爆破的地质环境下采用不恰当的爆破设计与施工方案；

②爆破设计要精心，严格按照开挖轮廓范围布置药包，控制一次爆破的总规模，或采取毫秒爆破；严格控制临近开挖轮廓药室（炮孔）的药量；

③沿开挖轮廓采用预裂爆破、光面爆破或设计防振孔，均可有效地保护开挖轮廓以外的岩体；周边孔采用低爆速炸药或不耦合装药，减轻爆破对岩体的损伤也有明显的效果；

④精心施工，特别是加强开挖边界钻孔的质量控制，保证光面（预裂）孔的钻孔质量和精度，是控制爆破对岩体损伤的重要环节；

⑤对于地下开挖通过不良地层时，应采取控制爆破和加强支护的措施，这是减少爆破对岩体的破坏和保障施工安全所必需的。爆破后应及时调查爆破对岩体的破坏情况及引起的其他工程地质问题，提出处理意见，例如边坡稳定问题、基础受破坏程度及渗漏问题、

滑坡体、危岩、危坡的稳定问题等。

爆前清场不彻底，爆破个别飞散物将藏匿在危险区内的农妇砸死

1995年3月16日，深圳市某爆破公司在深圳市美龙公路工地进行硐室爆破，爆区东面150~200m处有外来人员搭建的大片窝棚。爆破安全警戒范围350m。放炮前一天，爆破施工单位专门召集这些外来人员开会，通报了有关爆破及人员撤离等事项。起爆前40min，由当地公安机关分局人员带领保安，对这些窝棚进行检查。一保安发现一个两层窝棚楼梯上方用木板盖住，用手托了一下未挪开，喊了一声也没有人答应，就走了。起爆后有一尺寸为50cm×40cm×15cm的石块飞跃207m，将此窝棚油毛毡顶棚砸穿，恰恰落在藏匿在此楼上的1名农妇头上，当场死亡。事后爆破公司赔偿家属抚恤金以及丧葬费共153000元。

在硐室爆破回填（堵）塞施工中，擅自减少堵塞长度，降低堵塞质量，偷工减料，造成硐孔冲炮，后果严重

1987年3月14日，某土石方公司在深圳蛇口鬼谷岭进行炸山平基爆破，共布置3条平硐、18个药室，总装药量为18.372t。在3号硐进行装填施工的民工队（临时雇的）弄虚作假，趁监督施工的技术人员吃饭之机，他们偷工减料，擅自减少堵塞长度，降低堵塞质量。起爆后该硐口发生飞炮（其他两硐无此现象），有几十块碎石越过硐口前方的小山，飞落到水平距离180~200m以外的正在基建中的广东省浮法玻璃厂厂房，把铝合金板砸穿12个洞，其中一石将厂里一台备用发电机油箱底盖砸裂，事后该厂索赔12万元，该地区爆破也因此中断。

进行浅孔控制爆破，爆区表面未认真进行覆盖防护，又未清场，爆破个别飞散物伤人

1986年12月6日中午，某爆破公司在深圳市华侨城进行浅孔爆破开挖水沟。装药填塞后爆破岩体上面用沙土袋、钢板等进行了覆盖，但岩体侧面临空面未进行任何防护，爆前又未认真清场和进行安全警戒。起爆后有4块个别飞散物飞进50m外的工棚，将正在休息的一工人打伤。

云南某采石场个别飞散物5死6伤

2006年5月7日云南某采石场爆破个别飞散物击中工棚致5死6伤。

文山某采石场，于5月7日在采石爆破时发生爆炸。事故造成5人死亡、6人受伤。

据介绍，当天17时许，该采石场在采石爆破时，因大量个别飞散物击中石场工棚，造成躲避在屋内的人员伤亡。17时30分，广南县人民政府接报后，相关领导迅速深入事故现场，及时成立生产安全事故处置领导小组，并展开现场勘查、伤员救治和死者亲属安抚工作。

（2）地下爆破常见事故原因及其处理

1）爆破引发瓦斯、煤尘爆炸

煤矿井下生产经常遇到火、瓦斯、冒顶等自然灾害的威胁，火又是引起瓦斯、煤尘爆炸的主要因素。历年的统计资料表明：由于爆破作业引起的瓦斯或煤尘爆炸事故约占爆破总事故的1/3，占冒顶事故的1/2。在矿井和地下爆破时应注意预防瓦斯（包括沼气、CO、CO_2、H_2S等，是矿山有害气体的统称）突出，防止产生瓦斯爆炸事故。

①爆破作业引发瓦斯、煤尘爆炸的原因

爆破作业引起瓦斯、煤尘爆炸的发火机理比较复杂，爆炸冲击波、爆生气体产物、炽热固体颗粒、雷管爆炸产物都可能参与瓦斯的发火反应，在实际爆破时，往往是共同作用于瓦斯介质，更增加了引燃的可能性。同时瓦斯或煤尘介质在引燃时还存在引火延期性，延迟时间与温度有关。温度越高，延迟时间越短，爆炸危险就越大。根据实验，沼气在常压下引燃温度为650℃，延迟时间为10s；温度为1000℃时，延期时间为1s。

②预防瓦斯爆炸应采取的措施

a.通风良好，防止瓦斯积累；

b.封闭采空区，以防氧气进入和瓦斯溢出；

c.按规程进行布孔、装药、填塞、起爆，以防爆破引爆瓦斯；

d.采用防爆型电器设备，严格控制杂散电流，在有瓦斯和粉尘爆炸危险的环境中爆破，应使用煤矿许用起爆器材起爆。

除此之外，在煤矿、石油地蜡矿和其他有沼气的矿井中爆破时，应按各种矿山的规定对瓦斯进行监测；在下水道、油罐、报废盲巷、盲井中爆破时，人员进入前应先对空气取样检测！

③瓦斯隧道许用爆破材料的性能与选择

a.瓦斯隧道许用的爆破材料必须使用煤矿安全炸药及煤矿安全电雷管。

b.煤矿许用炸药的选用应遵守以下规定：

（a）低瓦斯矿井的岩石掘进工作面，应使用安全等级不低于一级的煤矿许用炸药；

（b）低瓦斯矿井的煤层掘进工作面、半煤岩掘进工作面，应使用安全等级不低于二级的煤矿许用炸药；

（c）高瓦斯矿井、低瓦斯矿井的高瓦斯区域及有煤（岩）与瓦斯突出危险的工作面，应使用安全等级不低于三级的煤矿许用炸药；

（d）同一工作面不应使用两种不同品种的炸药，严禁使用硬化的硝铵类炸药，一是结块硬化后的炸药卷，爆轰性能显著降低，容易产生半爆、爆燃甚至拒爆；二是硬化后的炸药爆炸不完全，使正处于燃烧的炸药颗粒从炮孔中飞出混入瓦斯和空气混合中，易引燃爆瓦斯。

c.煤矿井下爆破不应使用导爆管或普通导爆索，使用电雷管时，应遵守以下规定：

（a）使用煤矿许用瞬发电雷管或煤矿许用毫秒延期电雷管；

（b）使用煤矿许用毫秒延期电雷管时，从起爆到最后一段的延期时间不应超过130ms；

（c）采用安全电力起爆时，必须使用防爆型起爆器作为起爆电源，一个工作面不得同时使用两台或多台起爆器放炮。电爆网路必须采用串联连接方式，不得并联或串并联。

④有瓦斯和煤尘爆炸危险环境爆破作业的技术要求

a.在有瓦斯和煤尘爆炸危险的环境中进行爆破作业，必须具备以下条件：

（a）工作面有新鲜风流、风量和风速符合煤矿的特殊要求；

（b）使用的爆破器材和辅助爆破器材，应是经国家授权的检测机构检验合格，并取得煤矿矿用产品的安全标志；

（c）爆破作业面 20m 以内，瓦斯浓度应低于 1%；

（d）掘进爆破前，应对作业面 20m 以内的巷道进行洒水降尘。

b. 在装药前和爆破前发现下列情况之一的，不应装药，爆破：

（a）采掘工作面的控顶距离不符合作业规程的规定、支架有损坏、伞檐超过规定的、有透水预兆的；

（b）爆破地点附近 20m 以内风流中瓦斯浓度达到 1% 的；

（c）出现炮孔内发现异状、温度骤高骤低、有显著瓦斯涌出、煤层松动等情况的；

（d）在爆破地点 20m 以内，有车辆，未清除的杂物填塞巷道断面三分之一以上的；

（e）采掘工作面风量不足的；

（f）未设警戒的。

c. 瓦斯监测。瓦斯监测要坚持"一炮三检"制，即装药前和放炮前要检查工作面 20m 以内的瓦斯情况；放炮后（等炮烟吹散后）再一次检查工作面瓦斯情况；洞内应设专职瓦斯安全检查员，负责检查、督促安全措施的全面实施，当发现事故预兆时，有权责令现场人员停止工作，并按有关安全规定采取处理措施。

瓦斯安全检查仪器应保持测试结果的准确性，除每旬必须进行一次调试、校正外，平时发现有问题，应及时处理。瓦斯安全检测仪大修后应送国家计量认证机构检测。当检测遇到瓦斯超限时，须立即停止作业，撤出人员，并报告主管领导，采取处理措施，符合标准时，方可复工。

d. 装药填塞的安全要求。对有瓦斯、煤尘爆炸危险的工作面进行爆破作业时，宜采用正向装药爆破，装药前要清除炮孔内的岩粉和煤尘，填塞要用黏土或不燃性材料，如沙子、黏土和沙子的混合物；不应有煤粉、块状材料或其他可燃性材料，炮孔填塞长度应符合以下要求：

（a）炮孔深度小于 0.6m 的，不应装药、爆破；在特殊条件下，如挖底、刷帮，挑顶等确需浅孔爆破时，应定制安全措施，炮孔深度可以小于 0.6m，但应封满炮泥；

（b）炮孔深度为 0.6~1.0m 时，封泥长度不应小于炮孔长度的二分之一；炮孔深度超过 1m 时，封泥长度不应小于 0.5m；炮孔深度超出 2.5m 时，封泥长度不应小于 1m；

（c）光面爆破时，周边光爆炮孔应用炮泥封实，且封泥长度不得小于 0.3m；

（d）工作面有两个或两个以上自由面时，在煤层中最小抵抗线不得小于 0.5m，在岩层中最小抵抗线不应小于 0.3m；浅孔装药二次爆破时，最小抵抗线和封泥长度均不应小于 0.3m；

（e）炮孔用水炮泥封堵时，水炮泥外剩余的炮孔部分应用黏土炮泥或不燃性的、可塑性松散材料制成的炮泥封实，其长度不应小于 0.3m；无封泥，封泥不足或不实的炮孔不应爆破。

2）爆破引发塌方、冒顶及透水

《爆破安全规程》（GB 6722—2014）规定；对地下爆破，工作面的空顶距离超过设计或超过作业规程规定的数值时，不应爆破，装药前应检查采场顶板，确认无浮石，无冒顶危险方可开始作业。爆破前应调查、了解危及安全的不利环境因素，采取必要的安全防范措施，防止透水，冒顶等事故发生。

3）爆破有害气体中毒

爆破有害气体中毒事故在 20 世纪 50~60 年代，由于施工技术落后，是爆破工程中多发的事故类型，在最近 20 年来，随着通风设备的普及爆破有害气体中毒事故占爆破事故的比例大幅下降，但仍有发生，应在爆破施工，特别是地下和隧道工程中予以重视。

预防措施：

①炸药组分的配比应当合理，尽可能做到零氧平衡；加强炸药的保管和检验，禁止使用过期、变质的炸药；

②做好爆破器材防水处理，确保装药和填塞质量，避免半爆和爆燃；装药前尽可能将炮孔内的水和岩粉吹干净，使有害气体的产生减至最小程度；

③应保证足够的起爆能源，使炸药迅速达到稳定爆轰和完全反应；

④井下爆破前后加强通风，应采取措施向死角盲区引入风流，小井，深度大于 7m，平硐掘进超过 20m 时，应采用机械通风；

⑤在地下矿山及小井和平硐掘进中，应十分重视爆破有害气体的监测，保持爆破作业场所有通风良好；地下爆破应按 GB 18098 测定的方法来监测爆破后有害气体的浓度，作业面炮烟浓度应每月测定一次；爆破炸药量增加或更换炸药品种时，应在爆破前后测定爆破有害气体浓度；爆破后无论时隔多久，在工作人员下井之前，均应用仪表检测井底有害气体的浓度；浓度未超过允许值，才允许工作人员下到井底；

⑥露天硐室爆破后，重新开始，作业前，应检查工作面空气中的爆破有害气体浓度，且不应超过爆破安全规程的规定值；爆后 24h 内，应多次检查与爆区相邻的井、巷、硐内的有毒、有害物质浓度；在爆破后可能积淤有害气体的处所（独头巷道等），应先测试空气中有害气体含量，或进行动物实验，确认安全后人员方可进入。

南京市某硫铁矿炸药库中毒

一、事故概况及经过

1971 年 2 月 17 日 20 时 10 分，江苏省南京市某硫铁矿井下炸药库因违章吸烟引燃炸药库造成死亡 7 人，重度中毒 2 人，轻度中毒 66 人。

17 日 20 时 10 分，某硫铁矿的 1 名仓库管理员在井下炸药库内违章吸烟，并将未熄灭的烟蒂丢在库内，导致明火引燃了库内存放的炸药和导火索。炸药在燃烧过程中产生的大量一氧化碳、氮氧化物等有毒气体顺着运输巷道、盲斜井扩散到作业面，使正在井下作业的 57 人中毒。其中 7 人中毒过重死亡，2 人严重中毒。在抢救中毒人员过程中，又有 18 人轻度中毒。

二、事故原因分析

1. 仓库管理员违反公安部颁布的有关规定，在井下炸药库内吸烟，并将未熄灭的烟蒂扔在库房内，而引燃炸药。

2. 该井下炸药库不符合原化工部颁发的有关规定，将通向 4 号井的回流风道采用木板、油毛毡等隔成的一个长 7.3m、宽 2m，高 1.8m 的库房。

3. 仓库管理人员违反原化工部颁发的有关规定，在第 1、2 间库房的木架上堆放着 743kg2 号岩石硝铵炸药，地面上倒放着 20 余包 3kg 的硝铵炸药，在第 3 库房内堆放有 1000 余米导火索和 1032 只雷管。

4. 仓库管理人员违反公安部颁布的有关规定，在第 1、2 间库房存放炸药的木架下，堆放着包装纸、棉纱、麻纱、零散导火索及黑色炸药。

5. 该炸药库的通风不符合原化工部颁发的有关规定，无独立的排风系统，致有毒烟雾被位于 3 号井的 75kW 离心式风机吹经运输巷、盲斜井面至作业面。

6. 参加抢救的人员违反原化工部颁发的有关规定，未佩戴防护用具，扩大了事故。

三、防止同类事故的措施

1. 将井下炸药库的建筑和支护材料改成不燃性物质。

2. 按规定设置库房通风系统。

3. 严格执行原化工部和公安部颁发的有关炸药库的各项规定。组织有关人员学习防护器具的正确使用方法。

河南平顶山煤矿炸药爆炸事故

一、事故经过

河南省平顶山市卫东区某矿"6·21"特别重大炸药燃烧事故。

2010 年 6 月 21 日 1 时 22 分，河南省平顶山市卫东区某矿发生特别重大炸药燃烧事故，死亡 49 人、受伤 26 人（其中重伤 9 人），直接经济损失 1803 万元。经调查认定，这是一起责任事故。

二、事故原因

1. 直接原因

井下 1 号炸药存放点存放的非法私制硝铵炸药自燃后，引燃炸药存放点内木料及附近巷道内的塑料网、木支护材料、电缆等，产生高温气流和大量的一氧化碳等有毒有害气体，导致井下作业人员灼伤和中毒窒息伤亡。

2. 间接原因

该矿非法组织生产，非法购买、储存、使用爆炸物品，安全生产管理混乱，事故发生后应急处置不当。

平顶山市、卫东区煤矿安全监管部门和行业管理部门对该矿非法生产行为查处不力，对该矿"一套证件、两套生产系统、两个投资主体、两套管理机构"的问题未予查处。

平顶山市、卫东区公安机关没有对该矿爆炸物品进行检查，没有发现该矿非法购买、储存、使用私制爆炸物品问题。

平顶山市、卫东区国土资源管理部门未将小煤矿停工停产措施落实到位，未发现该矿非法生产问题。

平顶山市、卫东区发展改革委执行小煤矿断电工作不力，致使对某矿的断电措施未能得到落实。

卫东区城管执法局派驻该矿的事故当班驻矿人员失职渎职，未依法阻止和上报该矿非法生产行为。

平顶山市、卫东区党委、政府对该矿非法生产问题失察，对该矿停工停产措施不落实问题督促检查不力，对有关监管部门及其工作人员未正确履行职责问题督促检查不力。

河南煤矿安监局豫南监察分局对地方煤矿安全监管工作检查指导不力，对某矿安全生产许可证到期后仍非法生产问题失察。

云南东川发生矿洞炮烟中毒事故

昆明东川区某矿洞炮烟中毒事故已导致9人死亡，12人轻伤。

2015年4月25日14时30分左右，东川区应急办接到报告：东川区某村一矿洞发生炮烟中毒事故，造成21人被困。事故发生后，东川区迅速启动应急预案，全力组织搜救被困人员，先后搜救出21名被困人员，第一批搜救出的14名被困人员，经确认，2人死亡，其余12人轻伤，正在医院接受治疗；第二批搜救出7人，由于炮烟吸入时间过长，经全力抢救无效死亡。

南安市某采石场炮烟中毒3人死亡

2006年6月30日泉州南安市某某石场爆破毒烟熏死3人。

6时30分，南安市某一采石场爆破后，一名工人去查看爆破效果，被爆破产生的浓烟熏倒，另两人发现后跑过去抢救也被熏倒。3名工人随后被送往医院抢救，最终均因抢救无效死亡。医疗部门初步推断，死因系有毒气体中毒。

（3）拆除爆破常见事故原因及其处理

拆除爆破多数是在城镇地区进行的，周围环境复杂，居民和车辆较多，而且这些爆破工程容易引起当地政府、市民和媒体的关注。在拆除爆破中常见的安全事故隐患主要有以下几种。

1）建（构）筑物"爆而不倒"

①建（构）筑物"爆而不倒"原因分析

a.对爆破对象的情况没有调查清楚。爆破设计人员事先没有对爆破建筑物的结构特点、几何大小、周围环境等进行认真的调查和分析研究，因此爆破设计不能针对不同建筑物的结构特点，采用正确的、符合实际的爆破倒塌方式；

b.爆破缺口和参数设计不合理。爆破设计的缺口高度和爆破参数选择不当，致使建筑物承重构件未破坏或破坏不完全，在爆破缺口闭合时，建筑物或承重构件的重心仍在支撑面以内，造成建筑物斜撑在地面上不倒塌；

c.建筑物的特殊部位或关键构件未处理好。施工预处理时，没有对爆破缺口内一些影响倒塌的非承重墙进行预拆除，建筑物中楼梯、电梯间、拐角部位、粗大柱子等关键构件，施工没有认真处理，也是致使建筑物未能倒塌或部分倒塌的原因；

d.不按照设计要求施工作业。没有按照设计参数要求进行施工作业，为避开钢筋使钻孔都偏向一侧，或钻孔深度偏小或偏大，使爆破时柱子仅部分爆开，留下部分仍能支撑住建筑物；

e.由于炸药或者雷管受潮失效，起爆网路和起爆电源出现问题，产生拒爆，造成建筑物爆后不倒的情况也不少。

②处理措施

a. 立即向指挥部报告，继续警戒。爆破技术人员认真检查，分析原因，提出处理方法，请示爆破负责人定夺；

b. 如果分析是部分起爆网路出现故障，则应在专人观察楼房安全情况下，重新连接网路后，请示指挥部起爆；

c. 若分析是设计和其他一时难以确定的原因，则应向指挥部汇报后，解除警戒，在现场设立危险区标志，派专人看守；

d. 处理方法应根据建筑物的不稳定状态和周围环境情况，或继续采取爆破拆除，或采用机械方法拆除，确定采用何种方法后，必须及时处理，并且要保证施工人员和周围保护对象的安全。

2）高耸构筑物定向爆破偏斜

高耸构筑物定向爆破偏斜原因分析：

①爆破前没有对倒塌方向进行测量或者测量定位不准确；倒塌方向中心线两侧定向窗的角度、大小不对称、不规范；倒塌方向中心线两侧的钻孔、装药不对称；中心线两侧起爆网路时差不对称或者起爆网路部分拒爆，都可能造成高耸构筑物定向不准；

②爆破预留支撑范围内的结构薄弱面（如烟囱的烟道、出灰口）事先没有进行填塞和加强处理，或者是填塞质量不高，强度低、不均匀，使得烟囱在爆破倒塌时，中心线两侧支撑力不相等，也会引起烟囱的偏斜。

3）建（构）筑物"未爆先倒"

楼房和构筑物爆破拆除中，为了减少钻爆工作量，对有些墙体和结构要进行预拆除。但有些单位没有预拆除设计，也没有懂得结构的专人进行施工指导，往往把承重构件当成非承重构件拆除了；更有甚者，为了节省成本，大量拆除内部墙体，导致建筑物失稳，造成了未炸先倒的安全事故。因此在预拆除中一定要对结构进行受力分析，确保结构施工时的稳定。

4）水压爆破常见事故原因及其处理

①对于有开口的构筑物，如人防工事的出入口、枪眼等，要做好封闭处理；

②构筑物的边壁上往往有一些肉眼不易发现的孔隙，随着注水深度的增加、水压的加大而出现漏水，而且往往越来越厉害。必须做好孔隙漏水的封堵。并尽可能将起爆前的停水时间缩短，才能保证容器内有尽可能高的水位；

③做好药包的加工和防水，水压爆破宜选用密度大、耐水性能好的炸药，做好药包的定位；

④大容量构筑物的水压爆破，应该考虑爆破后大量水的顺利排泄问题。由于这部分水流具有一定的势能和动量，水流速度和流量都较大，要防止其对爆破体周围的建筑物、构筑物和地面设施造成损伤，必要时应修筑挡水堤控制水流的方向；应采取适当措施防止大块爆渣冲击下水道造成填塞，可以在下水道口用钢筋笼做防护；

⑤水压爆破的构筑物一般具有良好的临空面。但对某些情况，如地下防空洞，一定要

注意开创好爆破体的临空面，否则会影响爆破效果。与爆破体有联结而又不拆除的构筑物部分，应事先切断其与爆破部位的联结杆件。对管道等构筑物的不破碎部分，可采取填砂或预加箍圈等方法加以保护。

（4）水下爆破常见事故原因及其处理

1）水中生物的保护

《爆破安全规程》规定，水下爆破实施前，爆破区域附近有建（构）筑物、养殖区、野生水生物需保护时，应针对爆破飞石、水中冲击波（动水压力）、爆破振动和涌浪等水下爆破有害效应制定有效的安全保护措施。

保护水中生物的措施：

①水中养殖业生产与水域环境的关系密不可分，在靠近有养殖业水产资源的水域实施岩土爆破或水中爆破时，应事先进行环境调查和生物调查，评估爆破飞石、水中冲击波和涌浪对水中生物的影响，提出可行的安全保护措施，经环保和生物保护管理部门批准，方可实施；

②水下爆破应控制一次起爆药量和采用削减水中冲击波的措施；临水岩土爆破应控制向水域抛掷的岩石总量和一次爆破量；

③起爆前应驱赶受影响水域内的水生物，如某水下爆破工程，在作业区域中有珍稀海洋生物白海豚，在施工中特别提出保护措施如下：在空压机和钻机停止运转后立即起爆。爆破前，如果发现白海豚出现在施工水域附近时禁止起爆，必须用声墙驱赶法把白海豚赶离以爆破点为中心，半径为1000m以外海域后才能起爆。

2）涌浪

在海边或湖边进行大型石方爆破时，大量爆破岩石抛入水中会产生涌浪，涌浪上岸也有可能影响傍岸建筑的安全，应采取预防措施：靠近水域实施土岩爆破时，应调查岸滩的坡度、长度、坡地及水深情况；提出涌浪对岸边建筑物、设施以及水上船舶、设施的影响程度和范围，并与爆前会同各有关单位协商提出保证安全的措施。

株洲市区某路正待爆破的高架桥坍塌事故

2009年5月17日下午4时24分，湖南省株洲市区某路正待爆破的高架桥发生意外坍塌事故。事故共造成9人死亡，16人受伤，27辆车被压。

最直接的原因是17日下午有建筑工人在一桥墩上打眼，桥梁受到震动，导致桥体重心发生变化，不能承重，于是倾斜倒塌。一个桥墩轰然倒塌，重达上千吨的桥面倒下，压在相邻的桥墩上，导致相邻桥墩也发生倒塌。整个倒塌过程像倒骨牌一样，一个接一个，两分钟内倒了8个桥墩、9个桥面。施工路段没有围蔽。

楼房爆破事故

2005年1月14日下午，四川宜宾市某公司为宜宾市某大学一幢6层楼高的旧教学大楼实施定向爆破。16时左右，在打孔过程中，该大楼西侧面突然发生局部坍塌，垮塌面积约1800m²，正在现场作业11名施工人员不幸被埋压在废墟中。

经过22个小时的艰苦努力，其中8人不幸遇难。负责此次大楼定向爆破的是西南某爆破工程公司，两名现场负责人员被警方留置，接受调查。

在爆破前"剔柱子"，当时就发现有钢筋绷弯了。11日负责人便让民工紧急修砌了4根水泥砖柱，避免在爆破中出现意外。可没想到，还是没能挡住……

青海西宁一个商住楼两次爆破均失败

2001年11月16日上午10时30分，高原古城西宁繁华街道西门口，正在进行爆破拆除的西关街某商住楼。一声巨响过后，楼房没有如人们预料地轰然倒下，只是做过预处理的底层支柱受到了较为严重的破坏。

经过专家"会诊"，11月19日上午，负责此次爆破的青海某爆破工程有限责任公司加大药量，进行二次爆破，但楼房坐落1层后非但没有倒下，反而成了向北倾斜近20°的"斜楼"。斜而不倒，摇摇欲坠，使这座本来就已潜伏危险的商住楼成了一颗随时可能爆炸的"炸弹"。

历经两次爆破，这座大楼只能先采取机械拆除的办法排除险情，再进行人工拆除，等候有关部门处理。炸楼失败，关于爆破工程的黑幕、黑洞也浮出水面。

西宁市公安机关已对青海某爆破公司做出扣押《危险物品治安管理许可证》、停止继续爆破作业、全天候现场警戒、尽快解除险情、收缴剩余爆破物品等一系列决定。

这次爆破失败，暴露出一些建筑行业不规范的问题。2001年10月，成立仅仅一年半的青海某爆破工程有限责任公司与西宁某建设投资控股有限公司签订了爆破拆除西宁市西关街7层高的住宅楼的合同。此前，该爆破公司只爆破过两座锅炉房的烟囱和一处景亭，没有爆破楼房的经历。

第一个问题是超越资质爆破。该爆破公司是三级爆破企业，只具备三级爆破工程施工企业资质的该爆破公司，根据国家建设部门有关规定，只能参与爆破拆除5层以下的楼房。11月16日，在未对该楼建筑结构进行分析研究、爆破方案严重失误的情况下，该公司拒绝了发包方"先人工拆除两层，再爆破5层"的要求，首次爆破后，大楼岿然不倒。

11月19日，某爆破公司重新装填炸药，实施第二次爆破，结果楼房坐落一层后仍然不倒，只是楼体倾斜约20°。

此事件暴露出发包方私自发包、承包方严重的技术质量问题和越级承包、不正当竞争等问题。

第二个问题是执行招标投标制度。此次爆破拆除没有经过招标投标。

第三个问题是爆破方面的法规不完善。青海省爆破拆除建筑物的历史仅有4年时间，所以还没有形成一套完备的地方性法规，因而，市场主体各方及主管部门无章可寻。此外，省内爆破方面的人才比较紧缺。

因两次爆破拆除失败，在西宁闹市区赫然而立半个多月的"斜楼"，12月3日终于被机械和人工协同拆除完毕，彻底解除了危险。

同时，原定11月26日定向爆破，号称"西北第一爆"的12层西宁北园迎宾楼，也因施工单位银川某爆破工程有限公司资质欠缺、越级施工等原因，被建设部门责令紧急终止。

成都大楼爆破25小时才倒，事故责任人被拘

在中国科学院成都分院，有一个世界最大面积的泥石流模拟实验厅。因为分院建设的

需要，大厅要被定向爆破拆除，工程交给了四川某工程有限公司（以下简称某公司）。

2004 年 11 月 2 日中午，某公司先对泥石流模拟试验厅进行了一次试爆，试爆时由于炸药过多，致使飞起的石头将周围居民楼的窗户击穿，险些伤人，引起了居民的极大不满。大家对于试爆破并不知晓，在试爆前，也没有人通知住户暂时离开家里，做好防范。

到了 3 日下午 4 时 25 分，正式爆破开始，这个世界最大的泥石流模拟实验大厅却并没有按照预期的设计全部倒塌下来。后来有关方面决定采用机械拆除的方式，对未垮塌建筑实施拆除。到深夜 2 点大楼仍然屹立不倒。附近居民有家难回，拥挤聚集楼下，怨声载道。

直到 11 月 4 日下午 5 时 27 分，随着"轰"的一声巨响，中科院成都分院泥石流模拟厅爆破后未倒下的残楼在坚持 25 个小时后，终于被顺利拆除。

在 5 日上午，成都市公安局作出处罚决定：对项目负责人谭某某处以治安拘留 7 天，当即收回公安机关核发的《爆炸物品使用许可证》，并责令该公司限期整改。

原因：因为炸药不够。

爆破前，某公司按控制爆破审批程序，将爆破设计方案报成都市公安局三处，相关人员对爆破设计方案进行了认真审查，实地勘察了爆破地四周的环境，又请爆破专家反复论证，同意按爆破设计方案组织施工。与此同时，警方还制定了该控制爆破的安全保卫方案。

到了 2 日意外事情发生了。某公司未报经公安机关许可同意，擅自在控爆楼房内进行爆破试验，爆破产生的飞石打碎了附近的部分居民楼的玻璃，对附近居民的生活产生了恶劣影响。

试爆意外发生后，某公司有些紧张。为了确保安全，该爆破公司研究决定：紧急给距离最近的居民楼穿上"防弹衣"——用草垫把窗户遮掩，并将居民全部撤离现场。

到了 3 日这天，警方同中科院成都分院保卫部在控爆楼房周边设置了警戒线，确保周边群众安全。但一声巨响，大楼仍屹立不倒。警方当即组织警力，邀请爆破专家制定抢险方案，与中科院成都分院一起开展抢险工作。武侯公安分局也组织警力对危楼周边进行警戒。

其中还发生了惊险一幕，有两位公司的工作人员，在不清楚现场具体情况时擅自进入现场，差一点被落下的废墟砸到。

经查实，真正原因是某公司未向公安机关报告，擅自将原方案制定的装药量由每孔 30g 减少到 20g，进行装药实施爆破。警方由此认定爆破失败主要原因是：该公司负责人未按《民用爆炸物品安全管理条例》和《爆破安全规程》的有关规定，擅自更改爆破设计方案并组织施工所造成的。

人才缺乏：一个爆破公司只有一个专家难免会出现问题，"一个爆破公司不是一个专家开出来的，爆破是一个高风险行业，设计、审核方面都必须有不同的专家来实施"。

但是，目前一个公司只有一名专家这种情况在全国也是一个普遍现象，什么事情都是他说了算："这个事件应该震醒这个行业的从业人员，因为它充分暴露了拆除行业中缺少审核和安全评价机构的致命缺陷。"

难度这么高的爆破应该进行可行性的评估，但是责任人却没有。

"西南第一爆"闯大祸：1 人死亡，46 人被击伤

2001 年 10 月 30 日，被称为"西南第一爆"的云南某电厂 120m 烟囱（2600t）及 54000m² 厂房爆破出现严重意外：起爆后，烟囱、厂房按预定计划倒塌，就在大烟囱着地的一瞬间，惨剧发生了。

落地反弹起的大小石块像机关枪子弹一样，射向 200m 外人群密集的指挥部和电视直播拍摄现场。120m 烟囱倒下时产生的强大冲击力使地面的泥土和石头飞溅起来，数十人被击伤倒地，1 人送到医院不治死亡，多人受伤住院抢救。

受伤的人包括特邀嘉宾、现场采访的记者及执行警戒工作的保卫人员。云南电视台为现场直播"西南第一爆"派出了十几人的摄制组。结果，电视台一名年方 20 余岁的现场直播女记者被石头砸得颅底出血，手指断裂，留在宣威进行抢救。摄制组的其他成员大多受了轻伤，回到昆明进行治疗。云南电视台的直播车及放在看台附近的车不同程度被砸烂。

附件五 ▶▶▶

危险性较大的分部分项工程专项施工方案的主要内容

危大工程专项施工方案的主要内容应当包括：

（1）工程概况：危大工程概况和特点、施工平面布置、施工要求和技术保证条件。

（2）编制依据：相关法律、法规、规范性文件、标准、规范及施工图设计文件、施工组织设计等。

（3）施工计划：包括施工进度计划、材料与设备计划。

（4）施工工艺技术：技术参数、工艺流程、施工方法、操作要求、检查要求等。

（5）施工安全保证措施：组织保障措施、技术措施、监测监控措施等。

（6）施工管理及作业人员配备和分工：施工管理人员、专职安全生产管理人员、特种作业人员、其他作业人员等。

（7）验收要求：验收标准、验收程序、验收内容、验收人员等。

（8）应急处置措施。

（9）计算书及相关施工图纸。

附件六 ▶▶▶

民爆物品末端管控及从严管控民用爆炸物品十条规定

一、民爆物品末端管控

（一）背景

1. 2015 年 9 月 30 日，广西柳州市柳城县县城及周边连续发生多起爆炸事件，连续爆炸点共 17 处，包括商贸城、监狱、大埔镇政府、超市、车站、医院、畜牧局宿舍、菜市、疾控中心等地。事故致 10 人死亡、51 人不同程度受伤。

2. 2015 年 10 月 22 日，公安部关于印发《从严管控民用爆炸物品十条规定》的通知。柳州案件是在民爆物品监管持续多年好转的形势下突发的一次极其恶劣的案件，暴露了监管的漏洞，公安部及时行动，迅速总结了监管中的漏洞和问题，在案件发生后的 22 天，就颁布了《十条规定》，速度之快、效率之高，措施之具体和严厉，是前所未有的。为民爆物品监管指明了方向！

3. "全国民爆物品管理信息系统"推出 10 多年来，民爆案件减少了 95% 以上，但是爆破事故、案件还是未得到根本的控制。

4. 现在人民政府公安机关提出"最后一米"，就是指爆破单位领用后，尤其是爆破员领用后的到起爆完成，雷管炸药爆炸、清退完成这个最后的一米！

5. 将最后一米中，原来可以弄虚作假，可以私藏，可以盗窃等的不法之路堵死！违法之路堵死！

（二）举措

1. 全面地、不折不扣地贯彻落实公安部《严控民爆物品管理的十条规定》。其中第七条："七、严格民用爆炸物品末端管控。爆破作业单位必须明确爆破作业项目技术负责人、爆破员、安全员、保管员岗位安全职责，形成有效监督制约，严格执行爆破作业民用爆炸物品发放、领取、使用、清退安全管理规定。发放、领取民用爆炸物品时，保管员、安全员、爆破员必须同时在场、登记签字、监控录像，安全员监督爆破员按照爆破设计和当班用量领取民用爆炸物品，保管员清点、核对、记录发放民用爆炸物品的品种、数量；爆破作业时，项目技术负责人、爆破员、安全员必须同时在场，项目技术负责人全面负责爆破作业现场的安全管理，安全员现场监督爆破员按照操作规程装药、填塞、爆破，共同签字确认使用消耗民用爆炸物品的品种、数量；当班爆破作业结束后，项目技术负责人、爆破员、安全员共同清点、核对、记录剩余民用爆炸物品的品种、数量，全部清退回库，交由保管员签字确认，存档备查。"。

2. 延伸和补充《全国民爆物品管理信息系统》，聚焦"最后一米"、打通"最后一米"实现监管"无缝隙"，全程闭合。

3. 实现对"爆破结果和爆破安全"的数字监控，实现爆破施工管理的精细化、数字化。

4. 采用"云爆破"监管新模式，采用云计算大数据、云虹膜识别、云测震、智能控制等最新科技手段，实现"云时代云模式"。

5. 实现云测震，保障实时传输和控制。

6. 实现安全风险评估智能化，保障降低评估难度、及时准确不遗漏。

7. 实现云计算，保障准确可靠省人省时省费用。

8. 实现起爆智能化，保障违法违规不能爆破，环境不安全也不能爆破。

9. 实现爆破结果数据化，保障精细爆破管理。

10. 实现本质安全，保障平安民爆保障一方平安。

（三）目标

运用"云"等技术，解决公安监管"痛点"和爆破施工生产"痛点"，做到：

"十个实现，十个保障"。

1. 实现申请确认智能化无人化，保障遵章和守法（爆破单位和公安都必须守法）。

2. 实现虹膜识别，保障职责人员连锁可靠。

3. 实现全程无缝监控，保障没有流失和盗用。

4. 实现过程录像特写，保障细则和真实。

5. 实现云测震，保障实时传输和控制。

6. 实现安全风险评估智能化，保障降低评估难度、及时准确不遗漏。

7. 实现云计算，保障准确可靠省人省时省费用。

8. 实现起爆智能化，保障违法违规不能爆破，环境不安全也不能爆破。

9. 实现爆破结果数据化，保障精细爆破管理。

10. 实现本质安全，保障平安民爆保障一方平安。

（四）目的

1. 运用云技术，把《十条规定》落到实处。

2. 延伸"全国民爆物品信息管理系统"，打通"最后一米"，实现闭合监控，无死角。

3. 智能实现"九不准，十不能"大大提高效率，杜绝违法，杜绝人情。

"九不准"：

（1）爆破单位第一责任人不同意，不准上报和申请，不准操作。

（2）爆破单位，不准越级申报和从事爆破工程。

（3）爆破项目技术负责人，不准越级作业，不准同时负责其爆破他项目。

（4）爆破监理人员，不准为同一单位人员，不准越级监理，不准同时监理其他爆破项目。

（5）不合格的涉爆人员，不准使用。

（6）不"三人连锁"，不准领取，不"四人连锁"，不准清退。

（7）不按时清退，不准再领用。不首先用清退的爆炸物品，不准进行下一步操作。

（8）爆炸物品流向各个环节的数量、种类、编号有异常，就自动报警，不准下一步操作。

（9）风险评估不合格的，自动报警，不准申请爆炸物品，不准爆破作业。

"十不能"：

（1）数量与领用不符，　　就不能爆破。

（2）品类与领用不符，　　就不能爆破。

（3）编号与领用不符，　　就不能爆破。

（4）不在规定的区域，　　就不能爆破。

（5）不在规定时间，　　　就不能爆破。

（6）安全距离不够，　　　就不能爆破。

（7）不"五人连锁"，　　就不能爆破。

（8）紧急命令下达，　　　就不能爆破。

（9）震动超标，　　　　　下一次就不能爆破。

（10）不全程录像，　　　下一次就不能爆破。

4.实现爆破作业的精细化管控。无死角、无缝隙，省人、省力。

5.实现爆破"本质安全，平安爆破"。

民爆物品末端管控是通过技术手段，智能化实现：

"本质安全"

"不合法，就不确认"

"不安全，就不爆破"

公安部《从严管控民爆物品末端管控十项规定》的管控要求，针对目前公安部门在民爆物品末端管控各环节中出现的问题和漏洞，对于以民爆物品末端安全管控为核心的"九不准、十不能"的安全管控模式和"集中－分布式的管控手段"，构建自上而下的民爆物品管控体系。

依托云计算、大数据、GPS、无线通信等技术，搭建了民爆物品末端管控系统平台，通过集成了身份识别技术、多人连锁技术、智能测振与评估技术、视频监控技术等，运用云起爆器、云虹膜仪（也有采用面部识别仪）、测振仪、手持终端机等设备应用。

二、民爆物品安全管控模式

（一）云办公

主要针对公安机关对民爆物品在申请、审核、审批、评估等环节的管控；核心内容有"九不准"。

（二）云爆破

主要针对其他爆破相关单位对民爆物品使用过程中的管控；尤其是针在爆破作业过程

中对可能出现的不安全状况的监督与控制，主要内容有"十不能"。见附图 6-1。

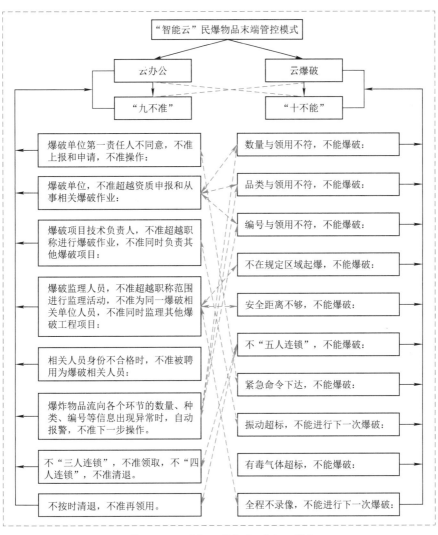

附图 6-1　"九不准"与"十不能"

（三）系统结构（附图 6-2）

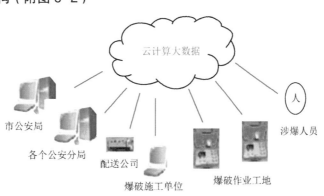

附图 6-2　系统结构

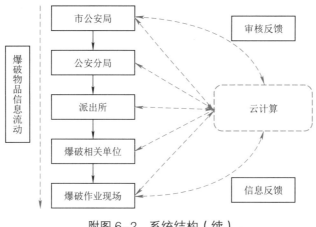

附图 6-2　系统结构（续）

（四）系统内部框架（附图 6-3）

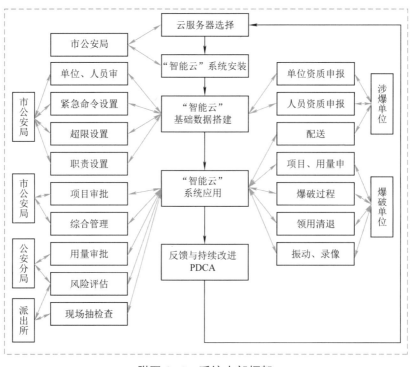

附图 6-3　系统内部框架

（五）身份识别技术

通过"云"虹膜识别仪采集爆破相关人员的虹膜信息并录入到管控系统中，实现"云"共享。当进行相关的作业程序或者操作时，再次进行虹膜信息的输入，与之前录入的虹膜信息进行比对，只有当爆破相关人员虹膜信息配比成功时，从而实现对爆破作业人员的身份确认。见附图 6-4。

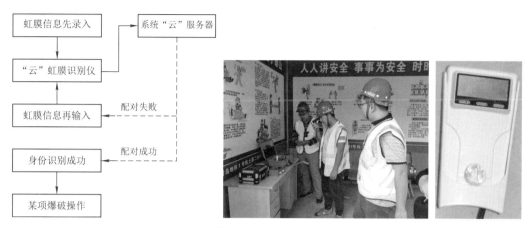

附图6-4　身份识别

（六）多人连锁技术

通过人员身份识别与确认，将爆破作业过程中的某一项操作与爆破相关人员"连"起来，在相关人员的身份信息确认以后，才能进行爆破相关作业操作。如起爆"五人连锁"、领用"三人连锁"及清退"四人连锁"等，这些连锁技术保证爆破作业过程中严格管理和本质安全。见附图6-5。

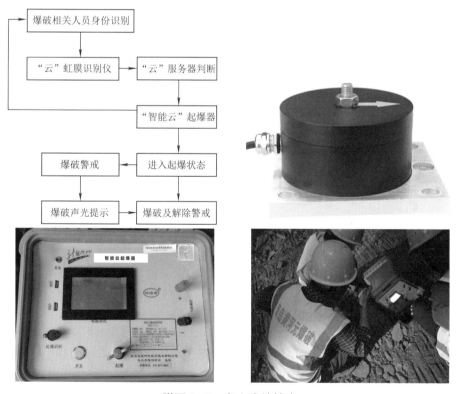

附图6-5　多人连锁技术

（七）测振技术

云测振仪主要包括测振仪和测振传感器构成。爆破施工作业中将爆破传感器安置在指定位置，对爆破中三个方向的振速、频率等进行采集、记录和存储，并通过无线传输方式上传到云平台。爆破振动监测结果，作为爆破风险评估的主要内容之一，如果爆破振动超限，则下次爆破作业施工将被中止。见附图6-6。

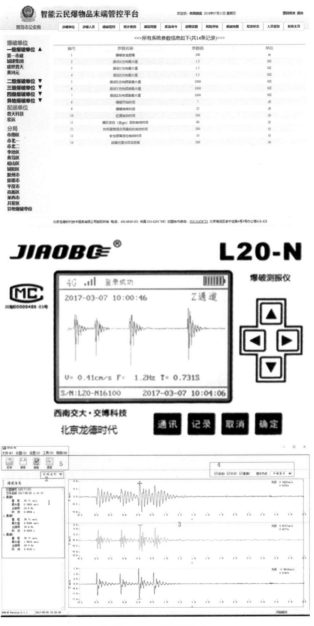

附图6-6　测振技术

（八）视频监控技术

该技术主要是在身份识别的基础上，将视频监控引入爆炸物品在申领用退过程中，通过手持"云数据"终端机视频记录爆破过程中的爆破作业人员的行为，可以实现爆破器材在末端流通过程中得到"无死角"的管控，消除了爆破作业的隐患。见附图6-7。

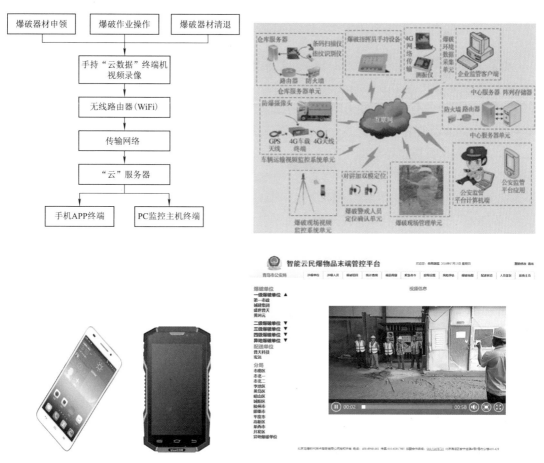

附图 6-7　视频监控技术

（九）系统运行

系统运行见附图 6-8。

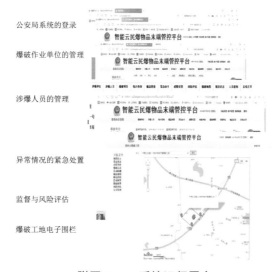

附图 6-8　系统运行平台

三、末端管控应达到的效果

根据公安部《从严管控民用爆炸物品十条规定》，民爆物品末端管控中存在问题和缺陷，用于涉爆单位民爆物品末端流通环节中的安全管控模式。

"市公安→公安分局→爆破相关单位→爆破工地"自上而下的民爆物品管理体系，实现了民爆物品末端管控"集中－分布式"的管理机制，打通了爆炸物品末端管控的"最后一米"，消除了民爆物品末端管控中存在的问题和漏洞，有效地杜绝了爆炸物品的丢失、盗窃状况，提高了市公安局对民爆物品末端管控的效率和力度，确保了民爆物品在末端环节的安全流通，为民爆物品末端流向管控有效的管控手段。

"智能云"民用爆破末端管控系统平台是基于云服务器、云计算、大数据支持，通过融入 GPS 定位、无线射频、生物识别等科技手段，集成了虹膜识别、智能测振、视频监控等技术，研发了适用于民爆物品实际管控需求的云虹膜仪、云起爆器、测振仪、手持终端机等设备，实现了对民爆物品管控人员身份识别、多人连锁技术、视频监督及风险评估等功能。利用"智能云"民用爆破末端管控系统平台，实现对民爆物品在申报、审批、配送、接收、爆破、测振、清退等末端管控环节中的无缝监控，实现了民爆物品末端管控的智能化、自动化和信息化，实现了民爆物品末端管控全过程的本质安全。

"智能云"民用爆破末端管控系统平台具有良好的扩展性和兼容性，可根据民爆物品末端管控形势和要求进行多次调整，根据各地公安局民爆物品的管控要求及地方性管控的差异性需求，以及涉爆各单位在民爆物品末端管控环节中任务、内容、要求及权限等不同，可衍生多种版本，适应了民爆物品的差异化的管控要求和动态变化的管控需求。

公安部《从严管控民用爆炸物品十条规定》

公安部　2015 年 10 月 23 日发布

为进一步加强民用爆炸物品的安全管理，严格落实涉爆单位主体责任，强化公安机关监管责任，有效防范涉爆案件、事故的发生，依据《刑法》、《治安管理处罚法》、《民用爆炸物品安全管理条例》等法律、法规，制定本规定。

一、严格落实涉爆单位主要负责人安全责任。涉爆单位主要负责人是民用爆炸物品安全管理的第一责任人，对本单位民用爆炸物品及涉爆人员、涉爆各环节的安全管理全面负责，建立健全岗位安全责任制，组织开展常态化安全隐患排查整改。公安机关通过群众举报、安全检查或者案件、事故倒查，发现涉爆单位主要负责人未履行安全管理职责的，一律约谈，责令限期改正并记录在案；造成严重后果的，依法追究单位主要负责人和相关责任人的法律责任。

二、严格涉爆单位风险评估和监督检查。对涉爆单位建立风险评估和分级预警检查机制，定期考核评估涉爆单位的安全风险因素、安全资质条件和安全管理状况，确定安全预警等级，将安全风险高的涉爆单位列为监管重点，加大专项督查、突击检查、随机抽查的频次和力度，提前预警查处违法违规行为。对安全管理制度不健全、防范措施不落实、存在重大安全隐患的，依法责令停产停业整顿；对安全资质条件不符合规定要求或者经整顿仍达不到安全管理要求的，依法吊销许可证件。

三、严格爆破作业人员培训考核和动态管控。爆破作业单位必须建立健全爆破作业人员任前必训、年度必训、违规必训制度，定期对本单位的爆破作业人员进行法律法规、专业知识、安全技能、岗位风险教育培训。公安机关严格爆破作业人员考核发证，定期组织安全警示教育和安全风险排查，利用信息化手段实现爆破作业人员动态管控，发现法律禁止从业情形的，注销许可证件；发现可疑行为的，暂停接触民用爆炸物品；发现违规行为的，依法责令限期改正；情节严重的，依法吊销许可证件；导致发生重大事故或者造成其他严重后果的，依法追究刑事责任。

四、严格民用爆炸物品流向监控管理。涉爆单位必须利用信息系统采集、台账登记手段，如实记录、核对、保存本单位民用爆炸物品流向、流量和经手人身份信息。严格执行民用爆炸物品流向登记"日清点、周核对、月检查"制度，即保管员每日清点一次库存民用爆炸物品，安全管理负责人每周核对一次流向登记记录和库存民用爆炸物品，主要负责人每月检查一次流向登记制度落实情况，签字确认，存档备查。公安机关发现流向登记制度不落实或者账物不符、账据不符的，依法责令限期改正；逾期不改正的，依法责令停产停业整顿；导致民用爆炸物品非法流失造成严重后果的，依法吊销许可证件。

五、严格落实民用爆炸物品储存库治安防范措施。涉爆单位必须严格落实民用爆炸物品储存库人防、技防、物防、犬防措施，执行双人双锁、24小时专人值守、每班不少于3人、每小时至少巡视一次制度，治安保卫负责人每周至少抽查一次治安防范措施落实情况，签字确认，存档备查。公安机关采取视频巡查、突击检查、记录核查等手段加强抽查检查，发现涉爆单位治安防范措施落实不到位的，依法责令限期改正；逾期不改正的，依法责令停产停业整顿；导致民用爆炸物品丢失、被盗、被抢造成严重后果的，依法吊销许可证件。

六、严格民用爆炸物品运输动态监管。民用爆炸物品承运单位必须建立道路运输车辆动态监控平台或者使用社会化卫星定位系统监控平台，配置专职监控人员，对本单位车辆和驾驶员进行实时动态监控管理。对不具备实时道路运输动态监控条件的，公安机关不得核发民用爆炸物品运输许可证。对承运单位道路运输动态监控落实情况，公安机关每月至少进行一次检查，发现不严格履行监控责任、动态监控措施不落实的，暂停核发民用爆炸物品运输许可证并严格督促限期整改，整改期间不得承运民用爆炸物品。

七、严格民用爆炸物品末端管控。爆破作业单位必须明确爆破作业项目技术负责人、爆破员、安全员、保管员岗位安全职责，形成有效监督制约，严格执行爆破作业民用爆炸物品发放、领取、使用、清退安全管理规定。发放、领取民用爆炸物品时，保管员、安全员、爆破员必须同时在场、登记签字、监控录像，安全员监督爆破员按照爆破设计和当班用量领取民用爆炸物品，保管员清点、核对、记录发放民用爆炸物品的品种、数量；爆破作业时，项目技术负责人、爆破员、安全员必须同时在场，项目技术负责人全面负责爆破作业现场的安全管理，安全员现场监督爆破员按照操作规程装药、填塞、爆破，共同签字确认使用消耗民用爆炸物品的品种、数量；当班爆破作业结束后，项目技术负责人、爆破员、安全员共同清点、核对、记录剩余民用爆炸物品的品种、数量，全部清退回库，交由保管员签字确认，存档备查。

八、严格关停涉爆单位遗留民用爆炸物品清查处置。停产关闭的矿点等涉爆单位，必须对剩余的民用爆炸物品严格清点、登记造册，及时报告当地公安机关清查处置，严禁私存私留、转移转卖。公安机关必须立即现场核对清点、全面清查，妥善安全处置。单位主要负责人及涉爆人员必须具结保证无遗留爆炸物品，负责清查处置的民警和责任领导签字确认、存档备查。

九、严格监管民警执法培训。公安机关必须根据辖区内涉爆单位的数量、规模和民用爆炸物品购买、运输、爆破作业安全监管任务实际需要配足配强监管民警，定期组织开展以法律法规知识、监督检查技能、信息管控手段和职业风险为主要内容的执法培训。省级公安机关每年至少组织一次监管民警全员集中轮训，培训结束后进行考核认定，确认上岗资格，考核不合格的必须离岗再培训。

十、严格监管职责和责任追究。公安机关必须按照法定程序、条件、时限受理审批民用爆炸物品许可事项，加强审批许可后的跟踪监管和监督检查，发现涉爆违法违规行为，一律依法严肃查处；对非法制造、买卖、运输、储存民用爆炸物品构成犯罪的，坚决依法追究刑事责任；有违反治安管理行为的，依法给予行政拘留处罚。各级公安机关应当加强对民用爆炸物品安全监管执法工作的监督检查，发现滥用职权、玩忽职守、徇私舞弊的，对直接负责的主管人员和其他责任人员，依法给予处分；构成犯罪的，坚决依法移送司法机关追究刑事责任。

附件七 ▶▶▶

民用爆炸物品品名表

民用爆炸物品品名表（2006年）　　　　　　　　　　　　　　　　　附表7-1

序号	名　称	英文名称	备　注
一、工业炸药			
1	硝化甘油炸药	Nitroglycerine，NG	甘油三硝酸酯类混合炸药
2	铵梯类炸药	Ammonite	含铵梯油炸药
3	多孔粒状铵油炸药		
4	改性铵油炸药		
5	膨化硝铵炸药	Expanded AN explosive	
6	其他铵油类炸药		含粉状铵油、铵松蜡、铵沥蜡炸药等
7	水胶炸药	Water gel explosive	
8	乳化炸药（胶状）	Emulsion	
9	粉状乳化炸药	Powdery emulsive	
10	乳化粒状铵油炸药		重铵油炸药
11	黏性炸药		
12	含退役火药炸药		含退役火药的乳化、浆状、粉状炸药
13	其他工业炸药		
14	震源药柱	Seismic charge	
15	震源弹		
16	人工影响天气用燃爆器材		含炮弹、火箭弹等，限生产、购买、销售、运输管理
17	矿岩破碎器材		
18	中继起爆具	Primer	
19	爆炸加工器材		
20	油气井用起爆器		

序号	名 称	英文名称	备 注
21	聚能射孔弹	Perforating charge	
22	复合射孔器	Perforator	
23	聚能切割弹		
24	高能气体压裂弹		
25	点火药盒		
26	其他油气井用爆破器材		
27	其他炸药制品		
二、工业雷管			
28	工业火雷管	Flash detonator	
29	工业电雷管	Electric detonator	含普通电雷管和煤矿许用电雷管
30	导爆管雷管	Detonator with shock-conducting tube	
31	半导体桥电雷管		
32	电子数码雷管	Electron-delay detonator	
33	磁电雷管	Magnetoelectric detonator	
34	油气井用电雷管		
35	地震勘探电雷管		
36	继爆管		
37	其他工业雷管		
三、工业索类火工品			
38	工业导火索	Industrial blasting fuse	
39	工业导爆索	Industrial Detonating fuse	
40	切割索	Linear shaped charge	
41	塑料导爆管	Shock-conducting tube	
42	引火线		
四、其他民用爆炸物品			
43	安全气囊用点火具		
44	其他特殊用途点火具		
45	特殊用途烟火制品		
46	其他点火器材		
47	海上救生烟火信号		
五、原材料			
48	梯恩梯（TNT）/2，4，6-三硝基甲苯	Trinitrotoluene，TNT	限于购买、销售、运输管理

续表

序号	名 称	英文名称	备 注
49	工业黑索今（RDX）/环三亚甲基三硝胺	Hexogen，RDX	限于购买、销售、运输管理
50	苦味酸/2，4，6-三硝基苯酚	Picric acib	限于购买、销售、运输管埋
51	民用推进剂		限于购买、销售、运输管理
52	太安（PETN）/季戊四醇四硝酸酯	Pentaerythritol tetranitrate，PETN	限于购买、销售、运输管理
53	奥克托今（HMX）	Octogen，HMX	限于购买、销售、运输管理
54	其他单质猛炸药	Explosive compound	限于购买、销售、运输管理
55	黑火药	Black powder	用于生产烟花爆竹的黑火药除外，限于购买、销售、运输管理
56	起爆药	Initiating explosive	
57	延期器材		
58	硝酸铵	Ammonium nitrate，AN	限于购买、销售审批管理
59	国防科工委、公安部认为需要管理的其他民用爆炸物品		

注：1. 铵梯类炸药因环境污染等原因于 2008 年被国家强制淘汰，禁止生产、流通和使用；

2. 工业火雷管因存在起爆可靠性低、无法实现控制爆破、运输使用不安全、易被用于爆炸犯罪等缺陷，2008 年被国家强制淘汰，禁止生产、流通和使用；

3. 工业导火索于 2008 年被国家强制淘汰，禁止生产、流通和使用。

附件八 ▶▶▶

民爆"三员"安全自律五字歌

（1）爆破员五字歌

　　我是爆破员，安全记心间；操作按规程，认真是关键。

　　提前布警戒，现场要管严；装填要小心，炮数细心点。

　　使用电雷管，谨防杂散电；煤矿井下炮，一定要"三检"。

　　炮前查环境，防护要从严；发现有哑炮，谨慎去排险。

　　爆破记录簿，实事求是填；严禁私存放，防止流民间。

注：煤矿井下放炮，一定要遵循"一炮三检制"，即：装药前、放炮前和放炮后要检查瓦斯浓度，当瓦斯浓度超过1%必须停止作业。

（2）安全员五字歌

　　我是安全员，责任记心间；教育要耐心，安全紧绷弦。

　　进入爆破场，我握监督权；作业一条龙，环环要管严。

　　陪同领炸药，手续要齐全；装填当助手，划严警戒线。

　　进出作业场，人物要清点；监督爆破员，规程不能变。

（3）保管员五字歌

　　我是保管员，责任重如山；工作严要求，"十防"要完善。

　　爆品不混放，分库来保管；摆放按规程，不高也不宽。

　　通风又散热，严把储量关；发货凭证卡，台账记完善。

　　杂草常清除，消防水常满；犬防要落实，监控不能关。

　　避雷针完好，雨季防雷患；昼夜要巡逻，时时保平安。

注：1）民爆仓库十防，即：防潮、防热、防冻、防霉、防洪、防火、防雷、防虫、防盗、防破坏；

　　2）民爆仓库避雷针每年必须由气象部门检测。

安全提示语

（1）民爆仓库安全防范提示语

1）双人昼夜值好班，擅自脱岗丢饭碗。

2）安全时时不能忘，节假领导须在岗。

3）人防犬防加技防，安全措施无空档。

4）不管高低与贵贱，进库必须凭证件。

5）避雷设施常检验，雨季切记防雷电。

6）通风降温要牢记，危品受热会自爆。

7）库房常备防身器，严防坏人来袭扰。

8）库区常放灭鼠药，雷管最怕蛇鼠咬。

9）库外沟渠要修好，山洪下来不得了。

10）库区夜间要巡逻，贪睡可能酿大祸。

11）搬运工人要培训，装卸危品要谨慎；
    拖抛滚砸惹事端，小心轻放保平安。

12）村库联防要抓牢，警报一响有人到；
    发现问题及时报，通信设施要完好。

（2）车辆运输民爆物品安全提示语

1）危品运输要牢靠，切记车厢要锁好；
    禁用敞车装危品，既防丢失又防盗。

2）运输爆炸物，严格控车速；
    不超四十码，车距要关注。

3）人货不混运，闹市不能停；
    暂停要守护，指定路线行。

（3）人工背运民爆物品安全提示语
    双人领取不能忘，雷管炸药分开扛；
    当班领取当班量，背运途中莫停放。

（4）爆破作业现场安全防范提示语

1）炸药雷管分开放，下班退库不能忘。

2）电管用前验通断，还须仔细查外观；

　　不同厂批忌联网，手机对讲必须关；

　　切记避开高压线，化纤衣服不能穿；

　　非煤矿洞避免用，非电雷管更安全。

注：由于非煤矿洞和隧道里面电器电压高，杂散电流一般大于30MA，使用电雷管极不安全。

3）遇到盲炮莫惊慌，继续警戒保现场；

　　观察等待一刻钟，关机短路不能忘；

　　只能一人去排险，两种排法记心间。

注：按规程一般浅孔盲炮用水湿法和殉爆法两种方法排除。

（5）民爆单位领导安全提示语

　　民爆安全事为大，单位法人亲自抓；

　　安全责任定到位，关键环节有人把；

　　装备人员全配齐，教育培训不能差；

　　节假领导要带班，四员探亲要检查；

　　炮损处理要到位，企地和谐效益大。

参 考 文 献

［1］汪旭光. 爆破设计与施工［M］. 北京：冶金工业出版社，2012.

［2］爆破安全规程 GB 6722-2014［S］.

［3］中华人民共和国安全生产法［S］. 2014.12.

［4］民用爆炸物品安全管理条例（中华人民共和国国务院令第 466 号）［S］. 2006.

［5］关于修改部分行政法规的决定（中华人民共和国国务院令第 653 号）［S］. 2014.

［6］汪旭光，郑炳旭. 工程爆破名词术语［M］. 北京：冶金工业出版社，2005.

［7］汪旭光，于亚伦，刘殿中. 爆破安全规程实施手册［M］. 北京：人民交通出版社，2004.

［8］工程岩体分级标准 GB/T 50218-2014［S］.

［9］岩土工程勘察规范 GB 50021-2001，2017［S］.

［10］顾毅成，史雅语，金骥良. 工业爆破安全［M］. 合肥：中国科学技术大学出版社，2009.

［11］爆破作业单位资质条件和管理要求 GA 990-2012［S］.

［12］爆破作业项目管理要求 GA 991-2012［S］.

［13］爆破作业人员资格条件和管理要求 GA 53-2015［S］.

［14］民用爆炸物品储存库治安防范要求 GA 837-2009［S］.

［15］小型民用爆炸物品储存库安全规范 GA 838-2009［S］.

［16］民用爆炸物品工程设计安全标准 GB 50089-2018［S］.

［17］无声破碎剂 JC 506-2008［S］.

［18］工业电雷管 GB 8031-2015［S］.

［19］民用爆破器材安全评价导则 WJ 9048-2005［S］.

［20］爆破作业单位民用爆炸物品储存库安全评价导则 GA/T 848-2009［S］.

［21］工业雷管编码通则 GA 441-2003［S］.

［22］民用爆炸物品警示标识、登记标识通则 GA 921-2010［S］.

［23］工业电子雷管信息管理通则 GA 1531-2018［S］.

［24］安全防范工程技术标准 GB 50348-2018［S］.

［25］建设工程监理规范 GB/T 50319-2013［S］.

［26］公安部治安管理局. 爆炸物品安全监管执法手册［M］. 北京：群众出版社，2016.

［27］公安部治安管理局. 爆炸作业技能与安全［M］. 北京：冶金工业出版社，2014.

［28］拓晶. 成贵客运专线大断面瓦斯隧道揭煤防突技术研究［D］. 学位论文. 西南交通

大学. 2013.

［29］铁路瓦斯隧道技术规范 TB 10120-2002［S］.

［30］防治煤与瓦斯突出细则（征求意见稿）（应急厅函［2019］75 号）［S］. 2019.

［31］铁路隧道工程施工技术指南 TZ 204-2008［S］.

［32］建设工程安全生产管理条例（中华人民共和国国务院令第 393 号）［S］. 2003.

［33］防治海洋工程建设项目污染损害海洋环境管理条例（中华人民共和国国务院令第
　　 475 号）［S］. 2006.

［34］电力设施保护条例实施细则（国家发展和改革委员会令第 10 号）［S］. 2011.

［35］铁路安全管理条例（中华人民共和国国务院令第 639 号）［S］. 2013.

［36］城市蓝线管理办法（中华人民共和国建设部令第 145 号）［S］. 2005.

［37］气象探测环境和设施保护办法［S］. 2004.

［38］中华人民共和国渔业法（第十二届全国人民代表大会常务委员会第六次会议第四次
　　 修正）［S］. 2013.

［39］公路安全保护条例（中华人民共和国国务院令第 593 号）［S］. 2011.

［40］地震监测管理条例（中华人民共和国国务院令第 409 号）［S］. 2004.

［41］地质灾害防治条例（中华人民共和国国务院令第 394 号）［S］. 2003.

［42］中华人民共和国港口法（第十三届全国人民代表大会常务委员会第七次会议修正）
　　［S］. 2018.

［43］中华人民共和国文物保护法（第十二届全国人民代表大会常务委员会第三十次会议
　　 第五次修正）［S］. 2017.

［44］水库大坝安全管理条例（中华人民共和国国务院令第 77 号，588 号）［S］. 2011.

［45］住房城乡建设部关于废止《城市轨道交通运营管理办法》的决定［S］. 2018.

［46］广播电视设施保护条例（中华人民共和国国务院令第 295 号）［S］. 2000.

［47］中华人民共和国内河交通安全管理条例（中华人民共和国国务院令第 355 号，588 号）
　　［S］. 2010.

［48］中华人民共和国河道管理条例（2018 年修正版）（中华人民共和国国务院令第 698 号）
　　［S］. 2018.

［49］中华人民共和国航标条例（中华人民共和国国务院令第 187 号，588 号）［S］. 2011.

［50］中华人民共和国海上航行警告和航行通告管理规定（中华人民共和国交通部）［S］.
　　 1993.

［51］中华人民共和国石油天然气管道保护法（第十一届全国人民代表大会常务委员会第
　　 十五次会议）［S］. 2010.

［52］中华人民共和国军事设施保护法实施办法（中华人民共和国国务院令第 298 号）［S］. 2001.

［53］云南省边境管理条例（云南省第十二届人民代表大会常务委员会第三十一次会议）
　　［S］. 2016.

［54］中华人民共和国刑法修正案（十）（第十二届全国人民代表大会常务委员会第三十次
　　 会议）［S］. 2017.

［55］中华人民共和国反恐怖主义法（2018 修正）（全国人大常委会）［S］. 2018.04.

［56］中华人民共和国治安管理处罚法（第十一届全国人民代表大会常务委员会第二十九次会议）［S］. 2013.

［57］何广沂，徐凤奎，荆山，刘友平. 节能环保工程爆破［M］. 北京：中国铁道出版社，2007.

［58］何广沂，张进增，王树成，刘海波，魏惠民，汪祥国. 隧道聚能水压光面爆破新技术［M］. 北京：中国铁道出版社，2018.

［59］关于实施《危险性较大的分部分项工程安全管理规定》有关问题的通知（建办质〔2018〕31 号）［S］. 2018.

［60］从严管控民用爆炸物品十条规定［S］. 2015.

［61］民用爆炸物品品名表［S］. 2006.